“十四五”职业教育国家规划教材

（线性代数 概率论与数理统计）

新编工程数学（第七版）

微课版

XINBIAN GONGCHENG SHUXUE

新世纪高职高专教材编审委员会 组编
主　编 史明霞 刘颖华
副主编 张婷婷 王　岗 孔　杰

大连理工大学出版社

图书在版编目(CIP)数据

新编工程数学 ：线性代数、概率论与数理统计 / 史明霞，刘颖华主编. -- 7 版. -- 大连 ：大连理工大学出版社，2022.1(2025.9 重印)

ISBN 978-7-5685-3727-8

Ⅰ. ①新… Ⅱ. ①史… ②刘… Ⅲ. ①工程数学－高等职业教育－教材②线性代数－高等职业教育－教材③概率论－高等职业教育－教材④数理统计－高等职业教育－教材 Ⅳ. ①TB11②O151.2③O21

中国版本图书馆 CIP 数据核字(2022)第 020042 号

大连理工大学出版社出版

地址:大连市软件园路 80 号　邮政编码:116023

营销中心:0411-84707410　84708842　邮购及零售:0411-84706041

E-mail:dutp@dutp.cn　URL:https://www.dutp.cn

大连天骄彩色印刷有限公司印刷　　大连理工大学出版社发行

幅面尺寸:185mm×260mm　印张:16　字数:370 千字

2002 年 8 月第 1 版　2022 年 1 月第 7 版

2025 年 9 月第 8 次印刷

责任编辑:程砚芳　责任校对:刘俊如

封面设计:张　莹

ISBN 978-7-5685-3727-8　定　价:49.80 元

前言

Preface

《新编工程数学(线性代数 概率论与数理统计)》(第七版)是"十三五"职业教育国家规划教材、"十二五"职业教育国家规划教材,也是新世纪高职高专教材编审委员会组编的数学类课程规划教材之一。

本教材经过前六版的使用,得到了各相关高职院校和广大读者的大力支持,并收集了许多宝贵的意见和建议。为了更好地适应高职教育发展的需要,我们结合教学实践,在第六版的基础上进行了精心修订,使本教材的结构更加突出职业教育特色,应用性更强,更趋于完善。

本版教材在编写过程中,力求突出如下特点:

1. 将"立德树人"理念和"课程思政"元素有机融入教材。教材中案例的选取既体现这门学科的价值和重要性,又揭示了做人做事的道理,引导了学生在纷繁复杂的社会环境中站稳立场、明辨是非、行为自律、知晓责任。

2. 本版教材在不影响数学体系的前提下,精选内容,淡化理论证明和数学推导,旨在强化学生实践能力的培养,激发他们的学习兴趣。本教材根据教育部最新制定的高职高专教学课程的基本要求编写,并遵循理论以必需、够用为度,以应用为目的的原则,主要贯彻"实例—抽象—概念"的编写思想,降低学生的学习难度。

3. 此次修订,本版教材在保持前版"以学生为本,重视应用"特点的基础上,重组教材结构,主要突出以"模块+任务"呈现教材内容的结构形式,按照知识"产生—形成—应用"的模式,以任务的形式设计教材内容,让学生全面了解数学知识的来龙去脉,并学会用数学解决问题,有效地解决了高职高专学生学习目的不明确、学习兴趣难调动的问题。

4. 本版教材在结构体系、内容安排、习题选择等方面都做了大量细致的工作,实例引入力求以生产、生活实际问题为切入点,例题具有典型性,习题具有梯度和灵活性,同时也充分展示了数学广泛的应用性。

每个任务后配备了"课堂练习"和"巩固与练习",以便学生及时复习巩固所学内容;每个模块后配备了"本模块学习指导”和“复习题”，以便学生明确和掌握重点，理解和消化难点；线性代数部分也做了相应调整，使结构更紧凑，目标任务更明确。

5. 及时更新工程技术领域的新知识、新案例，加强数学与生产实际和专业的紧密联系，旨在增强学生的数学应用意识和创新意识，培养学生发现问题、解决问题的能力。

本版教材由河南轻工职业学院史明霞、河北石油职业技术大学刘颖华任主编，由吉林交通职业技术学院张婷婷、焦作大学王岗、河南轻工职业学院孔杰任副主编，河北石油职业技术大学杨红梅也参与了部分章节的编写工作。具体编写分工如下：模块一、模块六由史明霞编写；模块二、模块三由刘颖华编写；模块四、模块五由张婷婷编写；模块七、模块九由王岗编写；模块八、模块十由孔杰编写。教材微课由刘颖华、杨红梅共同制作。全书由史明霞、刘颖华审阅并统稿。

在编写本教材的过程中，编者参考、引用和改编了国内外出版物中的相关资料以及网络资源，在此表示深深的谢意！相关著作权人看到本教材后，请与出版社联系，出版社将按照相关法律的规定支付稿酬。

尽管我们在教材的特色建设方面做了许多努力，但由于作者水平有限，加之时间仓促，教材难免有不足之处，真诚希望各位专家、同行及广大读者批评指正，并将您的宝贵意见和建议及时反馈给我们，以便下次修订时完善。

编　者

2022 年 1 月

所有意见和建议请发往：dutpgz@163.com
欢迎访问职教数字化服务平台：http://sve.dutpbook.com
联系电话：0411-84707492　84706104

Contents

目录

第一篇　线性代数

第二篇　概率论与数理统计

第一篇

线性代数

线性代数是高等代数的一个重要分支.其主要内容是行列式和矩阵.它的主要研究对象是向量、向量空间、线性变换和线性方程组.当今,线性代数不仅在许多科学技术和工程领域体现了其重要性,而且在和我们日常生活密切相关的技术领域也得到了广泛应用.

比如,我们熟知的图像识别,该技术中对物体图像的处理方法就是把图像用矩阵来表示.希尔密码就是利用矩阵乘法对文件进行加密和解密处理.在做游戏设计时同样也用到了线性代数里的知识——变换.本篇将带领读者进入线性代数的领域学习了解线性代数的知识.

模块一 行列式与线性方程组

问题引入

在许多实际问题中，常常会碰到求解线性方程组的问题. 我们在中学里学过如何求二元一次方程组和三元一次方程组的解，那对于下面的 n 元一次方程组

$$\begin{cases} a_{11}x_1+a_{12}x_2+\cdots+a_{1n}x_n=b_1 \\ a_{21}x_1+a_{22}x_2+\cdots+a_{2n}x_n=b_2 \\ \cdots \\ a_{n1}x_1+a_{n2}x_2+\cdots+a_{nn}x_n=b_n \end{cases}$$

我们如何去求其解？

任务一 二元、三元线性方程组的解与系数的关系

某工厂生产甲、乙、丙三种钢制品，已知甲种产品的钢材利用率为 60%，乙种产品的钢材利用率为 70%，丙种产品的钢材利用率为 80%. 年进货钢材总吨位为 100 吨，年产品总吨位为 67 吨. 甲、乙两种产品必须配套生产，乙产品成品总重量是甲产品总重量的 70%. 此外还已知生产甲、乙、丙三种产品每吨可获得利润分别是 1 万元、1.5 万元、2 万元. 问该工厂本年度可获利润多少万元？

分析 如果设甲、乙、丙三种产品分别是 x_1,x_2,x_3 吨，本年度获利 y 万元，则该问题可概述为

$$y=x_1+1.5x_2+2x_3$$

其中

$$\begin{cases} x_1+x_2+x_3=67 \\ 7x_1-10x_2=0 \\ \frac{5}{3}x_1+\frac{10}{7}x_2+\frac{5}{4}x_3=100 \end{cases}$$

我们会经常遇到这样的问题. 为了找到解方程组的通用方法，我们先讨论二元和三元线性方程组的解与系数的关系.

一、探讨二元线性方程组的解与系数的关系

在中学数学里知道二元线性方程组，它的一般形式为

$$\begin{cases} a_{11}x_1+a_{12}x_2=b_1 \\ a_{21}x_1+a_{22}x_2=b_2 \end{cases} \tag{1-1-1}$$

用消元法消去 x_2，得到

$$(a_{11}a_{22}-a_{12}a_{21})x_1=b_1a_{22}-b_2a_{12}$$

同理消去 x_1，得到

$$(a_{11}a_{22}-a_{12}a_{21})x_2=a_{11}b_2-a_{21}b_1$$

当 $a_{11}a_{22}-a_{12}a_{21}\neq 0$ 时，方程组(1-1-1)的解为

$$x_1=\frac{b_1a_{22}-b_2a_{12}}{a_{11}a_{22}-a_{12}a_{21}},x_2=\frac{a_{11}b_2-a_{21}b_1}{a_{11}a_{22}-a_{12}a_{21}}$$

分母是由方程组中未知数的四个系数确定的，为了便于理解和记忆，引入二阶行列式的定义.

定义 1 把符号

$$\begin{vmatrix} a_{11} & a_{12} \\ a_{21} & a_{22} \end{vmatrix}$$

称为二阶行列式，由四个数排成两行两列(横排称行，竖排称列)，它表示算式

$$a_{11}a_{22}-a_{12}a_{21}$$

即

$$\begin{vmatrix} a_{11} & a_{12} \\ a_{21} & a_{22} \end{vmatrix}=a_{11}a_{22}-a_{12}a_{21} \tag{1-1-2}$$

其中，$a_{ij}(i=1,2;j=1,2)$称为二阶行列式的元素，下标 i 是行列式的行指标，表示在第 i 行；下标 j 是行列式的列指标，表示在第 j 列. a_{ij} 表明这一元素处在第 i 行第 j 列位置. 二阶行列式共有 $2\times 2=2^2$ 个元素. 我们把 a_{11} 到 a_{22} 用实线连接，称该实线为主对角线，a_{12} 到 a_{21} 用虚线连接，称该虚线为副对角线. 于是二阶行列式的值便是主对角线上两个元素之积减去副对角线上两个元素之积所得的差，其计算规律遵循如图 1-1 所示的对角线法则.

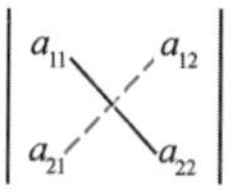

图 1-1

式(1-1-2)右端的式子又称为二阶行列式的展开式. 当所有的 a_{ij} 都是数时，行列式的值是一个具体的数值，若其中有字母出现，则行列式的值是一个代数式. 通常用字母 D 表示行列式.

利用二阶行列式的概念，方程组(1-1-1)中 x_1,x_2 的分子也可以用二阶行列式表示，

$$b_1a_{22}-b_2a_{12}=\begin{vmatrix} b_1 & a_{12} \\ b_2 & a_{22} \end{vmatrix},a_{11}b_2-a_{21}b_1=\begin{vmatrix} a_{11} & b_1 \\ a_{21} & b_2 \end{vmatrix}$$

若记

$$D=\begin{vmatrix} a_{11} & a_{12} \\ a_{21} & a_{22} \end{vmatrix},D_1=\begin{vmatrix} b_1 & a_{12} \\ b_2 & a_{22} \end{vmatrix},D_2=\begin{vmatrix} a_{11} & b_1 \\ a_{21} & b_2 \end{vmatrix}$$

那么，方程组(1-1-1)的解可表示为

$$\begin{cases} x_1=\dfrac{D_1}{D} \\ x_2=\dfrac{D_2}{D} \end{cases}$$

因为 D 是由方程组(1-1-1)中未知量的四个系数确定的二阶行列式，故称 D 为方程

组(1-1-1)的系数行列式. 而 D_1, D_2 分别是 D 的第 1、2 列元素换成常数项所得到的行列式.

例 1 计算下列行列式

(1) $\begin{vmatrix} 3 & 4 \\ 1 & 6 \end{vmatrix}$　　(2) $\begin{vmatrix} x^2 & 4 \\ x & 6 \end{vmatrix}$

解 (1) $\begin{vmatrix} 3 & 4 \\ 1 & 6 \end{vmatrix} = 3\times 6 - 1\times 4 = 14$;

(2) $\begin{vmatrix} x^2 & 4 \\ x & 6 \end{vmatrix} = x^2\times 6 - x\times 4 = 6x^2 - 4x$.

例 2 求解二元线性方程组

$$\begin{cases} -x_1 + 2x_2 - 3 = 0 \\ 4x_1 + 3x_2 + 2 = 0 \end{cases}$$

解 将方程组化为标准型

$$\begin{cases} -x_1 + 2x_2 = 3 \\ 4x_1 + 3x_2 = -2 \end{cases}$$

由于

$$D = \begin{vmatrix} -1 & 2 \\ 4 & 3 \end{vmatrix} = -11 \neq 0, D_1 = \begin{vmatrix} 3 & 2 \\ -2 & 3 \end{vmatrix} = 13, D_2 = \begin{vmatrix} -1 & 3 \\ 4 & -2 \end{vmatrix} = -10$$

因此方程组的解为

$$\begin{cases} x_1 = \dfrac{D_1}{D} = -\dfrac{13}{11} \\ x_2 = \dfrac{D_2}{D} = \dfrac{10}{11} \end{cases}$$

行列式的概念

二、探讨三元线性方程组的解与系数的关系

对于三元线性方程组

$$\begin{cases} a_{11}x_1 + a_{12}x_2 + a_{13}x_3 = b_1 \\ a_{21}x_1 + a_{22}x_2 + a_{23}x_3 = b_2 \\ a_{31}x_1 + a_{32}x_2 + a_{33}x_3 = b_3 \end{cases} \qquad (1\text{-}1\text{-}3)$$

当 $a_{11}a_{22}a_{33} + a_{12}a_{23}a_{31} + a_{13}a_{32}a_{21} - a_{13}a_{22}a_{31} - a_{12}a_{21}a_{33} - a_{11}a_{32}a_{23} \neq 0$ 时,用消元法得方程组(1-1-3)的解为

$$x_1 = \frac{b_1a_{22}a_{33} + a_{12}a_{23}b_3 + a_{13}b_2a_{32} - a_{12}b_2a_{33} - b_1a_{23}a_{32} - a_{13}a_{22}b_3}{a_{11}a_{22}a_{33} + a_{12}a_{23}a_{31} + a_{13}a_{21}a_{32} - a_{12}a_{21}a_{33} - a_{11}a_{23}a_{32} - a_{13}a_{22}a_{31}}$$

$$x_2 = \frac{a_{11}b_2a_{33} + b_1a_{23}a_{31} + a_{13}a_{21}b_3 - b_1a_{21}a_{33} - a_{11}a_{23}b_3 - a_{13}b_2a_{31}}{a_{11}a_{22}a_{33} + a_{12}a_{23}a_{31} + a_{13}a_{21}a_{32} - a_{12}a_{21}a_{33} - a_{11}a_{23}a_{32} - a_{13}a_{22}a_{31}}$$

$$x_3 = \frac{a_{11}a_{22}b_3 + a_{12}b_2a_{31} + b_1a_{21}a_{32} - a_{12}a_{21}b_3 - a_{11}b_2a_{32} - b_1a_{22}a_{31}}{a_{11}a_{22}a_{33} + a_{12}a_{23}a_{31} + a_{13}a_{21}a_{32} - a_{12}a_{21}a_{33} - a_{11}a_{23}a_{32} - a_{13}a_{22}a_{31}}$$

显然,如果引入如下符号

$$D=\begin{vmatrix} a_{11} & a_{12} & a_{13} \\ a_{21} & a_{22} & a_{23} \\ a_{31} & a_{32} & a_{33} \end{vmatrix}=a_{11}a_{22}a_{33}+a_{12}a_{23}a_{31}+a_{13}a_{32}a_{21}$$

$$-a_{13}a_{22}a_{31}-a_{12}a_{21}a_{33}-a_{11}a_{32}a_{23} \quad (1\text{-}1\text{-}4)$$

则 x_1,x_2,x_3 的分子也有如下关系:

$$b_1a_{22}a_{33}+a_{12}a_{23}b_3+a_{13}b_2a_{32}-a_{12}b_2a_{33}-b_1a_{23}a_{32}-a_{13}a_{22}b_3=\begin{vmatrix} b_1 & a_{12} & a_{13} \\ b_2 & a_{22} & a_{23} \\ b_3 & a_{32} & a_{33} \end{vmatrix}$$

$$a_{11}b_2a_{33}+b_1a_{23}a_{31}+a_{13}a_{21}b_3-b_1a_{21}a_{33}-a_{11}a_{23}b_3-a_{13}b_2a_{31}=\begin{vmatrix} a_{11} & b_1 & a_{13} \\ a_{21} & b_2 & a_{23} \\ a_{31} & b_3 & a_{33} \end{vmatrix}$$

$$a_{11}a_{22}b_3+a_{12}b_2a_{31}+b_1a_{21}a_{32}-a_{12}a_{21}b_3-a_{11}b_2a_{32}-b_1a_{22}a_{31}=\begin{vmatrix} a_{11} & a_{12} & b_1 \\ a_{21} & a_{22} & b_2 \\ a_{31} & a_{32} & b_3 \end{vmatrix}$$

那么方程组(1-1-3)的解就可以表示为

$$x_1=\frac{\begin{vmatrix} b_1 & a_{12} & a_{13} \\ b_2 & a_{22} & a_{23} \\ b_3 & a_{32} & a_{33} \end{vmatrix}}{\begin{vmatrix} a_{11} & a_{12} & a_{13} \\ a_{21} & a_{22} & a_{23} \\ a_{31} & a_{32} & a_{33} \end{vmatrix}},x_2=\frac{\begin{vmatrix} a_{11} & b_1 & a_{13} \\ a_{21} & b_2 & a_{23} \\ a_{31} & b_3 & a_{33} \end{vmatrix}}{\begin{vmatrix} a_{11} & a_{12} & a_{13} \\ a_{21} & a_{22} & a_{23} \\ a_{31} & a_{32} & a_{33} \end{vmatrix}},x_3=\frac{\begin{vmatrix} a_{11} & a_{12} & b_1 \\ a_{21} & a_{22} & b_2 \\ a_{31} & a_{32} & b_3 \end{vmatrix}}{\begin{vmatrix} a_{11} & a_{12} & a_{13} \\ a_{21} & a_{22} & a_{23} \\ a_{31} & a_{32} & a_{33} \end{vmatrix}}$$

与解二元线性方程组类似,为了方便我们引入三阶行列式的定义.

定义 2 把符号

$$\begin{vmatrix} a_{11} & a_{12} & a_{13} \\ a_{21} & a_{22} & a_{23} \\ a_{31} & a_{32} & a_{33} \end{vmatrix}$$

称为三阶行列式,由 $3\times3=3^2$ 个元素 $a_{ij}(i=1,2,3;j=1,2,3)$ 排成三行三列,它代表的是

$$a_{11}a_{22}a_{33}+a_{12}a_{23}a_{31}+a_{13}a_{32}a_{21}-a_{13}a_{22}a_{31}-a_{12}a_{21}a_{33}-a_{11}a_{32}a_{23}$$

这样一个算式,即式(1-1-4)右端的式子称为三阶行列式的展开式.

由式(1-1-4)可见,三阶行列式共含 6 项,每项均为选自不同行、不同列的三个元素的乘积再冠以正负号,其计算规律遵循如图 1-2 所示的对角线法则:图中每条实线(共三条)所连接的三个数的乘积前面加正号,每条虚线(共三条)所连接的三个数的乘积前面加负号,这六项的和就是三阶行列式的值.

行列式值的实质就是不同行、不同列的元素乘积的代数和.

因此,三元线性方程组(1-1-3)的解为:

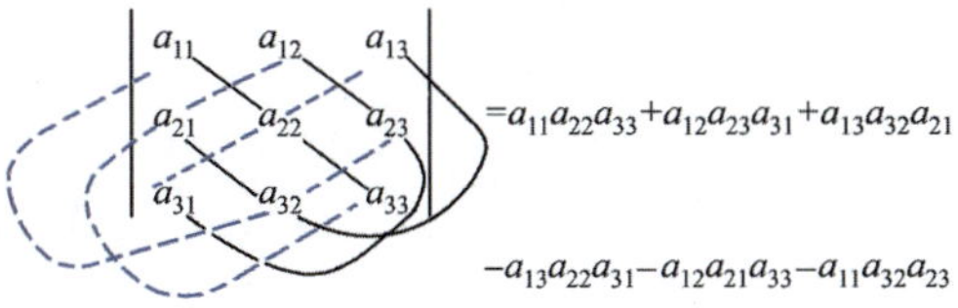

图 1-2

$$\begin{cases} x_1=\dfrac{D_1}{D} \\ x_2=\dfrac{D_2}{D} \quad (D\neq 0) \\ x_3=\dfrac{D_3}{D} \end{cases}$$

其中，D 为方程组(1-1-3)的系数行列式．而 D_1,D_2,D_3 分别是 D 的第 1,2,3 列元素换成常数项所得到的行列式．

例 3 用对角线法则计算行列式 $\begin{vmatrix} 2 & -1 & -2 \\ 3 & 4 & 1 \\ 1 & 6 & 2 \end{vmatrix}$．

解
$$\begin{vmatrix} 2 & -1 & -2 \\ 3 & 4 & 1 \\ 1 & 6 & 2 \end{vmatrix}=2\times4\times2+(-1)\times1\times1+(-2)\times6\times3-$$
$$(-2)\times4\times1-2\times(-1)\times3-6\times1\times2$$
$$=-19$$

例 4 求解三元线性方程组 $\begin{cases} x_1+x_2+x_3=4 \\ 2x_1-x_2+x_3=1 \\ 3x_1+2x_2-x_3=6 \end{cases}$．

解 系数行列式

$$D=\begin{vmatrix} 1 & 1 & 1 \\ 2 & -1 & 1 \\ 3 & 2 & -1 \end{vmatrix}=1\times(-1)\times(-1)+2\times2\times1+3\times1\times1-$$
$$1\times(-1)\times3-1\times2\times(-1)-1\times1\times2$$
$$=11$$

$$D_1=\begin{vmatrix} 4 & 1 & 1 \\ 1 & -1 & 1 \\ 6 & 2 & -1 \end{vmatrix}=4\times(-1)\times(-1)+1\times2\times1+6\times1\times1-$$
$$1\times(-1)\times6-1\times1\times(-1)-4\times1\times2$$
$$=11$$

$$D_2=\begin{vmatrix} 1 & 4 & 1 \\ 2 & 1 & 1 \\ 3 & 6 & -1 \end{vmatrix}=1\times1\times(-1)+2\times6\times1+3\times4\times1-$$

$$1\times1\times3-4\times2\times(-1)-1\times1\times6$$
$$=22$$

$$D_3=\begin{vmatrix}1 & 1 & 4\\2 & -1 & 1\\3 & 2 & 6\end{vmatrix}=1\times(-1)\times6+2\times2\times4+3\times1\times1-$$
$$4\times(-1)\times3-1\times2\times6-1\times1\times2$$
$$=11$$

由于 $D\neq0$，所以方程组的解为

$$\begin{cases}x_1=\dfrac{D_1}{D}=\dfrac{11}{11}=1\\x_2=\dfrac{D_2}{D}=\dfrac{22}{11}=2\\x_3=\dfrac{D_3}{D}=\dfrac{11}{11}=1\end{cases}$$

课堂练习

1. 计算下列二阶行列式：

(1) $\begin{vmatrix}1 & 3\\1 & 4\end{vmatrix}$ (2) $\begin{vmatrix}2 & 1\\-1 & 2\end{vmatrix}$ (3) $\begin{vmatrix}a & b\\a^2 & b^2\end{vmatrix}$

2. 用行列式解下列方程组：

(1) $\begin{cases}x_1+2x_2=3\\2x_1-x_2=1\end{cases}$ (2) $\begin{cases}3x_1+2x_2=8\\x_1-3x_2=-1\end{cases}$

3. 设三角形的三个顶点，$A(x_1,y_1)$，$B(x_2,y_2)$，$C(x_3,y_3)$，证明

$$S_{\triangle ABC}=\frac{1}{2}\left|\begin{vmatrix}x_1 & y_1 & 1\\x_2 & y_2 & 1\\x_3 & y_3 & 1\end{vmatrix}\right|$$

4. 用行列式解三元线性方程组 $\begin{cases}x_1+x_2-2x_3=-3\\5x_1-2x_2+7x_3=22\\2x_1-5x_2+4x_3=4\end{cases}$.

巩固与练习

1. 计算下列行列式：

(1) $\begin{vmatrix}\sqrt{2}-1 & 1\\1 & \sqrt{2}+1\end{vmatrix}$ (2) $\begin{vmatrix}x-1 & x^3\\1 & x^2+x+1\end{vmatrix}$

(3) $\begin{vmatrix}2 & -1 & -2\\3 & 4 & 1\\1 & 6 & 2\end{vmatrix}$ (4) $\begin{vmatrix}3 & -6 & 4\\2 & 3 & 1\\-6 & 1 & 5\end{vmatrix}$

2. 证明：

$$\begin{vmatrix} 1 & a & a^2 \\ 1 & b & b^2 \\ 1 & c & c^2 \end{vmatrix}=(a-b)(b-c)(c-a)$$

3. 解下列线性方程组：

(1) $\begin{cases} 3x_1-2x_2=-1 \\ -x_1+4x_2=3 \end{cases}$　　(2) $\begin{cases} 2x_1+x_2+x_3=3 \\ 3x_1-x_2-2x_3=0 \\ x_1+2x_2+2x_3=1 \end{cases}$

4. 解下列方程：

(1) $\begin{vmatrix} x-2 & 1 & 0 \\ 1 & x-2 & 1 \\ 0 & 0 & x-2 \end{vmatrix}=0$　　(2) $\begin{vmatrix} x^2 & 4 & -9 \\ x & 2 & 3 \\ 1 & 1 & 1 \end{vmatrix}=0$

拓展训练营

用行列式的对角线法则证明下列“爱情恒等式”.

$$\begin{vmatrix} 我 & 0 & 生 \\ 0 & 有 & 0 \\ 你 & 0 & 幸 \end{vmatrix}=我有幸-生有你$$

任务二　n 阶行列式与 n－1 阶行列式的关系

一、余子式和代数余子式

对角线法则只适用于二阶行列式和三阶行列式. 为了研究四阶和四阶以上的更高阶行列式，我们先来考察二阶行列式和三阶行列式的关系.

由式(1-1-2)和式(1-1-4)可以得出

$$D=\begin{vmatrix} a_{11} & a_{12} & a_{13} \\ a_{21} & a_{22} & a_{23} \\ a_{31} & a_{32} & a_{33} \end{vmatrix}$$

$$=a_{11}a_{22}a_{33}+a_{12}a_{23}a_{31}+a_{13}a_{32}a_{21}-a_{13}a_{22}a_{31}-a_{12}a_{21}a_{33}-a_{11}a_{32}a_{23}$$

$$=a_{11}\begin{vmatrix} a_{22} & a_{23} \\ a_{32} & a_{33} \end{vmatrix}-a_{12}\begin{vmatrix} a_{21} & a_{23} \\ a_{31} & a_{33} \end{vmatrix}+a_{13}\begin{vmatrix} a_{21} & a_{22} \\ a_{31} & a_{32} \end{vmatrix} \qquad (1\text{-}2\text{-}1)$$

由此可见，三阶行列式等于它第一行每个元素分别与一个二阶行列式的乘积的代数和(也称按第一行展开). 为了进一步了解这三个二阶行列式与原来三阶行列式的关系，我们引入余子式和代数余子式的概念.

在三阶行列式

$$D=\begin{vmatrix} a_{11} & a_{12} & a_{13} \\ a_{21} & a_{22} & a_{23} \\ a_{31} & a_{32} & a_{33} \end{vmatrix}$$

中，把元素 $a_{ij}(i=1,2,3;j=1,2,3)$所在的第 i 行和第 j 列划去后，剩下的元素保持原来相对位置不变而构成的二阶行列式称为元素 a_{ij} 的余子式，记作 M_{ij}.

例如在三阶行列式 D 中，元素 a_{11} 的余子式是在 D 中划去第一行和第一列后所构成的二阶行列式 $M_{11}=\begin{vmatrix} a_{22} & a_{23} \\ a_{32} & a_{33} \end{vmatrix}$；元素 a_{13} 的余子式是在 D 中划去第一行和第三列后所构成的二阶行列式 $M_{13}=\begin{vmatrix} a_{21} & a_{22} \\ a_{31} & a_{32} \end{vmatrix}$.

若记 $A_{ij}=(-1)^{i+j}M_{ij}$，则 A_{ij} 叫作元素 a_{ij} 的代数余子式.

例如 D 中元素 a_{12} 的代数余子式为

$$A_{12}=(-1)^{1+2}M_{12}=-\begin{vmatrix} a_{21} & a_{23} \\ a_{31} & a_{33} \end{vmatrix}$$

又如行列式 $\begin{vmatrix} 1 & 0 & 2 \\ -1 & 2 & 3 \\ 4 & 0 & 1 \end{vmatrix}$ 中元素-1 的代数余子式为

$$A_{21}=(-1)^{2+1}M_{21}=-\begin{vmatrix} 0 & 2 \\ 0 & 1 \end{vmatrix}$$

应用余子式和代数余子式的概念，式(1-2-1)可以写成

$$D=a_{11}A_{11}+a_{12}A_{12}+a_{13}A_{13} \tag{1-2-2}$$

由式(1-2-2)可以看出，三阶行列式的值等于第一行元素与其对应的代数余子式乘积之和. 式(1-2-2)称为三阶行列式按第一行展开的展开式.

我们已经定义了二阶、三阶行列式，又用二阶行列式定义了三阶行列式. 按照这一规律，我们可用三阶行列式定义四阶行列式. 依此类推，在已定义了 $n-1$ 阶行列式后，便可定义 n 阶行列式.

二、n 阶行列式与$n-1$ 阶行列式的关系

行列式的按行(列)展开法则

定义 1 把符号

$$D=\begin{vmatrix} a_{11} & a_{12} & \cdots & a_{1n} \\ a_{21} & a_{22} & \cdots & a_{2n} \\ \vdots & \vdots & & \vdots \\ a_{n1} & a_{n2} & \cdots & a_{nn} \end{vmatrix}$$

称为 n 阶行列式，由 n^2 个数 $a_{ij}(i,j=1,2,\cdots,n)$排成 n 行 n 列，其中 a_{ij} 表示位于 n 阶行列式第 i 行、第 j 列的元素. n 阶行列式代表的是一个算式，具体为

当 $n=1$ 时，

$$D=|a_{11}|=a_{11}$$

当 $n\geqslant 2$ 时，将行列式按第一行展开得

$$D=a_{11}A_{11}+a_{12}A_{12}+\cdots+a_{1n}A_{1n}=\sum_{j=1}^{n}a_{1j}A_{1j} \tag{1-2-3}$$

对于 n 阶行列式元素 a_{ij} 的代数余子式 A_{ij} 的定义与三阶行列式元素的代数余子式的定义相同. n 阶行列式元素 a_{ij} 的代数余子式 A_{ij} 是 $n-1$ 阶行列式. 例如上面的 n 阶行列式 D 中，元素 a_{11} 的代数余子式为

$$A_{11}=(-1)^{1+1}M_{11}=\begin{vmatrix} a_{22} & a_{23} & \cdots & a_{2n} \\ a_{32} & a_{33} & \cdots & a_{3n} \\ \vdots & \vdots & & \vdots \\ a_{n2} & a_{n3} & \cdots & a_{nn} \end{vmatrix}$$

例 1 计算四阶行列式

$$D_4=\begin{vmatrix} 0 & 2 & 1 & 0 \\ -1 & 3 & 0 & -2 \\ 4 & -7 & -1 & 0 \\ -3 & 2 & 4 & 1 \end{vmatrix}$$

解 由定义 1 将行列式按第一行展开

$$\begin{aligned} D_4 &= 0\times A_{11}+2\times A_{12}+1\times A_{13}+0\times A_{14} \\ &= 0+2\times(-1)^{1+2}\begin{vmatrix} -1 & 0 & -2 \\ 4 & -1 & 0 \\ -3 & 4 & 1 \end{vmatrix}+1\times(-1)^{1+3}\begin{vmatrix} -1 & 3 & -2 \\ 4 & -7 & 0 \\ -3 & 2 & 1 \end{vmatrix}+0 \\ &= 50+21=71 \end{aligned}$$

通过上面例题看出，行列式第一行的零元素越多，按第一行展开时计算就越简单.

例 2 计算下三角行列式

$$D_n=\begin{vmatrix} a_{11} & 0 & \cdots & 0 \\ a_{21} & a_{22} & \cdots & 0 \\ \vdots & \vdots & & \vdots \\ a_{n1} & a_{n2} & \cdots & a_{nn} \end{vmatrix}$$

解 由 n 阶行列式定义，依次将行列式按第一行展开，得到

$$\begin{aligned} D_n &= a_{11}(-1)^{1+1}\begin{vmatrix} a_{22} & 0 & \cdots & 0 \\ a_{32} & a_{33} & \cdots & 0 \\ \vdots & \vdots & & \vdots \\ a_{n2} & a_{n3} & \cdots & a_{nn} \end{vmatrix} \\ &= a_{11}D_{n-1}=a_{11}a_{22}D_{n-2}=\cdots=a_{11}a_{22}\cdots a_{nn} \end{aligned}$$

把行列式

$$D_n=\begin{vmatrix} a_{11} & a_{12} & \cdots & a_{1n} \\ 0 & a_{22} & \cdots & a_{2n} \\ \vdots & \vdots & & \vdots \\ 0 & 0 & \cdots & a_{nn} \end{vmatrix}$$

叫上三角行列式.

课堂练习

1. 求行列式$\begin{vmatrix} -3 & 0 & 4 \\ 5 & 0 & 3 \\ 2 & -2 & 1 \end{vmatrix}$中元素 2 和 −2 的代数余子式.

2. 按第一行展开计算行列式$\begin{vmatrix} 1 & 0 & a & 1 \\ 0 & -1 & b & -1 \\ -1 & -1 & c & -1 \\ -1 & 1 & d & 0 \end{vmatrix}$的值.再按第四行展开再次计算其值.

3. 按行或列展开计算下列行列式的值,在每一步,选择计算量最少的行或列.

(1) $\begin{vmatrix} 6 & 0 & 0 & 5 \\ 1 & 7 & 2 & -5 \\ 2 & 0 & 0 & 0 \\ 8 & 3 & 1 & 8 \end{vmatrix}$　　(2) $\begin{vmatrix} 1 & 0 & 0 & 0 \\ 2 & 3 & 0 & 0 \\ 4 & 5 & 6 & 0 \\ 7 & 8 & 9 & 0 \end{vmatrix}$

巩固与练习

1. 写出行列式$\begin{vmatrix} 1 & -3 & -2 & -4 \\ 0 & 8 & 3 & 0 \\ -1 & 0 & 4 & -1 \\ 2 & -1 & 0 & 1 \end{vmatrix}$中元素 a_{32} 的余子式及代数余子式,并计算该行列式的值.

2. 设 $A_{i1}(i=1,2,3,4)$是行列式

$$\begin{vmatrix} 1 & 2 & 3 & 4 \\ 1 & 2 & 3 & 0 \\ 1 & 2 & 0 & 0 \\ 1 & 0 & 0 & 0 \end{vmatrix}$$

中元素 a_{i1} 的代数余子式,计算 $A_{11}+A_{21}+A_{31}+A_{41}$.

任务三 行列式的性质与计算

$$\begin{vmatrix} 1 & 3 & 4 & 2 & 4 & 2 \\ 2 & 3 & 1 & 1 & 5 & 1 \\ 4 & 7 & 2 & 9 & 6 & 2 \\ 1 & 6 & 3 & 8 & 9 & 7 \\ 5 & 4 & 5 & 7 & 4 & 6 \\ 1 & 2 & 4 & 6 & 3 & 5 \end{vmatrix}$$

如果按照行列式的定义计算上面行列式的值，我们要先分成六个五阶行列式，然后再把每个五阶行列式分成五个四阶行列式，再把四阶行列式继续分解，可见这样计算一个高阶行列式的工作量的繁重.通过任务二的学习我们知道，如果一个行列式的零元素很多，那么这个行列式的计算就很简单.

为了探讨行列式计算的奥秘，我们先从讨论当对行列式做行或列变换时它如何变化开始.

一、行列式的性质

设 n 阶行列式

$$D=\begin{vmatrix} a_{11} & a_{12} & \cdots & a_{1n} \\ a_{21} & a_{22} & \cdots & a_{2n} \\ \vdots & \vdots & & \vdots \\ a_{n1} & a_{n2} & \cdots & a_{nn} \end{vmatrix}$$

行列式的性质

将 D 的行换为同序号的列(即将第 i 行换成第 i 列)后，得到新行列式

$$D^{\mathrm{T}}=\begin{vmatrix} a_{11} & a_{21} & \cdots & a_{n1} \\ a_{12} & a_{22} & \cdots & a_{n2} \\ \vdots & \vdots & & \vdots \\ a_{1n} & a_{2n} & \cdots & a_{nn} \end{vmatrix}$$

D^{T} 称为 D 的转置行列式.

行列式有如下性质：

性质 1 行列式与它的转置行列式的值相等，即 $D=D^{\mathrm{T}}$.

例如二阶行列式

$$D=\begin{vmatrix} a_{11} & a_{12} \\ a_{21} & a_{22} \end{vmatrix}=a_{11}a_{22}-a_{12}a_{21}$$

$$D^{\mathrm{T}}=\begin{vmatrix} a_{11} & a_{21} \\ a_{12} & a_{22} \end{vmatrix}=a_{11}a_{22}-a_{12}a_{21}$$

可见，$D=D^{\mathrm{T}}$.

这个性质说明了行列式中行列地位的对称性.由于转置不改变行列式的值，因此对于

行列式,凡是对行成立的性质对列也成立.

性质 2 行列式的任意两行(列)互换,行列式的值仅改变符号.

例如,二阶行列式

$$D=\begin{vmatrix} a_{11} & a_{12} \\ a_{21} & a_{22} \end{vmatrix}=a_{11}a_{22}-a_{12}a_{21}$$

将第 1 列与第 2 列互换得

$$\begin{vmatrix} a_{12} & a_{11} \\ a_{22} & a_{21} \end{vmatrix}=a_{12}a_{21}-a_{11}a_{22}=-(a_{11}a_{22}-a_{12}a_{21})=-D$$

通常情况下,我们用 r_i 表示行列式的第 i 行,用 c_j 表示行列式的第 j 列,交换 i,j 两行,记作 $r_i \leftrightarrow r_j$,交换 i,j 两列,记作 $c_i \leftrightarrow c_j$.

$$\begin{vmatrix} a_{11} & a_{12} & a_{13} \\ a_{21} & a_{22} & a_{23} \\ a_{31} & a_{32} & a_{33} \end{vmatrix} \xlongequal{r_1 \leftrightarrow r_3} -\begin{vmatrix} a_{31} & a_{32} & a_{33} \\ a_{21} & a_{22} & a_{23} \\ a_{11} & a_{12} & a_{13} \end{vmatrix}$$

推论 1 若行列式某两行(列)对应元素相同,则行列式的值等于零.

证明 把行列式中对应元素相同的这两行(列)互换,据性质 2 有 $D=-D$,故 $D=0$.

性质 3 行列式中某一行(列)的所有元素乘以同一个数 k,等于用数 k 乘以行列式.

例如

$$D=\begin{vmatrix} a_{11} & a_{12} & a_{13} \\ a_{21} & a_{22} & a_{23} \\ a_{31} & a_{32} & a_{33} \end{vmatrix}$$

把 D 的第 1 行各元素同乘以数 k 有

$$\begin{vmatrix} ka_{11} & ka_{12} & ka_{13} \\ a_{21} & a_{22} & a_{23} \\ a_{31} & a_{32} & a_{33} \end{vmatrix}=k\begin{vmatrix} a_{11} & a_{12} & a_{13} \\ a_{21} & a_{22} & a_{23} \\ a_{31} & a_{32} & a_{33} \end{vmatrix}=kD$$

kr_i 表示以数 k 乘以第 i 行各元素,kc_j 表示以数 k 乘以第 j 列各元素.

推论 2 行列式中某一行(列)的所有元素的公因子可以提到行列式符号的外面.

例 1 计算行列式 $\begin{vmatrix} 8 & 4 \\ 1 & 3 \end{vmatrix}$.

解
$$\begin{vmatrix} 8 & 4 \\ 1 & 3 \end{vmatrix}=4\begin{vmatrix} 2 & 1 \\ 1 & 3 \end{vmatrix}=4\times(2\times3-1\times1)=20$$

推论 3 若行列式中某一行(列)的所有元素为零,则此行列式的值为零.

性质 4 若行列式中有两行(列)对应元素成比例,则此行列式的值为零.

由推论 2 和推论 1 可以证明.

性质 5 若行列式的某一行(列)的所有元素都是两个数之和,则此行列式等于两个行列式的和,且这两个行列式除了这一行(列)以外,其余元素与原行列式的对应元素相同.

例如

$$\begin{vmatrix} a_{11} & a_{12} & a_{13} \\ a_{21}+b_{21} & a_{22}+b_{22} & a_{23}+b_{23} \\ a_{31} & a_{32} & a_{33} \end{vmatrix} = \begin{vmatrix} a_{11} & a_{12} & a_{13} \\ a_{21} & a_{22} & a_{23} \\ a_{31} & a_{32} & a_{33} \end{vmatrix} + \begin{vmatrix} a_{11} & a_{12} & a_{13} \\ b_{21} & b_{22} & b_{23} \\ a_{31} & a_{32} & a_{33} \end{vmatrix}$$

例 2 计算

$$\begin{vmatrix} a_1+b_1 & 2a_1 & b_1 \\ a_2+b_2 & 2a_2 & b_2 \\ a_3+b_3 & 2a_3 & b_3 \end{vmatrix}$$

解 $$\begin{vmatrix} a_1+b_1 & 2a_1 & b_1 \\ a_2+b_2 & 2a_2 & b_2 \\ a_3+b_3 & 2a_3 & b_3 \end{vmatrix} = \begin{vmatrix} a_1 & 2a_1 & b_1 \\ a_2 & 2a_2 & b_2 \\ a_3 & 2a_3 & b_3 \end{vmatrix} + \begin{vmatrix} b_1 & 2a_1 & b_1 \\ b_2 & 2a_2 & b_2 \\ b_3 & 2a_3 & b_3 \end{vmatrix} = 0+0=0$$

性质 6 把行列式某一行(列)的各元素乘以同一个数后加到另一行(列)对应元素上去,行列式的值不变.

数 k 乘行列式中第 i 行(列)加到第 j 行(列)上,记作 $r_j+kr_i(c_j+kc_i)$.

以三阶行列式为例,有

$$\begin{vmatrix} a_{11} & a_{12} & a_{13} \\ a_{21} & a_{22} & a_{23} \\ a_{31} & a_{32} & a_{33} \end{vmatrix} \xlongequal{r_2+kr_1} \begin{vmatrix} a_{11} & a_{12} & a_{13} \\ a_{21}+ka_{11} & a_{22}+ka_{12} & a_{23}+ka_{13} \\ a_{31} & a_{32} & a_{33} \end{vmatrix}$$

此性质可由性质 5 和性质 4 证得.

例 3 计算行列式

$$D=\begin{vmatrix} 1 & -1 & 0 & 2 \\ 0 & -1 & -1 & 2 \\ -1 & 2 & -1 & 0 \\ 2 & 1 & 1 & 0 \end{vmatrix}$$

解 应用性质 6,有

$$D=\begin{vmatrix} 1 & -1 & 0 & 2 \\ 0 & -1 & -1 & 2 \\ -1 & 2 & -1 & 0 \\ 2 & 1 & 1 & 0 \end{vmatrix} \xlongequal[r_4-2r_1]{r_3+r_1} \begin{vmatrix} 1 & -1 & 0 & 2 \\ 0 & -1 & -1 & 2 \\ 0 & 1 & -1 & 2 \\ 0 & 3 & 1 & -4 \end{vmatrix} \xlongequal[r_4+3r_2]{r_3+r_2} \begin{vmatrix} 1 & -1 & 0 & 2 \\ 0 & -1 & -1 & 2 \\ 0 & 0 & -2 & 4 \\ 0 & 0 & -2 & 2 \end{vmatrix}$$

$$\xlongequal{r_4-r_3} \begin{vmatrix} 1 & -1 & 0 & 2 \\ 0 & -1 & -1 & 2 \\ 0 & 0 & -2 & 4 \\ 0 & 0 & 0 & -2 \end{vmatrix} = 1\times(-1)\times(-2)\times(-2)=-4$$

将行列式化为三角行列式是行列式计算中常用的方法.

性质 7 行列式的值等于它的任一行(列)的各元素与其对应的代数余子式乘积之和,即

$$D=a_{i1}A_{i1}+a_{i2}A_{i2}+\cdots+a_{in}A_{in}=\sum_{k=1}^{n}a_{ik}A_{ik}\ (i=1,2,\cdots,n)$$

或

$$D=a_{1j}A_{1j}+a_{2j}A_{2j}+\cdots+a_{nj}A_{nj}=\sum_{k=1}^{n}a_{kj}A_{kj}(j=1,2,\cdots,n)$$

上面两式分别称为 D 按第 i 行和第 j 列展开，性质 7 也叫作把行列式按任一行(列)展开定理.

例 4 计算行列式

$$D=\begin{vmatrix}3&5&1&1\\1&-2&-1&-2\\0&2&0&0\\-1&3&2&2\end{vmatrix}$$

解 按第 3 行展开，得

$$D=2\times(-1)^{3+2}\begin{vmatrix}3&1&1\\1&-1&-2\\-1&2&2\end{vmatrix}=-2\times(-6+2+2-1-2+12)=-14$$

利用性质 7 计算行列式时，可以选取零较多的那一行(列)展开，使行列式逐步降阶，从而简化运算.

性质 8 行列式某一行(列)的各元素与另一行(列)对应元素代数余子式乘积之和等于零，即

$$D=a_{i1}A_{s1}+a_{i2}A_{s2}+\cdots+a_{in}A_{sn}=0(i\neq s)$$

或

$$D=a_{1j}A_{1t}+a_{2j}A_{2t}+\cdots+a_{nj}A_{nt}=0(j\neq t)$$

二、行列式的计算

通过任务二的学习，我们可以对行列式的计算做如下总结：

1. 计算二阶、三阶行列式时可用对角线法则(注意对角线法则只适用于二、三阶行列式).

2. n 阶行列式的计算常用以下几种方法：

(1)按某行(列)展开，如例 4.

(2)根据行列式的情况，利用行列式的性质把行列式化为上(下)三角行列式，如例 3.

(3)用行列式性质，使行列式某行(列)只有一个非零元素，再利用展开定理使行列式降阶，可以简化计算，此方法也叫**降阶法**.

在利用行列式的性质将行列式简化时，不要拘泥于某种形式，要根据行列式中元素的特点综合运用各种方法，化为(2)或(3)的形式求行列式的值.

例 5 计算四阶行列式

$$D_4=\begin{vmatrix}2&1&-1&2\\-4&1&2&-4\\3&0&1&-1\\1&-3&0&-2\end{vmatrix}$$

解 用行列式的性质把某一行(列)的元素化为只有一个非零元素,然后按此行(列)展开.

$$D_4=\begin{vmatrix}2&1&-1&2\\-4&1&2&-4\\3&0&1&-1\\1&-3&0&-2\end{vmatrix}\xlongequal{r_2+2r_1}\begin{vmatrix}2&1&-1&2\\0&3&0&0\\3&0&1&-1\\1&-3&0&-2\end{vmatrix}$$

$$=3\cdot(-1)^{2+2}\begin{vmatrix}2&-1&2\\3&1&-1\\1&0&-2\end{vmatrix}\xlongequal{r_2+r_1}3\begin{vmatrix}2&-1&2\\5&0&1\\1&0&-2\end{vmatrix}$$

$$=3\cdot(-1)\cdot(-1)^{1+2}\begin{vmatrix}5&1\\1&-2\end{vmatrix}=3\times(-10-1)=-33$$

例 6 计算行列式

$$D=\begin{vmatrix}3&1&1&1\\1&3&1&1\\1&1&3&1\\1&1&1&3\end{vmatrix}$$

解 该行列式的特点是每一行元素的和都等于同一个数 6,于是把各列(行)都加到第一列(行)上去,提出公因子,再化为三角形行列式.

$$D=\begin{vmatrix}3&1&1&1\\1&3&1&1\\1&1&3&1\\1&1&1&3\end{vmatrix}\xlongequal{c_1+c_2+c_3+c_4}\begin{vmatrix}6&1&1&1\\6&3&1&1\\6&1&3&1\\6&1&1&3\end{vmatrix}\xlongequal{\text{推论 2}}6\begin{vmatrix}1&1&1&1\\1&3&1&1\\1&1&3&1\\1&1&1&3\end{vmatrix}$$

$$\xlongequal[c_4-c_1]{\substack{c_2-c_1\\c_3-c_1}}6\begin{vmatrix}1&0&0&0\\1&2&0&0\\1&0&2&0\\1&0&0&2\end{vmatrix}=6\times2^3=48$$

例 7 计算行列式

$$D_4=\begin{vmatrix}1&1&1&1\\x_1&x_2&x_3&x_4\\x_1^2&x_2^2&x_3^2&x_4^2\\x_1^3&x_2^3&x_3^3&x_4^3\end{vmatrix}\quad(x_i\neq0,i=1,2,3,4)$$

解 $$D_4=\begin{vmatrix}1&1&1&1\\x_1&x_2&x_3&x_4\\x_1^2&x_2^2&x_3^2&x_4^2\\x_1^3&x_2^3&x_3^3&x_4^3\end{vmatrix}$$

$$\xrightarrow[r_2-x_1r_1]{\substack{r_4-x_1r_3\\ r_3-x_1r_2}}\begin{vmatrix}1 & 1 & 1 & 1\\ 0 & x_2-x_1 & x_3-x_1 & x_4-x_1\\ 0 & x_2(x_2-x_1) & x_3(x_3-x_1) & x_4(x_4-x_1)\\ 0 & x_2^2(x_2-x_1) & x_3^2(x_3-x_1) & x_4^2(x_4-x_1)\end{vmatrix}$$

$$=\begin{vmatrix}x_2-x_1 & x_3-x_1 & x_4-x_1\\ x_2(x_2-x_1) & x_3(x_3-x_1) & x_4(x_4-x_1)\\ x_2^2(x_2-x_1) & x_3^2(x_3-x_1) & x_4^2(x_4-x_1)\end{vmatrix}$$

$$=(x_2-x_1)(x_3-x_1)(x_4-x_1)\begin{vmatrix}1 & 1 & 1\\ x_2 & x_3 & x_4\\ x_2^2 & x_3^2 & x_4^2\end{vmatrix}$$

$$=(x_2-x_1)(x_3-x_1)(x_4-x_1)\begin{vmatrix}1 & 1 & 1\\ 0 & x_3-x_2 & x_4-x_2\\ 0 & x_3(x_3-x_2) & x_4(x_4-x_2)\end{vmatrix}$$

$$=(x_2-x_1)(x_3-x_1)(x_4-x_1)(x_3-x_2)(x_4-x_2)(x_4-x_3)$$

此行列式称为四阶范德蒙行列式. 按同样方法可求出 n 阶范德蒙行列式的值(留给读者自己做).

例 8 计算下列 n 阶行列式

$$D_n=\begin{vmatrix}a+b & ab & 0 & \cdots & 0\\ 1 & a+b & ab & \cdots & 0\\ 0 & 1 & a+b & \cdots & 0\\ \vdots & \vdots & \vdots & & \vdots\\ 0 & 0 & 0 & \cdots & ab\\ 0 & 0 & 0 & \cdots & a+b\end{vmatrix},(a\neq b)$$

解 将 D_n 按第一行展开得如下关系式:

$$D_n=(a+b)D_{n-1}-abD_{n-2}$$

由递推关系,可得如下两个等式

$$D_n-aD_{n-1}=b(D_{n-1}-aD_{n-2})=\cdots=b^{n-2}(D_2-aD_1) \qquad (1\text{-}3\text{-}1)$$

$$D_n-bD_{n-1}=a(D_{n-1}-bD_{n-2})=\cdots=a^{n-2}(D_2-bD_1) \qquad (1\text{-}3\text{-}2)$$

又知

$$D_1=a+b$$

$$D_2=\begin{vmatrix}a+b & ab\\ 1 & a+b\end{vmatrix}=a^2+ab+b^2$$

由 a(1-3-2)$-b$(1-3-1)可得

$$D_n=\frac{a^{n+1}-b^{n+1}}{a-b}$$

课堂练习

1. 下列每个方程说明行列式的一个性质，叙述这些性质．

(1) $\begin{vmatrix}0 & 5 & -2\\ 1 & -3 & 6\\ 4 & -1 & 8\end{vmatrix}=-\begin{vmatrix}1 & -3 & 6\\ 0 & 5 & -2\\ 4 & -1 & 8\end{vmatrix}$

(2) $\begin{vmatrix}2 & -6 & 4\\ 3 & 5 & -2\\ 1 & 6 & 3\end{vmatrix}=2\begin{vmatrix}1 & -3 & 2\\ 3 & 5 & -2\\ 1 & 6 & 3\end{vmatrix}$

(3) $\begin{vmatrix}1 & 3 & -4\\ 2 & 0 & 3\\ 5 & -4 & 7\end{vmatrix}=\begin{vmatrix}1 & 3 & -4\\ 0 & -6 & 11\\ 5 & -4 & 7\end{vmatrix}$

2. 利用行列式的性质先化为三角形行列式再计算$\begin{vmatrix}1 & 5 & -6\\ -1 & -4 & 4\\ -2 & -7 & 9\end{vmatrix}$．

3. 利用行列式的性质计算下列行列式：

(1) $\begin{vmatrix}7 & 10 & 13\\ 8 & 11 & 14\\ 9 & 12 & 15\end{vmatrix}$　　(2) $\begin{vmatrix}3 & 1 & -1 & 0\\ 5 & 1 & 3 & -1\\ 2 & 0 & 0 & 1\\ 0 & -5 & 3 & 1\end{vmatrix}$

4. 用尽可能少的步骤计算$\begin{vmatrix}1 & -3 & 1 & -2\\ 2 & -5 & -1 & -2\\ 0 & -4 & 5 & 1\\ -3 & 10 & -6 & -3\end{vmatrix}$．

巩固与练习

1. 利用行列式的性质计算下列行列式：

(1) $\begin{vmatrix}1 & 1 & 1\\ x & y & z\\ x^2 & y^2 & z^2\end{vmatrix}$　　(2) $\begin{vmatrix}4 & 1 & 2 & 3\\ 2 & 3 & 4 & 1\\ 1 & 2 & 3 & 4\\ 3 & 4 & 1 & 2\end{vmatrix}$　　(3) $\begin{vmatrix}1 & 5 & 5 & 5 & 5\\ 5 & 2 & 5 & 5 & 5\\ 5 & 5 & 3 & 5 & 5\\ 5 & 5 & 5 & 4 & 5\\ 5 & 5 & 5 & 5 & 5\end{vmatrix}$

2. 解方程：

$$\begin{vmatrix} a_1 & a_2 & a_3 & a_4+x \\ a_1 & a_2 & a_3+x & a_4 \\ a_1 & a_2+x & a_3 & a_4 \\ a_1+x & a_2 & a_3 & a_4 \end{vmatrix}=0$$

3. 证明下列方程：

(1) $\begin{vmatrix} a^2 & (a+1)^2 & (a+2)^2 \\ b^2 & (b+1)^2 & (b+2)^2 \\ c^2 & (c+1)^2 & (c+2)^2 \end{vmatrix}=4(a-c)(c-b)(b-a)$

(2) $\begin{vmatrix} ax & a^2+x^2 & 1 \\ ay & a^2+y^2 & 1 \\ az & a^2+z^2 & 1 \end{vmatrix}=a(x-y)(y-z)(z-x)$

任务四　线性方程组($m=n$)的解法

通过任务一的学习，我们可能会猜想：对 n 个未知数 $x_1,x_2,\cdots,x_n$，n 个方程组成的 n 元线性方程组的解与系数的关系的规律与二元、三元线性方程组是否一样呢？我们可按此规律来解下列四元线性方程组.

例 1　求解线性方程组

$$\begin{cases} x_1-x_2+x_3-2x_4=2 \\ 2x_1-x_3+4x_4=4 \\ 3x_1+2x_2+x_3=-1 \\ -x_1+2x_2-x_3+2x_4=-4 \end{cases}$$

解　因为系数行列式

$$D=\begin{vmatrix} 1 & -1 & 1 & -2 \\ 2 & 0 & -1 & 4 \\ 3 & 2 & 1 & 0 \\ -1 & 2 & -1 & 2 \end{vmatrix}=-2\neq 0$$

下面分别计算行列式 $D_j(j=1,2,3,4)$.

$$D_1=\begin{vmatrix} 2 & -1 & 1 & -2 \\ 4 & 0 & -1 & 4 \\ -1 & 2 & 1 & 0 \\ -4 & 2 & -1 & 2 \end{vmatrix}=-2,\quad D_2=\begin{vmatrix} 1 & 2 & 1 & -2 \\ 2 & 4 & -1 & 4 \\ 3 & -1 & 1 & 0 \\ -1 & -4 & -1 & 2 \end{vmatrix}=4$$

$$D_3=\begin{vmatrix} 1 & -1 & 2 & -2 \\ 2 & 0 & 4 & 4 \\ 3 & 2 & -1 & 0 \\ -1 & 2 & -4 & 2 \end{vmatrix}=0,\quad D_4=\begin{vmatrix} 1 & -1 & 1 & 2 \\ 2 & 0 & -1 & 4 \\ 3 & 2 & 1 & -1 \\ -1 & 2 & -1 & -4 \end{vmatrix}=-1$$

所以

$$x_1=\frac{D_1}{D}=\frac{-2}{-2}=1,\quad x_2=\frac{D_2}{D}=\frac{4}{-2}=-2$$

$$x_3=\frac{D_3}{D}=\frac{0}{-2}=0,\quad x_4=\frac{D_4}{D}=\frac{-1}{-2}=\frac{1}{2}$$

可以验证,这一组解满足该方程组.

可以证明本模块开始提出的问题,我们可用下面的克莱姆法则来解决.

设含有 n 个未知数 $x_1,x_2,\cdots,x_n$,n 个线性方程组成的 n 元线性方程组为

$$\begin{cases}a_{11}x_1+a_{12}x_2+\cdots+a_{1n}x_n=b_1\\a_{21}x_1+a_{22}x_2+\cdots+a_{2n}x_n=b_2\\\cdots\\a_{n1}x_1+a_{n2}x_2+\cdots+a_{nn}x_n=b_n\end{cases}\tag{1-4-1}$$

它的系数 $a_{ij}(i=1,2,\cdots,n;j=1,2,\cdots,n)$构成的行列式

$$D=\begin{vmatrix}a_{11}&a_{12}&\cdots&a_{1n}\\a_{21}&a_{22}&\cdots&a_{2n}\\\vdots&\vdots&&\vdots\\a_{n1}&a_{n2}&\cdots&a_{nn}\end{vmatrix}$$

称为线性方程组(1-4-1)的系数行列式.

当 $b_1=b_2=\cdots=b_n=0$ 时,方程组(1-4-1)称为齐次线性方程组.

当 $b_1,b_2,\cdots,b_n$ 不全为零时,方程组(1-4-1)称为非齐次线性方程组.

与二元线性方程组类似,方程组(1-4-1)的解有如下定理.

定理 1 (克莱姆法则)如果线性方程组(1-4-1)的系数行列式 $D\neq0$,则它有唯一解

$$x_1=\frac{D_1}{D},x_2=\frac{D_2}{D},\cdots,x_n=\frac{D_n}{D}$$

即 $x_j=\frac{D_j}{D}(j=1,2,\cdots,n)$,其中 $D_j(j=1,2,\cdots,n)$是将系数行列式 D 中的第 j 列元素 a_{1j},a_{2j},$\cdots,a_{nj}$ 对应地换为常数项 $b_1,b_2,\cdots,b_n$,而其余各列不变所得到的 n 阶行列式,即

$$D_j=\begin{vmatrix}a_{11}&\cdots&a_{1,j-1}&b_1&a_{1,j+1}&\cdots&a_{1n}\\a_{21}&\cdots&a_{2,j-1}&b_2&a_{2,j+1}&\cdots&a_{2n}\\\vdots&&\vdots&\vdots&\vdots&&\vdots\\a_{n1}&\cdots&a_{n,j-1}&b_n&a_{n,j+1}&\cdots&a_{nn}\end{vmatrix}\quad(j=1,2,\cdots,n)$$

证明略.

克莱姆法则揭示了线性方程组的解与它的系数和常数项之间的关系.

例 2 求解线性方程组

$$\begin{cases}3x_1+2x_2=1\\x_1+3x_2+2x_3=0\\x_2+3x_3+2x_4=0\\x_3+3x_4+2x_5=0\\x_4+3x_5=1\end{cases}$$

解　因为系数行列式

$$D=\begin{vmatrix}3&2&0&0&0\\1&3&2&0&0\\0&1&3&2&0\\0&0&1&3&2\\0&0&0&1&3\end{vmatrix}=63$$

下面分别计算行列式 $D_j(j=1,2,3,4,5)$.

$$D_1=\begin{vmatrix}1&2&0&0&0\\0&3&2&0&0\\0&1&3&2&0\\0&0&1&3&2\\1&0&0&1&3\end{vmatrix}=47,\quad D_2=\begin{vmatrix}3&1&0&0&0\\1&0&2&0&0\\0&0&3&2&0\\0&0&1&3&2\\0&1&0&1&3\end{vmatrix}=-39$$

$$D_3=\begin{vmatrix}3&2&1&0&0\\1&3&0&0&0\\0&1&0&2&0\\0&0&0&3&2\\0&0&1&1&3\end{vmatrix}=35,\quad D_4=\begin{vmatrix}3&2&0&1&0\\1&3&2&0&0\\0&1&3&0&0\\0&0&1&0&2\\0&0&0&1&3\end{vmatrix}=-33$$

$$D_5=\begin{vmatrix}3&2&0&0&1\\1&3&2&0&0\\0&1&3&2&0\\0&0&1&3&0\\0&0&0&1&1\end{vmatrix}=32$$

所以

$$x_1=\frac{D_1}{D}=\frac{47}{63},\quad x_2=\frac{D_2}{D}=-\frac{39}{63}=-\frac{13}{21},\quad x_3=\frac{D_3}{D}=\frac{35}{63}=\frac{5}{9}$$

$$x_4=\frac{D_4}{D}=-\frac{33}{63}=-\frac{11}{21},\quad x_5=\frac{D_5}{D}=\frac{32}{63}$$

注意　用克莱姆法则解 n 元线性方程组的前提条件：

(1)线性方程组中方程的个数与未知量个数相等；

(2)方程组的系数行列式 $D\neq0$.

行列式的应用

对于齐次线性方程组

$$\begin{cases}a_{11}x_1+a_{12}x_2+\cdots+a_{1n}x_n=0\\a_{21}x_1+a_{22}x_2+\cdots+a_{2n}x_n=0\\\cdots\\a_{n1}x_1+a_{n2}x_2+\cdots+a_{nn}x_n=0\end{cases}\tag{1-4-2}$$

显然 $x_1=x_2=\cdots=x_n=0$ 是方程组(1-4-2)的解，此解称为零解. 如果存在一组不全为零的数是方程组(1-4-2)的解，则称其为齐次线性方程组(1-4-2)的非零解.

根据克莱姆法则有如下结论：

定理 2 如果齐次线性方程组(1-4-2)的系数行列式 $D \neq 0$，则其只有零解；反之，如果齐次线性方程组(1-4-2)有非零解，则它的系数行列式 $D=0$.

例 3 k 取何值时，齐次线性方程组

$$\begin{cases} x_1+x_2+kx_3=0 \\ -x_1+kx_2+x_3=0 \\ x_1-x_2+2x_3=0 \end{cases}$$

有非零解？

解 因为方程组的系数行列式

$$D=\begin{vmatrix} 1 & 1 & k \\ -1 & k & 1 \\ 1 & -1 & 2 \end{vmatrix}=\begin{vmatrix} 1 & 1 & k \\ 0 & k+1 & k+1 \\ 0 & -2 & 2-k \end{vmatrix}=\begin{vmatrix} k+1 & k+1 \\ -2 & 2-k \end{vmatrix}$$

$$=(k+1)(2-k)+2(1+k)$$

$$=(1+k)(4-k)$$

由定理 2 知，若此齐次线性方程组有非零解，则它的系数行列式 $D=0$，即

$$D=(1+k)(4-k)=0$$

解得

$$k=-1 \text{ 或 } k=4$$

容易验证，当 $k=-1$ 或 $k=4$ 时，齐次线性方程组确有非零解.

课堂练习

1. 确定参数 s 的值，使方程组 $\begin{cases} 6sx_1+4x_2=5 \\ 9x_1+2sx_2=-2 \end{cases}$ 有唯一解，并求其解.

2. 用克莱姆法则解下列线性方程组：

(1) $\begin{cases} 3x_1+2x_2+2x_3=1 \\ x_1+x_2+2x_3=2 \\ x_1+x_2+x_3=3 \end{cases}$ (2) $\begin{cases} 2x_1+x_2-5x_3+x_4=8 \\ x_1-3x_2-6x_4=9 \\ 2x_2-x_3+2x_4=-5 \\ x_1+4x_2-7x_3+6x_4=0 \end{cases}$

巩固与练习

1. k 取何值时，齐次线性方程组

$$\begin{cases} kx_1+x_2+x_3=0 \\ x_1+kx_2+x_3=0 \\ x_1+x_2+x_3=0 \end{cases}$$

(1)只有零解；(2)有非零解.

2. 已知抛物线 $y=ax^2+bx+c$ 经过三点 $A(1,0)$，$B(2,1)$，$C(-1,1)$，求此抛物线方程.

本模块学习指导

一、教学基本要求

1. 理解行列式的概念，了解几种特殊的行列式；

2. 掌握行列式的性质，能利用行列式的性质计算行列式；

3. 理解余子式、代数余子式的概念，能将行列式按行（或列）展开；

4. 掌握克莱姆法则的条件、结论，并且能够应用克莱姆法则解决相应的方程组问题.

二、考点提示

1. 行列式的性质.

2. 行列式的计算：

(1)化简行列式；

(2)判别行列式是否为零；

(3)按行（或列）展开行列式；

(4)利用性质 6 和性质 7 使计算简化.

3. 克莱姆法则

(1)克莱姆法则的条件和结论.

(2)解相应的方程组.

三、疑难解析

1. 计算 n 阶行列式有哪些常用方法？

答 n 阶行列式的计算是本章的一个难点，如果直接使用行列式的定义不易求解，常用的方法有化上（或下）三角形法、降阶法、递推法、归纳法、拆行（或列）法和加边法等方法. 具体采用哪种方法应视具体情况而定.

(1)化上（或下）三角形法

$$D_n=\begin{vmatrix} a & 1 & \cdots & 1 \\ 1 & a & \cdots & 1 \\ \vdots & \vdots & & \vdots \\ 1 & 1 & \cdots & a \end{vmatrix} \xlongequal{c_1+c_2+\cdots+c_n} \begin{vmatrix} a+(n-1) & 1 & \cdots & 1 \\ a+(n-1) & a & \cdots & 1 \\ \vdots & \vdots & & \vdots \\ a+(n-1) & 1 & \cdots & a \end{vmatrix}$$

$$=[a+(n-1)]\begin{vmatrix} 1 & 1 & \cdots & 1 \\ 1 & a & \cdots & 1 \\ \vdots & \vdots & & \vdots \\ 1 & 1 & \cdots & a \end{vmatrix}$$

$$\xlongequal[i=2,\cdots,n]{c_i-c_1}[a+(n-1)]\begin{vmatrix} 1 & 0 & \cdots & 0 \\ 1 & a-1 & \cdots & 0 \\ \vdots & \vdots & & \vdots \\ 1 & 0 & \cdots & a-1 \end{vmatrix}$$

$$=[a+(n-1)](a-1)^{n-1}=(a+n-1)(a-1)^{n-1}$$

(2)降阶法

$$D_n=\begin{vmatrix} a & b & 0 & \cdots & 0 & 0 \\ 0 & a & b & \cdots & 0 & 0 \\ \vdots & \vdots & \vdots & & \vdots & \vdots \\ 0 & 0 & 0 & \cdots & a & b \\ b & 0 & 0 & \cdots & 0 & a \end{vmatrix}$$

$$=a(-1)^{1+1}\begin{vmatrix} a & b & \cdots & 0 & 0 \\ 0 & a & \cdots & 0 & 0 \\ \vdots & \vdots & & \vdots & \vdots \\ 0 & 0 & \cdots & a & b \\ 0 & 0 & \cdots & 0 & a \end{vmatrix}+$$

$$b(-1)^{n+1}\begin{vmatrix} b & 0 & \cdots & 0 & 0 \\ a & b & \cdots & 0 & 0 \\ \vdots & \vdots & & \vdots & \vdots \\ 0 & 0 & \cdots & b & 0 \\ 0 & 0 & \cdots & a & b \end{vmatrix}$$

$$=a^n+(-1)^{n+1}b^n$$

(3)递推法

$$D_n=\begin{vmatrix} x & -1 & 0 & \cdots & 0 & 0 \\ 0 & x & -1 & \cdots & 0 & 0 \\ 0 & 0 & x & \cdots & 0 & 0 \\ \vdots & \vdots & \vdots & & \vdots & \vdots \\ 0 & 0 & 0 & \cdots & x & -1 \\ a_n & a_{n-1} & a_{n-2} & \cdots & a_2 & a_1 \end{vmatrix}$$

$$\xlongequal{\text{按第一列展开}}x\begin{vmatrix} x & -1 & 0 & \cdots & 0 & 0 \\ 0 & x & -1 & \cdots & 0 & 0 \\ 0 & 0 & x & \cdots & 0 & 0 \\ \vdots & \vdots & \vdots & & \vdots & \vdots \\ 0 & 0 & 0 & \cdots & x & -1 \\ a_{n-1} & a_{n-2} & a_{n-3} & \cdots & a_2 & a_1 \end{vmatrix}_{n-1}+$$

$$(-1)^{n+1}a_n\begin{vmatrix} -1 & 0 & \cdots & 0 & 0 \\ x & -1 & \cdots & 0 & 0 \\ \vdots & \vdots & & \vdots & \vdots \\ 0 & 0 & \cdots & -1 & 0 \\ 0 & 0 & \cdots & x & -1 \end{vmatrix}_{n-1}$$

$$=xD_{n-1}+(-1)^{2n}a_n=xD_{n-1}+a_n$$

采用递推方法可得

$$D_n=xD_{n-1}+a_n=x(xD_{n-2}+a_{n-1})+a_n=\cdots$$

$$=x^{n-1}a_1+x^{n-2}a_2+\cdots+x^2a_{n-2}+xa_{n-1}+a_n$$

四、本章知识结构图

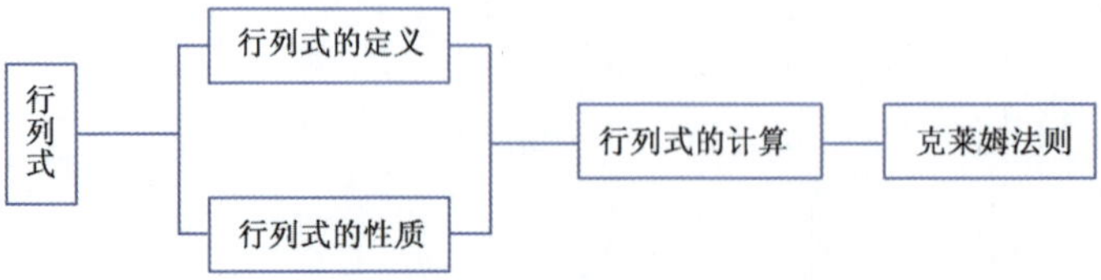

复习题一

一、填空题

1. $\begin{vmatrix} -1 & 0 & 2 \\ 0 & -1 & 1 \\ 0 & 0 & -1 \end{vmatrix}=$________.

2. $\begin{vmatrix} 1 & -1 & 4 \\ 2 & 0 & 6 \\ 3 & 5 & 7 \end{vmatrix}$的代数余子式 $A_{23}=$________.

3. $\begin{vmatrix} a_1 & a_2 & a_3 \\ b_1 & b_2 & b_3 \\ c_1 & c_2 & c_3 \end{vmatrix}=a_1\begin{vmatrix} b_2 & b_3 \\ c_2 & c_3 \end{vmatrix}+$________$\begin{vmatrix} b_1 & b_3 \\ c_1 & c_3 \end{vmatrix}+a_3$______.

4. 方程 $\begin{vmatrix} 1 & 1 & 1 & 1 \\ 1 & 1 & -1 & -1 \\ 1 & -1 & 1 & -1 \\ x & -1 & -1 & 1 \end{vmatrix}=0$ 的根为________.

5. 已知 $\begin{vmatrix} x & y & z \\ 3 & 0 & 2 \\ 1 & 1 & 1 \end{vmatrix}=1$，则 $\begin{vmatrix} x & y & z \\ 3x+3 & 3y & 3z+2 \\ x+2 & y+2 & z+2 \end{vmatrix}=$________.

二、选择题

1. 下列行列式中不等于零的是(　　).

A. $\begin{vmatrix} 0 & 2 & 3 \\ -1 & 0 & -2 \\ 1 & 4 & 0 \end{vmatrix}$

B. $\begin{vmatrix} \alpha & \beta & \gamma \\ \gamma & \alpha & \beta \\ \beta & \gamma & \alpha \end{vmatrix}$ (其中 $\alpha+\beta+\gamma=0$)

C. n 阶行列式中某行的元素全为零

D. n 阶行列式中有两行的元素对应成比例

2. 设 A_{ij} 是 n 阶行列式 D_n 中元素 a_{ij} 的代数余子式，则 $\sum_{k=1}^{n} a_{ik}A_{jk}$（　　）.

A. 必为 0　　　　B. 必等于 D_n

C. 当 $i=j$ 时，等于 D_n　　　　D. 可能等于任何值

3. 若 $D_1=\begin{vmatrix} a_{11} & a_{12} & a_{13} \\ a_{21} & a_{22} & a_{23} \\ a_{31} & a_{32} & a_{33} \end{vmatrix}=m\neq 0$，则 $D_2=\begin{vmatrix} -2a_{11} & 3a_{13} & a_{12} \\ -2a_{21} & 3a_{23} & a_{22} \\ -2a_{31} & 3a_{33} & a_{32} \end{vmatrix}=$（　　）.

A. $-2m$　　B. $3m$　　C. $6m$　　D. $-6m$

4. 行列式方程 $\begin{vmatrix} 1 & 1 & 2 & 3 \\ 1 & 2-x^2 & 2 & 3 \\ 2 & 3 & 1 & 5 \\ 2 & 3 & 1 & 4-x^2 \end{vmatrix}=0$ 有（　　）个实根.

A. 0　　B. 1　　C. 2　　D. 3

三、判断题

1. $\begin{vmatrix} 2a & b & c \\ a_1 & 2b_1 & c_1 \\ a_2 & b_2 & 2c_2 \end{vmatrix}=2\begin{vmatrix} a & b & c \\ a_1 & b_1 & c_1 \\ a_2 & b_2 & c_2 \end{vmatrix}$　（　　）

2. $\begin{vmatrix} a & b & c & d \\ a_1 & b_1 & c_1 & d_1 \\ a_2 & b_2 & c_2 & d_2 \\ a_3 & b_3 & c_3 & d_3 \end{vmatrix}=\begin{vmatrix} a & b & c & d \\ ka_1+a & kb_1+b & kc_1+c & kd_1+d \\ a_2 & b_2 & c_2 & d_2 \\ a_3 & b_3 & c_3 & d_3 \end{vmatrix}$　（　　）

3. $\begin{vmatrix} 1 & 2 & -3 & 4 \\ 0 & 1 & -2 & 0 \\ 0 & -1 & -1 & 0 \\ 0 & -1 & 0 & -2 \end{vmatrix}=\begin{vmatrix} 1 & -2 & 0 \\ -1 & -1 & 0 \\ -1 & 0 & -2 \end{vmatrix}=-2\begin{vmatrix} 1 & -2 \\ -1 & -1 \end{vmatrix}=6$　（　　）

4. $\begin{vmatrix} a & b & 0 & 0 \\ 0 & a & b & 0 \\ 0 & 0 & a & b \\ b & 0 & 0 & a \end{vmatrix}=a\begin{vmatrix} a & b & 0 \\ 0 & a & b \\ 0 & 0 & a \end{vmatrix}+b\begin{vmatrix} b & 0 & 0 \\ a & b & 0 \\ 0 & a & b \end{vmatrix}=a^4+b^4$　（　　）

5. n 阶行列式 $D_n=36$，那么它的转置行列式 $D_n^{\mathrm{T}}=-36$.　（　　）

6. 设 $A_{ij}(i,j=1,2,3,4)$ 为行列式

$$D_4=\begin{vmatrix} 1 & 2 & 5 & 7 \\ 2 & -1 & 4 & -2 \\ 3 & 0 & 3 & 1 \\ 4 & 3 & 1 & 5 \end{vmatrix}$$

中元素 a_{ij} 的代数余子式，则 $5A_{14}+4A_{24}+3A_{34}+A_{44}=0$.　（　　）

7. 当 $k=\pm 1$ 时，方程组

$$\begin{cases} x_1+kx_2+x_3=0 \\ kx_1+x_2+(k+1)x_3=0 \\ x_1+kx_2=0 \end{cases}$$ （ ）

仅有零解.

四、解答与计算

1. 计算下列行列式：

(1) $\begin{vmatrix} 2 & 1 & 0 \\ 3 & -2 & 1 \\ 7 & 4 & 5 \end{vmatrix}$ (2) $\begin{vmatrix} x & y & x+y \\ y & x+y & x \\ x+y & x & y \end{vmatrix}$

(3) $\begin{vmatrix} 1 & 1 & 1 & 4 \\ 1 & 1 & 4 & 1 \\ 1 & 4 & 1 & 1 \\ 4 & 1 & 1 & 1 \end{vmatrix}$ (4) $\begin{vmatrix} 0 & 1 & 0 & \cdots & 0 \\ 0 & 0 & 2 & \cdots & 0 \\ \vdots & \vdots & \vdots & & \vdots \\ 0 & 0 & 0 & \cdots & n-1 \\ n & 0 & 0 & \cdots & 0 \end{vmatrix}$

(5) $\begin{vmatrix} x & a & \cdots & a & a \\ a & x & \cdots & a & a \\ \vdots & \vdots & & \vdots & \vdots \\ a & a & \cdots & x & a \\ a & a & \cdots & a & x \end{vmatrix}$

2. 用克莱姆法则解下列线性方程组：

(1) $\begin{cases} x+3y-2z=0 \\ 3x-2y+z=7 \\ 2x+y+3z=7 \end{cases}$ (2) $\begin{cases} x+y+z=0 \\ 2x-5y-3z=10 \\ 4x+8y+2z=4 \end{cases}$

(3) $\begin{cases} x_1+2x_2-x_3+3x_4=2 \\ 2x_1-x_2+3x_3-2x_4=7 \\ 3x_2-x_3+x_4=6 \\ x_1+x_2+x_3+4x_4=2 \end{cases}$

3. 问 k 取何值时，齐次线性方程组

$$\begin{cases} (k+3)x_1-x_2+x_3=0 \\ 7x_1+(k-5)x_2+x_3=0 \\ 6x_1-6x_2+(k+2)x_3=0 \end{cases}$$

有非零解？

模块二 矩阵与线性方程组

问题引入

线性方程组是线性代数的核心，模块一的克莱姆法则解决了未知数个数和方程个数相等的线性方程组的解的问题，那么对于下面的 $m\neq n$ 时的线性方程组

$$\begin{cases} a_{11}x_1+a_{12}x_2+\cdots+a_{1n}x_n=b_1 \\ a_{21}x_1+a_{22}x_2+\cdots+a_{2n}x_n=b_2 \\ \cdots \\ a_{m1}x_1+a_{m2}x_2+\cdots+a_{mn}x_n=b_m \end{cases}$$

显然它的解只与它的系数和常数项有关，但我们如何用一种方法来更直观、有效地表示这个方程组，从而找到解这类方程组的一般方法呢？本模块使用它来引入线性代数的许多重要概念.介绍求解线性方程组的一个系统方法.通过讨论线性方程组与向量方程和矩阵方程的等价，把向量的线性组合问题化为线性方程组的问题.线性表示、线性无关等基本概念在线性代数中都起着关键作用.

任务一 复杂问题的简单表示

一、一些复杂问题的简单表示

在实际问题中，经常用列表的方式表示一些数据及其关系，如学生成绩表、工资表、物资调运表等，我们先看个实例.

实例 1 假设一个经济体系有农业、矿业和制造业三个部门.农业部门销售它的产出的 15%给矿业部门，20%给制造业部门，保留余下的产出.矿业部门销售它的产出的 30%给农业部门，60%给制造业部门，保留余下的产出.制造业部门销售它的产出的 30%给农业部门，30%给矿业部门，保留余下的产出.可以写出该经济体系的交易表如下：

部门的产出分配			采购部门
农业	矿业	制造业	
0.65	0.30	0.30	农业
0.15	0.10	0.30	矿业
0.20	0.60	0.40	制造业

其实我们可以用数表 $\begin{pmatrix} 0.65 & 0.30 & 0.30 \\ 0.15 & 0.10 & 0.30 \\ 0.20 & 0.60 & 0.40 \end{pmatrix}$ 更简洁地表示该经济体系的交易表.

实例 2 某航空公司在 A,B,C,D 四城市之间开辟了若干航线,如下图所示表示四城市间的航班图,如果从 A 到 B 有航班,则用带箭头的线连接 A 与 B.

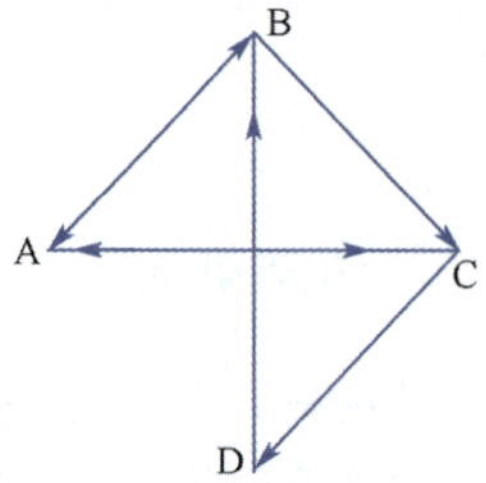

可用一数表反映四城市间交通连接情况,表中 1 表示有航班,0 表示无航班.

	A	B	C	D
A	0	1	1	0
B	1	0	1	0
C	1	0	0	1
D	0	1	0	0

实例 3 线性方程组

$$\begin{cases} a_{11}x_1+a_{12}x_2+\cdots+a_{1n}x_n=b_1 \\ a_{21}x_1+a_{22}x_2+\cdots+a_{2n}x_n=b_2 \\ \cdots \\ a_{m1}x_1+a_{m2}x_2+\cdots+a_{mn}x_n=b_m \end{cases} \tag{2-1-1}$$

把它的系数按原来的次序排成系数表

$$\begin{pmatrix} a_{11} & a_{12} & \cdots & a_{1n} \\ a_{21} & a_{22} & \cdots & a_{2n} \\ \vdots & \vdots & & \vdots \\ a_{m1} & a_{m2} & \cdots & a_{mn} \end{pmatrix}$$

常数项和未知数也排成如下的一个表

$$\begin{pmatrix} b_1 \\ b_2 \\ \vdots \\ b_m \end{pmatrix}, \begin{pmatrix} x_1 \\ x_2 \\ \vdots \\ x_n \end{pmatrix}$$

易知该方程组的解只与它的系数和常数项有关.

实例 4 对某湖中不同年龄和基因型组合的鱼的数目进行估计,结果如下表所示

	基因型 aa	基因型 aA	基因型 AA
幼鱼	250	850	350
成年鱼	200	350	250

实际上数表$\begin{pmatrix}250 & 850 & 350\\200 & 350 & 250\end{pmatrix}$就可以具体描述此湖中不同年龄阶段的基因型组合的鱼的情况.

类似的问题还有火车时刻表、网络通信等，都是数据表问题，由此抽象出矩阵的概念.

定义 1　由 $m\times n$ 个数 $a_{ij}(i=1,2,\cdots,m;j=1,2,\cdots,n)$ 排成的 m 行 n 列的矩形数表，

$$\begin{pmatrix}a_{11} & a_{12} & \cdots & a_{1n}\\a_{21} & a_{22} & \cdots & a_{2n}\\\vdots & \vdots & & \vdots\\a_{m1} & a_{m2} & \cdots & a_{mn}\end{pmatrix}$$

称为 m 行 n 列的矩阵，简称 $m\times n$ 矩阵或矩阵，其中 a_{ij} 称为矩阵的第 i 行第 j 列的元素，此矩阵共有 $m\times n$ 个元素. 矩阵通常用大写字母 $\boldsymbol{A},\boldsymbol{B},\boldsymbol{C},\cdots$来表示，记作

$$\boldsymbol{A}=\begin{pmatrix}a_{11} & a_{12} & \cdots & a_{1n}\\a_{21} & a_{22} & \cdots & a_{2n}\\\vdots & \vdots & & \vdots\\a_{m1} & a_{m2} & \cdots & a_{mn}\end{pmatrix}$$

有时也简写为 $\boldsymbol{A}=(a_{ij})$. 为了标明矩阵的行数和列数，也用 $\boldsymbol{A}_{m\times n}$ 或 $\boldsymbol{A}=(a_{ij})_{m\times n}$ 表示一个 m 行 n 列的矩阵.

定义 2　把一个 $m\times n$ 矩阵 $\boldsymbol{A}$ 的行与列互换，得到的 $n\times m$ 矩阵称为矩阵 $\boldsymbol{A}$ 的转置矩阵，记为 $\boldsymbol{A}^{\mathrm{T}}$ 或 $\boldsymbol{A}'$，即若

$$\boldsymbol{A}=\begin{pmatrix}a_{11} & a_{12} & \cdots & a_{1n}\\a_{21} & a_{22} & \cdots & a_{2n}\\\vdots & \vdots & & \vdots\\a_{m1} & a_{m2} & \cdots & a_{mn}\end{pmatrix}$$

矩阵的概念

则

$$\boldsymbol{A}^{\mathrm{T}}=\begin{pmatrix}a_{11} & a_{21} & \cdots & a_{m1}\\a_{12} & a_{22} & \cdots & a_{m2}\\\vdots & \vdots & & \vdots\\a_{1n} & a_{2n} & \cdots & a_{mn}\end{pmatrix}$$

且$(\boldsymbol{A}^{\mathrm{T}})^{\mathrm{T}}=\boldsymbol{A}$.

例如矩阵 $\boldsymbol{A}=\begin{pmatrix}1 & -2 & -1\\2 & 0 & 3\end{pmatrix}$的转置矩阵为 $\boldsymbol{A}^{\mathrm{T}}=\begin{pmatrix}1 & 2\\-2 & 0\\-1 & 3\end{pmatrix}$.

如果矩阵 $\boldsymbol{A}$ 和 $\boldsymbol{B}$ 具有相同的行数 m 和相同的列数 n，则称 $\boldsymbol{A},\boldsymbol{B}$ 是同型矩阵.

定义 3　如果两个矩阵 $\boldsymbol{A}$、$\boldsymbol{B}$ 是同型矩阵，并且对应位置上的元素均相等，则称矩阵 $\boldsymbol{A}$ 与矩阵 $\boldsymbol{B}$ 相等.

例如 $\boldsymbol{A}=\begin{pmatrix}1 & 3 & -1\\ x & 0 & 4\end{pmatrix}$，$\boldsymbol{B}=\begin{pmatrix}1 & y & -1\\ 2 & 0 & 4\end{pmatrix}$，若 $\boldsymbol{A}=\boldsymbol{B}$，则必有 $x=2,y=3$.

·注意· 只有同型的矩阵，才有可能相等.

矩阵与行列式相比较，除了行数与列数可以不等外，还有本质区别. 即行列式包含着一种运算，它实质上对应一个数值或代数式，而矩阵总是一个数表.

二、认识几种常见的特殊矩阵

1. 零矩阵

元素都是零的矩阵称为零矩阵，记作 $\boldsymbol{O}_{m\times n}$ 或 $\boldsymbol{O}$，零矩阵都记作 $\boldsymbol{O}$，但不同型的零矩阵是不相同的.

2. 行矩阵

只有一行的矩阵称为行矩阵（或行向量），记作 $(a_1\quad a_2\quad \cdots\quad a_n)$.

3. 列矩阵

只有一列的矩阵称为列矩阵（或列向量），记作 $\begin{pmatrix}b_1\\ b_2\\ \vdots\\ b_m\end{pmatrix}$.

4. 负矩阵

将矩阵 $\boldsymbol{A}=(a_{ij})$ 的每个元素乘以 -1 得到的矩阵，称为 $\boldsymbol{A}$ 的负矩阵，记作 $-\boldsymbol{A}$.

5. 方阵

行数与列数都等于 n 的矩阵 $\boldsymbol{A}$ 称为 n 阶矩阵或 n 阶方阵，即

$$\boldsymbol{A}=\begin{pmatrix}a_{11} & a_{12} & \cdots & a_{1n}\\ a_{21} & a_{22} & \cdots & a_{2n}\\ \vdots & \vdots & & \vdots\\ a_{n1} & a_{n2} & \cdots & a_{nn}\end{pmatrix}$$

6. 上三角矩阵

若 n 阶矩阵 $\boldsymbol{A}=(a_{ij})$ 主对角线以下的元素全为零，则 $\boldsymbol{A}$ 叫作上三角矩阵，即

$$\boldsymbol{A}=\begin{pmatrix}a_{11} & a_{12} & \cdots & a_{1n}\\ 0 & a_{22} & \cdots & a_{2n}\\ \vdots & \vdots & & \vdots\\ 0 & 0 & \cdots & a_{nn}\end{pmatrix}$$

7. 下三角矩阵

若 n 阶矩阵 $\boldsymbol{A}=(a_{ij})$ 主对角线以上的元素全为零，则 $\boldsymbol{A}$ 叫作下三角矩阵，即

$$\boldsymbol{A}=\begin{pmatrix}a_{11} & 0 & \cdots & 0\\ a_{21} & a_{22} & \cdots & 0\\ \vdots & \vdots & & \vdots\\ a_{n1} & a_{n2} & \cdots & a_{nn}\end{pmatrix}$$

8. 对角矩阵

若 n 阶矩阵 $\boldsymbol{A}=(a_{ij})$ 主对角线以外的元素全为零，则 $\boldsymbol{A}$ 叫作对角矩阵，即

$$\boldsymbol{A}=\begin{pmatrix} a_{11} & 0 & \cdots & 0 \\ 0 & a_{22} & \cdots & 0 \\ \vdots & \vdots & & \vdots \\ 0 & 0 & \cdots & a_{nn} \end{pmatrix}$$

9. 单位矩阵

主对角线上元素皆为 1 的 n 阶对角矩阵，称为 n 阶单位矩阵，记作 $\boldsymbol{E}$ 或 $\boldsymbol{I}$，即

$$\boldsymbol{E}=\begin{pmatrix} 1 & 0 & \cdots & 0 \\ 0 & 1 & \cdots & 0 \\ \vdots & \vdots & & \vdots \\ 0 & 0 & \cdots & 1 \end{pmatrix}$$

10. 对称阵

如果 n 阶方阵 $\boldsymbol{A}$ 的元素满足 $a_{ij}=a_{ji}(i,j=1,2,\cdots,n)$，则称 $\boldsymbol{A}$ 为对称矩阵，简称对称阵.

如 $\begin{pmatrix} -1 & 0 & 1 \\ 0 & 3 & 2 \\ 1 & 2 & 5 \end{pmatrix}$ 是对称矩阵.

11. 反对称阵

若 n 阶方阵 $\boldsymbol{A}$ 满足 $\boldsymbol{A}^{\mathrm{T}}=-\boldsymbol{A}$，则称 $\boldsymbol{A}$ 为反对称矩阵. 如 $\begin{pmatrix} 0 & 1 & -2 \\ -1 & 0 & 3 \\ 2 & -3 & 0 \end{pmatrix}$ 是反对称矩阵.

认识上面的几种特殊形式的矩阵，会给我们以后的学习和解决实际问题提供很多便利.

课堂练习

1. 设存在一个由五金化工、石油能源和机械三个部门构成的经济体系. 化工部门销售 25% 的产出给石油部门，55% 的产出给机械部门，保留余下的产出. 石油部门销售 70% 的产出给化工部门，20% 的产出给机械部门，保留余下的产出. 机械部门销售 45% 的产出给化工部门，40% 的产出给石油部门，保留余下的产出. 用矩阵写出该经济体系的交易表.

2.（两人零和对策问题）两人玩石头—剪刀—布游戏，每人的出法只能在{石头，剪刀，布}中选择一种，当他们各选定一种出法（亦称策略）时，就确定了一个“局势”，也就决定了各自的输赢. 若规定胜者得 1 分，负者得 −1 分，平手各得零分，则对于各种可能的局势（每一局势得分之和为零，即零和），试用矩阵表示他们各自的输赢状况.

3. 甲、乙、丙、丁四人各从图书馆借来一本小说，他们约定读完后互相交换. 这四本书的字数以及他们的阅读速度差不多，因此，四人总是同时交换书，经三次交换后，他们四人

读完了这四本书，现已知：

(1)甲读的第二本书是乙读的最后一本书；

(2)丁读的最后一本书是丙读的第一本书.

设甲、乙、丙、丁最后读的书的代号依次为 A、B、C、D，请根据题设条件用矩阵表示出他们各人阅读的顺序.

巩固与练习

1. 判断题

(1)矩阵就是行列式. (   )

(2)矩阵可以比较大小. (   )

(3)两个矩阵是零矩阵，则两个矩阵相等. (   )

(4)两个矩阵相等，则其对应元素相等. (   )

2. 指出下列矩阵的类型及特点：

(1)$\begin{pmatrix} 2 & -5 \\ 0 & 3 \end{pmatrix}$　　(2)$\begin{pmatrix} 1 & 0 & 0 \\ 0 & 1 & 0 \\ 0 & 0 & 1 \end{pmatrix}$

(3)$\begin{pmatrix} 1 & 0 & 0 \\ 2 & 3 & 0 \\ 3 & 4 & 3 \\ 4 & -2 & -1 \end{pmatrix}$　　(4)$\begin{pmatrix} 2 & 0 & 0 & 0 \\ 0 & 4 & 0 & 0 \\ 0 & 0 & -3 & 0 \\ 0 & 0 & 0 & 6 \end{pmatrix}$

(5)$\begin{pmatrix} 3 & 1 & 0 & 2 \end{pmatrix}$　　(6)$\begin{pmatrix} 1 \\ 4 \\ 3 \\ 7 \end{pmatrix}$

(7)$\begin{pmatrix} 0 & 0 \\ 0 & 0 \\ 0 & 0 \end{pmatrix}$　　(8)$\begin{pmatrix} 1 & 0 & 0 \\ 3 & 1 & 0 \\ 4 & 7 & 2 \end{pmatrix}$

趣味知识

在我国，零和对策的模型很早就出现了，古代所谓的“齐王赛马”就是一个非常典型的例子.

战国时期，齐王的国王有一天提出要与田忌进行赛马. 田忌答应后，双方约定

①各自出三匹马；

②从上、中、下三个等级各出一匹；

③每匹马都得参加比赛，而且只参加一次；

④每一次比赛各出一匹马，一共比赛三次；

⑤每次比赛后负者要付给胜者千金。

当时的情况是：三种不同等级的马，齐王的比田忌的马强一些.看来田忌要输掉三千金了.但是，田忌手下一个谋士给田忌出了个主意：

①每次比赛先让齐王说出他要出哪一匹马；

②叫田忌用下马对齐王的上马(负)；

③用中马对齐王的下马(胜)；

④用上马对齐王的中马(胜).

比赛结果：田忌二胜一负反而得千金.

由此可见，在各种对策现象中，参与者应该如何决策的问题是大可研究的.

任务二　矩阵间的运算

矩阵的相等是矩阵间的一种关系，而在实际问题中除了矩阵间的这种相等关系外，涉及更多的是矩阵间的某些运算，看下面的实例.

实例 1　某物流公司负责两种商品(单位：吨)从 M、N 两个产地运往甲、乙、丙三个销地的运输，调运方案可用两个矩阵表示如下：

$$\boldsymbol{A}=\begin{pmatrix}8&3&3\\2&4&7\end{pmatrix},\quad \boldsymbol{B}=\begin{pmatrix}0&3&2\\5&1&6\end{pmatrix}$$

其中 $\boldsymbol{A}$ 表示第一种商品的调运方案，$\boldsymbol{B}$ 表示第二种商品的调运方案，$a_{ij}(b_{ij})$ 表示商品从第 i 个产地运往第 j 个销地的数量.$i=1,2$ 分别代表产地 M、N；$j=1,2,3$ 分别代表销地甲、乙、丙.现在讨论从各产地运往销地的两种商品的总调运方案.显然该方案可用如下矩阵表示

$$\boldsymbol{C}=\begin{pmatrix}8+0&3+3&3+2\\2+5&4+1&7+6\end{pmatrix}=\begin{pmatrix}8&6&5\\7&5&13\end{pmatrix}$$

该矩阵中第 i 行第 j 列元素 c_{ij} 表示从产地 i 运往销地 j 的两种商品的总量，比如从 M 产地运往丙销地的两种商品的总量为 $3+2=5$(吨).

像这样将两个同型矩阵的对应元素相加而得到一个新矩阵的运算称为矩阵间的加法运算.

实例 2　设甲、乙两家票务公司代售飞机票、火车票、长途汽车票，月销售量(单位：张)为

$$\boldsymbol{A}=\begin{pmatrix}200&250&50\\120&300&40\end{pmatrix}\begin{matrix}\text{甲}\\\text{乙}\end{matrix}$$
$$\begin{matrix}\text{飞机票}&\text{火车票}&\text{汽车票}\end{matrix}$$

如果每销售一张飞机票、火车票、长途汽车票的代理销售收入(单位：元)为

$$\boldsymbol{B}=\begin{pmatrix}10\\5\\3\end{pmatrix}\begin{matrix}\text{飞机票}\\\text{火车票}\\\text{汽车票}\end{matrix}$$

显然两家公司的月收入可以用如下矩阵表示

$$\boldsymbol{C}=\begin{pmatrix}200\times10+250\times5+50\times3\\120\times10+300\times5+40\times3\end{pmatrix}=\begin{pmatrix}3400\\2820\end{pmatrix}$$

说明甲、乙两家的销售收入分别为 3400 元和 2820 元.

像这样由矩阵 $\boldsymbol{A}$ 的行的元素与矩阵 $\boldsymbol{B}$ 的列的元素对应乘积之和而得到一个新矩阵的运算,称为矩阵 $\boldsymbol{A}$ 与矩阵 $\boldsymbol{B}$ 的乘法运算.

从上面的例子可以看出,矩阵的意义不仅在于确定了一些形式的数表,而且在于在对它定义了一些有理论意义和实际意义的运算之后,它便成了进行理论研究和解决实际问题的有力工具.下面介绍矩阵的几种运算.

一、矩阵的线性运算

定义 1 设两个 $m\times n$ 矩阵 $\boldsymbol{A}=(a_{ij})_{m\times n}$,$\boldsymbol{B}=(b_{ij})_{m\times n}$,那么对应元素相加(减)得到的 $m\times n$ 矩阵,称为矩阵 $\boldsymbol{A}$ 与 $\boldsymbol{B}$ 的和(差),记作 $\boldsymbol{A}+\boldsymbol{B}(\boldsymbol{A}-\boldsymbol{B})$,即若

$$\boldsymbol{A}=\begin{pmatrix} a_{11} & a_{12} & \cdots & a_{1n} \\ a_{21} & a_{22} & \cdots & a_{2n} \\ \vdots & \vdots & & \vdots \\ a_{m1} & a_{m2} & \cdots & a_{mn} \end{pmatrix},\boldsymbol{B}=\begin{pmatrix} b_{11} & b_{12} & \cdots & b_{1n} \\ b_{21} & b_{22} & \cdots & b_{2n} \\ \vdots & \vdots & & \vdots \\ b_{m1} & b_{m2} & \cdots & b_{mn} \end{pmatrix}$$

则

$$\boldsymbol{A}\pm\boldsymbol{B}=\begin{pmatrix} a_{11}\pm b_{11} & a_{12}\pm b_{12} & \cdots & a_{1n}\pm b_{1n} \\ a_{21}\pm b_{21} & a_{22}\pm b_{22} & \cdots & a_{2n}\pm b_{2n} \\ \vdots & \vdots & & \vdots \\ a_{m1}\pm b_{m1} & a_{m2}\pm b_{m2} & \cdots & a_{mn}\pm b_{mn} \end{pmatrix}$$

简记为 $\boldsymbol{A}\pm\boldsymbol{B}=(a_{ij}\pm b_{ij})_{m\times n}$.

显然,同型矩阵才能进行加(减)法运算,其运算结果还是与 $\boldsymbol{A}$、$\boldsymbol{B}$ 同型的矩阵,元素为矩阵 $\boldsymbol{A}$,$\boldsymbol{B}$ 对应位置元素的和(差).

例 1 已知

$$\boldsymbol{A}=\begin{pmatrix} 3 & 1 & 4 & 7 \\ 6 & -1 & 2 & 8 \end{pmatrix},\boldsymbol{B}=\begin{pmatrix} 1 & 3 & 4 & 2 \\ -2 & 1 & 5 & 6 \end{pmatrix}$$

求 $\boldsymbol{A}+\boldsymbol{B}$,$\boldsymbol{A}-\boldsymbol{B}$.

解 由矩阵加(减)法的定义知

$$\begin{aligned}\boldsymbol{A}+\boldsymbol{B}&=\begin{pmatrix} 3 & 1 & 4 & 7 \\ 6 & -1 & 2 & 8 \end{pmatrix}+\begin{pmatrix} 1 & 3 & 4 & 2 \\ -2 & 1 & 5 & 6 \end{pmatrix}\\&=\begin{pmatrix} 3+1 & 1+3 & 4+4 & 7+2 \\ 6-2 & -1+1 & 2+5 & 8+6 \end{pmatrix}=\begin{pmatrix} 4 & 4 & 8 & 9 \\ 4 & 0 & 7 & 14 \end{pmatrix}\end{aligned}$$

$$\begin{aligned}\boldsymbol{A}-\boldsymbol{B}&=\begin{pmatrix} 3 & 1 & 4 & 7 \\ 6 & -1 & 2 & 8 \end{pmatrix}-\begin{pmatrix} 1 & 3 & 4 & 2 \\ -2 & 1 & 5 & 6 \end{pmatrix}\\&=\begin{pmatrix} 3-1 & 1-3 & 4-4 & 7-2 \\ 6+2 & -1-1 & 2-5 & 8-6 \end{pmatrix}=\begin{pmatrix} 2 & -2 & 0 & 5 \\ 8 & -2 & -3 & 2 \end{pmatrix}\end{aligned}$$

矩阵加法满足下列运算规律(设 $\boldsymbol{A}$,$\boldsymbol{B}$,$\boldsymbol{C}$,$\boldsymbol{O}$ 都是 $m\times n$ 矩阵):

(1)交换律:$\boldsymbol{A}+\boldsymbol{B}=\boldsymbol{B}+\boldsymbol{A}$;

(2)结合律:$(\boldsymbol{A}+\boldsymbol{B})+\boldsymbol{C}=\boldsymbol{A}+(\boldsymbol{B}+\boldsymbol{C})$;

(3)$\boldsymbol{A}+\boldsymbol{O}=\boldsymbol{O}+\boldsymbol{A}=\boldsymbol{A}$;

(4)$\boldsymbol{A}+(-\boldsymbol{A})=\boldsymbol{O}$;

(5)$(\boldsymbol{A}+\boldsymbol{B})^{\mathrm{T}}=\boldsymbol{A}^{\mathrm{T}}+\boldsymbol{B}^{\mathrm{T}}$.

定义 2 用数 k 乘矩阵 $\boldsymbol{A}$ 的每一个元素所得到的矩阵,称为数乘矩阵,记作 $k\boldsymbol{A}$,即

$$k\boldsymbol{A}=\begin{pmatrix} ka_{11} & ka_{12} & \cdots & ka_{1n} \\ ka_{21} & ka_{22} & \cdots & ka_{2n} \\ \vdots & \vdots & & \vdots \\ ka_{m1} & ka_{m2} & \cdots & ka_{mn} \end{pmatrix}$$

简记为

$$k\boldsymbol{A}=k(a_{ij})_{m\times n}=(ka_{ij})_{m\times n}$$

特别地,$(-1)\boldsymbol{A}$ 简记为 $-\boldsymbol{A}$.

数 k 与矩阵 $\boldsymbol{A}=(a_{ij})_{m\times n}$ 的乘积仍是一个 $m\times n$ 矩阵,其元素等于矩阵 $\boldsymbol{A}$ 中每个元素乘以数 k.

数与矩阵乘法满足下面三个运算律(设 $\boldsymbol{A},\boldsymbol{B}$ 为 $m\times n$ 矩阵,l,k 为实数):

(1)结合律:$(lk)\boldsymbol{A}=l(k\boldsymbol{A})=k(l\boldsymbol{A})$;

(2)分配律:$(l+k)\boldsymbol{A}=l\boldsymbol{A}+k\boldsymbol{A}$,$k(\boldsymbol{A}+\boldsymbol{B})=k\boldsymbol{A}+k\boldsymbol{B}$;

(3)$0\cdot\boldsymbol{A}=\boldsymbol{O}$,$1\cdot\boldsymbol{A}=\boldsymbol{A}$.

例 2 设

$$\boldsymbol{A}=\begin{pmatrix} -3 & 2 & 1 \\ 0 & -1 & 5 \end{pmatrix},\boldsymbol{B}=\begin{pmatrix} -2 & 1 & 7 \\ 3 & -5 & 4 \end{pmatrix}$$

求 $5\boldsymbol{A}+2\boldsymbol{B}$.

解 由矩阵数乘与加法的定义知

$$\begin{aligned} 5\boldsymbol{A}+2\boldsymbol{B} &=5\begin{pmatrix} -3 & 2 & 1 \\ 0 & -1 & 5 \end{pmatrix}+2\begin{pmatrix} -2 & 1 & 7 \\ 3 & -5 & 4 \end{pmatrix} \\ &=\begin{pmatrix} -15 & 10 & 5 \\ 0 & -5 & 25 \end{pmatrix}+\begin{pmatrix} -4 & 2 & 14 \\ 6 & -10 & 8 \end{pmatrix} \\ &=\begin{pmatrix} -19 & 12 & 19 \\ 6 & -15 & 33 \end{pmatrix} \end{aligned}$$

例 3 已知 $\boldsymbol{A}=\begin{pmatrix} -1 & 2 & 3 & 1 \\ 0 & 3 & -2 & 1 \\ 4 & 0 & 3 & 2 \end{pmatrix}$,$\boldsymbol{B}=\begin{pmatrix} 4 & 3 & 2 & -1 \\ 5 & -3 & 0 & 1 \\ 1 & 2 & -5 & 0 \end{pmatrix}$,且 $\boldsymbol{A}+2\boldsymbol{X}=\boldsymbol{B}$,求矩阵 $\boldsymbol{X}$.

解 (矩阵)方程 $\boldsymbol{A}+2\boldsymbol{X}=\boldsymbol{B}$ 变形可得

$$\boldsymbol{X}=\frac{1}{2}(\boldsymbol{B}-\boldsymbol{A})=\frac{1}{2}\begin{pmatrix} 5 & 1 & -1 & -2 \\ 5 & -6 & 2 & 0 \\ -3 & 2 & -8 & -2 \end{pmatrix}$$

$$=\begin{pmatrix} \frac{5}{2} & \frac{1}{2} & -\frac{1}{2} & -1 \\ \frac{5}{2} & -3 & 1 & 0 \\ -\frac{3}{2} & 1 & -4 & -1 \end{pmatrix}$$

二、矩阵的乘法

定义 3 设 $\boldsymbol{A}=(a_{ij})$ 是 $m\times s$ 矩阵，$\boldsymbol{B}=(b_{ij})$ 是 $s\times n$ 矩阵，由元素

$$c_{ij}=a_{i1}b_{1j}+a_{i2}b_{2j}+\cdots+a_{is}b_{sj}=\sum_{k=1}^{s}a_{ik}b_{kj}\ (i=1,2,\cdots,m;j=1,2,\cdots,n)$$

构成的 $m\times n$ 矩阵 $\boldsymbol{C}$，称为矩阵 $\boldsymbol{A}$ 与 $\boldsymbol{B}$ 的乘积，记作 $\boldsymbol{C}=\boldsymbol{AB}$，即

$$\boldsymbol{C}=(c_{ij})_{m\times n}=\Big(\sum_{k=1}^{s}a_{ik}b_{kj}\Big)_{m\times n}$$

注意

(1)只有左边矩阵 $\boldsymbol{A}$ 的列数等于右边矩阵 $\boldsymbol{B}$ 的行数时，矩阵 $\boldsymbol{A}$ 与 $\boldsymbol{B}$ 相乘才有意义；

(2)乘积矩阵 $\boldsymbol{C}$ 中第 i 行第 j 列的元素等于左边矩阵 $\boldsymbol{A}$ 的第 i 行与右边矩阵 $\boldsymbol{B}$ 的第 j 列对应元素乘积之和；

(3)乘积矩阵 $\boldsymbol{C}=\boldsymbol{AB}$ 的行数等于左边矩阵 $\boldsymbol{A}$ 的行数，列数等于右边矩阵 $\boldsymbol{B}$ 的列数.

例 4 已知 $\boldsymbol{A}=\begin{pmatrix} 1 & -2 \\ -3 & 1 \\ 4 & 0 \end{pmatrix}$，$\boldsymbol{B}=\begin{pmatrix} 1 & 3 \\ -2 & 4 \end{pmatrix}$，求 $\boldsymbol{AB}$.

解 $$\boldsymbol{AB}=\begin{pmatrix} 1 & -2 \\ -3 & 1 \\ 4 & 0 \end{pmatrix}\begin{pmatrix} 1 & 3 \\ -2 & 4 \end{pmatrix}=\begin{pmatrix} 1\times1+(-2)\times(-2) & 1\times3+(-2)\times4 \\ (-3)\times1+1\times(-2) & (-3)\times3+1\times4 \\ 4\times1+0\times(-2) & 4\times3+0\times4 \end{pmatrix}$$

$$=\begin{pmatrix} 5 & -5 \\ -5 & -5 \\ 4 & 12 \end{pmatrix}$$

因为 $\boldsymbol{B}$ 的列数为 2，而 $\boldsymbol{A}$ 的行数为 3，所以本题中 $\boldsymbol{BA}$ 无意义.

例 5 已知

(1)$\boldsymbol{A}=\begin{pmatrix} 1 \\ -1 \\ 2 \end{pmatrix}$，$\boldsymbol{B}=(1\quad -1\quad 3)$　　(2)$\boldsymbol{A}=\begin{pmatrix} -1 & 2 \\ -2 & 1 \end{pmatrix}$，$\boldsymbol{B}=\begin{pmatrix} 1 & 2 \\ 2 & 1 \end{pmatrix}$

求 $\boldsymbol{AB}$ 和 $\boldsymbol{BA}$.

解 (1)$$\boldsymbol{AB}=\begin{pmatrix} 1 \\ -1 \\ 2 \end{pmatrix}(1\quad -1\quad 3)=\begin{pmatrix} 1 & -1 & 3 \\ -1 & 1 & -3 \\ 2 & -2 & 6 \end{pmatrix}$$

$$BA=(1\quad -1\quad 3)\begin{pmatrix}1\\-1\\2\end{pmatrix}=(1\times1+(-1)\times(-1)+3\times2)=(8)$$

(2) $AB=\begin{pmatrix}-1&2\\-2&1\end{pmatrix}\begin{pmatrix}1&2\\2&1\end{pmatrix}=\begin{pmatrix}3&0\\0&-3\end{pmatrix}$

$BA=\begin{pmatrix}1&2\\2&1\end{pmatrix}\begin{pmatrix}-1&2\\-2&1\end{pmatrix}=\begin{pmatrix}-5&4\\-4&5\end{pmatrix}$

从上面两个例子看出：

(1) $\boldsymbol{AB}$ 有意义时，$\boldsymbol{BA}$ 不一定有意义；

(2) 即使 $\boldsymbol{AB}$ 与 $\boldsymbol{BA}$ 都有意义，它们也不一定是同型矩阵；

(3) 即使 $\boldsymbol{AB}$ 与 $\boldsymbol{BA}$ 都有意义，且是同型矩阵，但 $\boldsymbol{AB}$ 与 $\boldsymbol{BA}$ 也不一定相等；

总之，矩阵的乘法不满足交换律，即一般情况下 $\boldsymbol{AB}\neq\boldsymbol{BA}$.

当 $\boldsymbol{AB}=\boldsymbol{BA}$ 时，称矩阵 $\boldsymbol{A}$ 与 $\boldsymbol{B}$ 是可交换矩阵.

例 6 设 $A=\begin{pmatrix}-1&-1\\1&1\end{pmatrix}$，$B=\begin{pmatrix}1&-1\\-1&1\end{pmatrix}$，求 $\boldsymbol{AB}$.

解

$$AB=\begin{pmatrix}-1&-1\\1&1\end{pmatrix}\begin{pmatrix}1&-1\\-1&1\end{pmatrix}=\begin{pmatrix}0&0\\0&0\end{pmatrix}$$

从上例看出：

(1) 若 $\boldsymbol{AB}=\boldsymbol{O}$，不一定有 $\boldsymbol{A}=\boldsymbol{O}$ 或 $\boldsymbol{B}=\boldsymbol{O}$；

(2) 即使 $\boldsymbol{A}\neq\boldsymbol{O}$ 且 $\boldsymbol{B}\neq\boldsymbol{O}$，也可能有 $\boldsymbol{AB}=\boldsymbol{O}$.

例 7 设 $A=\begin{pmatrix}3&1\\4&0\end{pmatrix}$，$B=\begin{pmatrix}2&1\\4&0\end{pmatrix}$，$C=\begin{pmatrix}0&0\\1&1\end{pmatrix}$，求 $\boldsymbol{AC}$，$\boldsymbol{BC}$.

解 $AC=\begin{pmatrix}3&1\\4&0\end{pmatrix}\begin{pmatrix}0&0\\1&1\end{pmatrix}=\begin{pmatrix}1&1\\0&0\end{pmatrix}$，$BC=\begin{pmatrix}2&1\\4&0\end{pmatrix}\begin{pmatrix}0&0\\1&1\end{pmatrix}=\begin{pmatrix}1&1\\0&0\end{pmatrix}$

从上例看出，在一般情况下，矩阵乘法不满足消去律，即不能由 $\boldsymbol{AC}=\boldsymbol{BC}$ 消去 $\boldsymbol{C}$，推出 $\boldsymbol{A}=\boldsymbol{B}$.

对于线性方程组(2-1-1)，若把系数表记作 $\boldsymbol{A}$，常数表记作常数项矩阵 $\boldsymbol{B}$，未知数表记作未知矩阵 $\boldsymbol{X}$，那么方程组可用矩阵形式表示：$\boldsymbol{AX}=\boldsymbol{B}$.

由矩阵乘法和矩阵相等的定义，可以证明矩阵的乘法满足下列运算律（设 $\boldsymbol{A}$，$\boldsymbol{B}$，$\boldsymbol{C}$ 是矩阵，k 是实数，假设运算都是可行的）：

(1) 结合律：$(\boldsymbol{AB})\boldsymbol{C}=\boldsymbol{A}(\boldsymbol{BC})$

$k(\boldsymbol{AB})=(k\boldsymbol{A})\boldsymbol{B}=\boldsymbol{A}(k\boldsymbol{B})$

(2) 左分配律：$\boldsymbol{A}(\boldsymbol{B}+\boldsymbol{C})=\boldsymbol{AB}+\boldsymbol{AC}$

右分配律：$(\boldsymbol{B}+\boldsymbol{C})\boldsymbol{A}=\boldsymbol{BA}+\boldsymbol{CA}$

(3) 特别地，$\boldsymbol{E}_m\boldsymbol{A}_{m\times n}=\boldsymbol{A}_{m\times n}\boldsymbol{E}_n=\boldsymbol{A}_{m\times n}$

(4) $(\boldsymbol{AB})^{\mathrm{T}}=\boldsymbol{B}^{\mathrm{T}}\boldsymbol{A}^{\mathrm{T}}$

矩阵的乘法

对于方阵，特别地有如下方阵的幂和方阵的行列式的运算.

定义 4 设 $\boldsymbol{A}$ 是 n 阶方阵，k 是自然数，则称 $\boldsymbol{A}^k=\overbrace{\boldsymbol{A}\cdot\boldsymbol{A}\cdots\boldsymbol{A}}^{k个}$ 为方阵 $\boldsymbol{A}$ 的 k 次幂. 这里规定 $\boldsymbol{A}^0=\boldsymbol{E}_n$.

方阵的幂满足以下运算律：

(1) $\boldsymbol{A}^k\boldsymbol{A}^l=\boldsymbol{A}^{k+l}$　　(2) $(\boldsymbol{A}^k)^l=\boldsymbol{A}^{kl}$

其中 k,l 为正整数.

因为矩阵乘法不满足交换律，所以对于两个 n 阶方阵 $\boldsymbol{A}$ 与 $\boldsymbol{B}$，$(\boldsymbol{AB})^k=\boldsymbol{A}^k\boldsymbol{B}^k$ 未必成立.

例 8 求 $\begin{pmatrix}3 & 2\\-4 & -3\end{pmatrix}^5$.

解 因为 $\begin{pmatrix}3 & 2\\-4 & -3\end{pmatrix}^2=\begin{pmatrix}3 & 2\\-4 & -3\end{pmatrix}\begin{pmatrix}3 & 2\\-4 & -3\end{pmatrix}=\begin{pmatrix}1 & 0\\0 & 1\end{pmatrix}=\boldsymbol{E}_2$

所以

$$\begin{pmatrix}3 & 2\\-4 & -3\end{pmatrix}^5=\begin{pmatrix}3 & 2\\-4 & -3\end{pmatrix}^2\begin{pmatrix}3 & 2\\-4 & -3\end{pmatrix}^2\begin{pmatrix}3 & 2\\-4 & -3\end{pmatrix}=\begin{pmatrix}3 & 2\\-4 & -3\end{pmatrix}$$

定义 5 由 n 阶方阵 $\boldsymbol{A}$ 的元素所构成的 n 阶行列式(各元素的位置不变)称为方阵 $\boldsymbol{A}$ 的行列式，记作 $|\boldsymbol{A}|$ 或 $\det\boldsymbol{A}$.

·注意· 方阵与方阵的行列式是两个完全不同的概念，n 阶方阵是 n^2 个数按一定方式排成的数表，而 n 阶方阵的行列式则是这些数按一定运算法则所确定的一个数.

方阵的行列式运算满足下列规律(设 $\boldsymbol{A},\boldsymbol{B}$ 为 n 阶方阵，λ 为常数)：

(1) $|\boldsymbol{A}^{\mathrm{T}}|=|\boldsymbol{A}|$(行列式的性质 1)；

(2) $|\lambda\boldsymbol{A}|=\lambda^n|\boldsymbol{A}|$；

(3) $|\boldsymbol{AB}|=|\boldsymbol{A}||\boldsymbol{B}|$.

例 9 设 $\boldsymbol{A}=\begin{pmatrix}-1 & 3 & 2\\0 & 2 & 4\\0 & 0 & 5\end{pmatrix}$，$\boldsymbol{B}=\begin{pmatrix}2 & 0 & 0\\5 & 4 & 0\\3 & 1 & 1\end{pmatrix}$，求 (1) $|\boldsymbol{A}|+|\boldsymbol{B}|$；(2) $|3\boldsymbol{A}|$；(3) $|\boldsymbol{AB}|$.

解 根据行列式性质，得

(1) $|\boldsymbol{A}|+|\boldsymbol{B}|=\begin{vmatrix}-1 & 3 & 2\\0 & 2 & 4\\0 & 0 & 5\end{vmatrix}+\begin{vmatrix}2 & 0 & 0\\5 & 4 & 0\\3 & 1 & 1\end{vmatrix}=-10+8=-2$

(2) $|3\boldsymbol{A}|=3^3|\boldsymbol{A}|=27\times(-10)=-270$

(3) $|\boldsymbol{AB}|=|\boldsymbol{A}||\boldsymbol{B}|=-80$

例 10 设 $|\boldsymbol{A}|$ 是方阵 $\boldsymbol{A}$ 的行列式，$|\boldsymbol{A}|$ 的各个元素的代数余子式 A_{ij} 所构成的如下方阵

$$\boldsymbol{A}^*=\begin{pmatrix}A_{11} & A_{21} & \cdots & A_{n1}\\A_{12} & A_{22} & \cdots & A_{n2}\\\vdots & \vdots & & \vdots\\A_{1n} & A_{2n} & \cdots & A_{nn}\end{pmatrix}$$

称为矩阵 $\boldsymbol{A}$ 的伴随矩阵，试证 $\boldsymbol{AA}^*=\boldsymbol{A}^*\boldsymbol{A}=|\boldsymbol{A}|\boldsymbol{E}$.

证明

$$\boldsymbol{AA}^*=\begin{pmatrix} a_{11} & a_{12} & \cdots & a_{1n} \\ a_{21} & a_{22} & \cdots & a_{2n} \\ \vdots & \vdots & & \vdots \\ a_{n1} & a_{n2} & \cdots & a_{nn} \end{pmatrix}\begin{pmatrix} A_{11} & A_{21} & \cdots & A_{n1} \\ A_{12} & A_{22} & \cdots & A_{n2} \\ \vdots & \vdots & & \vdots \\ A_{1n} & A_{2n} & \cdots & A_{nn} \end{pmatrix}$$

$$\xlongequal{\text{行列式的性质 7、8}}\begin{pmatrix} |\boldsymbol{A}| & 0 & \cdots & 0 \\ 0 & |\boldsymbol{A}| & \cdots & 0 \\ \vdots & \vdots & & \vdots \\ 0 & 0 & \cdots & |\boldsymbol{A}| \end{pmatrix}=|\boldsymbol{A}|\boldsymbol{E}$$

同理可证 $\boldsymbol{A}^*\boldsymbol{A}=|\boldsymbol{A}|\boldsymbol{E}$，即 $\boldsymbol{AA}^*=\boldsymbol{A}^*\boldsymbol{A}=|\boldsymbol{A}|\boldsymbol{E}$.

三、方阵的逆矩阵

矩阵代数提供了对矩阵方程进行运算的工具以及许多与普通的实数代数相似的有用公式. 在矩阵的研究中也有与实数的倒数（即乘法逆）类似的问题.

对于一个含有 n 个未知数和 n 个方程的线性方程组

$$\begin{cases} a_{11}x_1+a_{12}x_2+\cdots+a_{1n}x_n=b_1 \\ a_{21}x_1+a_{22}x_2+\cdots+a_{2n}x_n=b_2 \\ \cdots \\ a_{n1}x_1+a_{n2}x_2+\cdots+a_{nn}x_n=b_n \end{cases}$$

其中

$$\boldsymbol{A}=\begin{pmatrix} a_{11} & a_{12} & \cdots & a_{1n} \\ a_{21} & a_{22} & \cdots & a_{2n} \\ \vdots & \vdots & & \vdots \\ a_{n1} & a_{n2} & \cdots & a_{nn} \end{pmatrix},\quad \boldsymbol{X}=\begin{pmatrix} x_1 \\ x_2 \\ \vdots \\ x_n \end{pmatrix},\quad \boldsymbol{B}=\begin{pmatrix} b_1 \\ b_2 \\ \vdots \\ b_n \end{pmatrix}$$

由矩阵的乘法知 $\boldsymbol{AX}=\boldsymbol{B}$，这是线性方程组的矩阵表达式，称为矩阵方程.

对于代数方程 $ax=b(a\neq 0)$，可以采用在方程两边同时乘以 a^{-1} 的方法得到它的解 $x=a^{-1}b$.

那么，对于 n 阶方阵 $\boldsymbol{A}$，如果存在一个矩阵记作 $\boldsymbol{A}^{-1}$，使 $\boldsymbol{A}^{-1}\boldsymbol{A}=\boldsymbol{E}$，用 $\boldsymbol{A}^{-1}$ 左乘方程 $\boldsymbol{AX}=\boldsymbol{B}$ 的两端，得

$$\boldsymbol{A}^{-1}(\boldsymbol{AX})=\boldsymbol{A}^{-1}\boldsymbol{B}$$

即

$$(\boldsymbol{A}^{-1}\boldsymbol{A})\boldsymbol{X}=\boldsymbol{A}^{-1}\boldsymbol{B}$$

即

$$\boldsymbol{EX}=\boldsymbol{A}^{-1}\boldsymbol{B}$$

所以

$$\boldsymbol{X}=\boldsymbol{A}^{-1}\boldsymbol{B}$$

这就是 n 元线性方程组的解.

对于这样的矩阵 $\boldsymbol{A}^{-1}$，我们把它叫作矩阵 $\boldsymbol{A}$ 的逆矩阵.

定义 6 对于 n 阶方阵 $\boldsymbol{A}$，如果存在一个 n 阶方阵 $\boldsymbol{B}$ 使 $\boldsymbol{AB}=\boldsymbol{BA}=\boldsymbol{E}$ 成立，则称矩阵 $\boldsymbol{A}$ 是可逆的，并称矩阵 $\boldsymbol{B}$ 为矩阵 $\boldsymbol{A}$ 的逆矩阵，简称 $\boldsymbol{A}$ 的逆，记作 $\boldsymbol{B}=\boldsymbol{A}^{-1}$.

由矩阵可逆的定义易知，若 $\boldsymbol{A}$ 为 $\boldsymbol{B}$ 的逆矩阵，则 $\boldsymbol{B}$ 也为 $\boldsymbol{A}$ 的逆矩阵，称为 $\boldsymbol{A}$ 与 $\boldsymbol{B}$ 互逆.

逆矩阵

由于单位矩阵 $\boldsymbol{E}$ 满足 $\boldsymbol{E}\cdot\boldsymbol{E}=\boldsymbol{E}$，所以 $\boldsymbol{E}$ 是可逆的，且 $\boldsymbol{E}^{-1}=\boldsymbol{E}$.

例如，若 $\boldsymbol{A}=\begin{pmatrix}1&0\\0&2\end{pmatrix}$，$\boldsymbol{B}=\begin{pmatrix}1&0\\0&\frac{1}{2}\end{pmatrix}$，则

$$\boldsymbol{AB}=\begin{pmatrix}1&0\\0&2\end{pmatrix}\begin{pmatrix}1&0\\0&\frac{1}{2}\end{pmatrix}=\begin{pmatrix}1&0\\0&1\end{pmatrix}=\boldsymbol{E},\boldsymbol{BA}=\begin{pmatrix}1&0\\0&\frac{1}{2}\end{pmatrix}\begin{pmatrix}1&0\\0&2\end{pmatrix}=\begin{pmatrix}1&0\\0&1\end{pmatrix}=\boldsymbol{E}$$

即 $\boldsymbol{AB}=\boldsymbol{BA}=\boldsymbol{E}$. 这里 $\boldsymbol{B}=\boldsymbol{A}^{-1}$.

逆矩阵的性质：

性质 1 $(\boldsymbol{A}^{-1})^{-1}=\boldsymbol{A}$

性质 2 $(\boldsymbol{AB})^{-1}=\boldsymbol{B}^{-1}\boldsymbol{A}^{-1}$

性质 3 $(\boldsymbol{A}^{\mathrm{T}})^{-1}=(\boldsymbol{A}^{-1})^{\mathrm{T}}$

性质 4 $(k\boldsymbol{A})^{-1}=\dfrac{1}{k}\boldsymbol{A}^{-1}$ （$k\neq0$ 且为常数）

性质 5 若方阵 $\boldsymbol{A}$ 是可逆矩阵，则其逆矩阵是唯一的.

证明 设 $\boldsymbol{B}$ 和 $\boldsymbol{C}$ 都是 $\boldsymbol{A}$ 的逆矩阵，则有

$$\boldsymbol{AB}=\boldsymbol{BA}=\boldsymbol{E} \text{ 且 } \boldsymbol{AC}=\boldsymbol{CA}=\boldsymbol{E}$$

于是

$$\boldsymbol{B}=\boldsymbol{BE}=\boldsymbol{B}(\boldsymbol{AC})=(\boldsymbol{BA})\boldsymbol{C}=\boldsymbol{EC}=\boldsymbol{C}$$

所以 $\boldsymbol{A}$ 的逆矩阵是唯一的.

不可逆矩阵有时称为奇异矩阵，而可逆矩阵也称为非奇异矩阵.

定理 1 n 阶方阵 $\boldsymbol{A}$ 可逆的充分必要条件是 $\boldsymbol{A}$ 的行列式 $|\boldsymbol{A}|\neq0$. 且当 $\boldsymbol{A}$ 可逆时，

$$\boldsymbol{A}^{-1}=\frac{1}{|\boldsymbol{A}|}\boldsymbol{A}^{*}$$

其中 $\boldsymbol{A}^{*}$ 为 $\boldsymbol{A}$ 的伴随矩阵，即

$$\boldsymbol{A}^{*}=\begin{pmatrix}A_{11}&A_{21}&\cdots&A_{n1}\\A_{12}&A_{22}&\cdots&A_{n2}\\\vdots&\vdots&&\vdots\\A_{1n}&A_{2n}&\cdots&A_{nn}\end{pmatrix}$$

证明 **必要性** 设 $\boldsymbol{A}$ 可逆，则存在逆矩阵 $\boldsymbol{A}^{-1}$，使得 $\boldsymbol{AA}^{-1}=\boldsymbol{E}$. 两边取行列式有，$|\boldsymbol{E}|=|\boldsymbol{AA}^{-1}|=|\boldsymbol{A}||\boldsymbol{A}^{-1}|=1$，因而 $|\boldsymbol{A}|\neq0$.

充分性 设 $|\boldsymbol{A}|\neq0$，由例 10 可得

$$\boldsymbol{A}\left(\frac{1}{|\boldsymbol{A}|}\boldsymbol{A}^{*}\right)=\left(\frac{1}{|\boldsymbol{A}|}\boldsymbol{A}^{*}\right)\boldsymbol{A}=\boldsymbol{E}$$

由定义 6 知 $\boldsymbol{A}$ 可逆，且 $\boldsymbol{A}^{-1}=\frac{1}{|\boldsymbol{A}|}\boldsymbol{A}^{*}$.

例 11 设 $\boldsymbol{A}=\begin{pmatrix}2&2&3\\1&-1&0\\-1&2&1\end{pmatrix}$，判断 $\boldsymbol{A}$ 是否可逆？若可逆，求 $\boldsymbol{A}^{-1}$.

解 因为 $|\boldsymbol{A}|=-1\neq0$，所以矩阵 $\boldsymbol{A}$ 可逆，由

$$A_{11}=-1,A_{12}=-1,A_{13}=1$$
$$A_{21}=4,A_{22}=5,A_{23}=-6$$
$$A_{31}=3,A_{32}=3,A_{33}=-4$$

得

$$\boldsymbol{A}^{*}=\begin{pmatrix}-1&4&3\\-1&5&3\\1&-6&-4\end{pmatrix}$$

所以

$$\boldsymbol{A}^{-1}=\frac{1}{|\boldsymbol{A}|}\boldsymbol{A}^{*}=\begin{pmatrix}1&-4&-3\\1&-5&-3\\-1&6&4\end{pmatrix}$$

利用逆矩阵可以解某些线性方程组，下面来讨论这个问题.

设线性方程组 $\begin{cases}a_{11}x_1+a_{12}x_2+\cdots+a_{1n}x_n=b_1\\a_{21}x_1+a_{22}x_2+\cdots+a_{2n}x_n=b_2\\\cdots\\a_{n1}x_1+a_{n2}x_2+\cdots+a_{nn}x_n=b_n\end{cases}$ 的系数矩阵、未知数的矩阵和右端常数所组成的矩阵分别为

$$\boldsymbol{A}=\begin{pmatrix}a_{11}&a_{12}&\cdots&a_{1n}\\a_{21}&a_{22}&\cdots&a_{2n}\\\vdots&\vdots&&\vdots\\a_{n1}&a_{n2}&\cdots&a_{nn}\end{pmatrix},\boldsymbol{X}=\begin{pmatrix}x_1\\x_2\\\vdots\\x_n\end{pmatrix},\boldsymbol{B}=\begin{pmatrix}b_1\\b_2\\\vdots\\b_n\end{pmatrix}$$

由矩阵的乘法知 $\boldsymbol{AX}=\boldsymbol{B}$.

这是线性方程组的矩阵表达式，称为矩阵方程. 此方程类似于代数方程 $ax=b$. 对于代数方程 $ax=b$，当 $a\neq0$ 时，它的解为 $x=a^{-1}b$. 同样，对于矩阵方程 $\boldsymbol{AX}=\boldsymbol{B}$，如果矩阵 $\boldsymbol{A}$ 可逆，我们便可以用 $\boldsymbol{A}^{-1}$ 左乘方程两端得 $\boldsymbol{X}=\boldsymbol{A}^{-1}\boldsymbol{B}$ 来求未知矩阵 $\boldsymbol{X}$. 这里解的形式，$\boldsymbol{X}=\boldsymbol{A}^{-1}\boldsymbol{B}$ 与 $x=a^{-1}b$ 相同，但它们却有本质的区别.

在军事通讯中常将字符（信号）与数字对应，如

a	b	c	d	e	$\cdots$	x	y	z
1	2	3	4	5	$\cdots$	24	25	26

例如，信息 a,r,e 对应矩阵 $\boldsymbol{B}=(1\quad18\quad5)$，但如果按这种方式传送则很容易被对方破译，所以必须采取加密措施，即用一个约定的加密矩阵 $\boldsymbol{A}$ 乘以原信号 $\boldsymbol{B}$，传输信号为 $\boldsymbol{C}=\boldsymbol{AB}$（加密），收到信号的一方再将信号还原（破译）为 $\boldsymbol{B}=\boldsymbol{A}^{-1}\boldsymbol{C}$. 如果对方不知道加密矩

阵,则很难破译.

例 12 设收到的信号为$\boldsymbol{C}=\begin{pmatrix}-2 & -14 & 3\\ 9 & 10 & 22\\ 16 & 25 & 37\end{pmatrix}$.

并已知加密方式为$\boldsymbol{C}=\boldsymbol{AB}$,加密矩阵为$\boldsymbol{A}=\begin{pmatrix}-1 & 0 & 1\\ 0 & 1 & 1\\ 1 & 1 & 1\end{pmatrix}$,问原信号$\boldsymbol{B}$是什么?

解 由于$|\boldsymbol{A}|=\begin{vmatrix}-1 & 0 & 1\\ 0 & 1 & 1\\ 1 & 1 & 1\end{vmatrix}=-1\neq 0$,因此,$\boldsymbol{A}$可逆且

$$\boldsymbol{A}^{-1}=\begin{pmatrix}0 & -1 & 1\\ -1 & 2 & -1\\ 1 & -1 & 1\end{pmatrix}$$

用$\boldsymbol{A}^{-1}$左乘$\boldsymbol{C}=\boldsymbol{AB}$的两端可得

$$\boldsymbol{B}=\boldsymbol{A}^{-1}\boldsymbol{C}=\begin{pmatrix}0 & -1 & 1\\ -1 & 2 & -1\\ 1 & -1 & 1\end{pmatrix}\begin{pmatrix}-2 & -14 & 3\\ 9 & 10 & 22\\ 16 & 25 & 37\end{pmatrix}$$

$$=\begin{pmatrix}7 & 15 & 15\\ 4 & 9 & 4\\ 5 & 1 & 18\end{pmatrix}$$

所以,原信号为:good idear.

例 13 用逆矩阵方法解线性方程组

$$\begin{cases}x_1-x_2+2x_3=1\\ x_2-x_3=2\\ 2x_1+x_2=3\end{cases}$$

解 设

$$\boldsymbol{A}=\begin{pmatrix}1 & -1 & 2\\ 0 & 1 & -1\\ 2 & 1 & 0\end{pmatrix},\boldsymbol{X}=\begin{pmatrix}x_1\\ x_2\\ x_3\end{pmatrix},\boldsymbol{B}=\begin{pmatrix}1\\ 2\\ 3\end{pmatrix}$$

则$\boldsymbol{AX}=\boldsymbol{B}$,显然$\boldsymbol{A}$可逆,且

$$\boldsymbol{A}^{-1}=\begin{pmatrix}-1 & -2 & 1\\ 2 & 4 & -1\\ 2 & 3 & -1\end{pmatrix}$$

故有

$$\boldsymbol{X}=\boldsymbol{A}^{-1}\boldsymbol{B}=\begin{pmatrix}-1 & -2 & 1\\ 2 & 4 & -1\\ 2 & 3 & -1\end{pmatrix}\begin{pmatrix}1\\ 2\\ 3\end{pmatrix}=\begin{pmatrix}-2\\ 7\\ 5\end{pmatrix}$$

根据矩阵相等的定义，得方程组的解为

$$x_1=-2, x_2=7, x_3=5$$

课堂练习

1. 计算矩阵的和或乘积，如果没有定义，则说明理由. 设

$$\boldsymbol{A}=\begin{pmatrix}2 & 0 & -1\\ 4 & -5 & 2\end{pmatrix},\quad \boldsymbol{B}=\begin{pmatrix}7 & -4 & 1\\ 1 & -5 & 2\end{pmatrix}$$

$$\boldsymbol{C}=\begin{pmatrix}-1 & 2\\ -2 & 1\end{pmatrix},\quad \boldsymbol{D}=\begin{pmatrix}3 & 5\\ -1 & 4\end{pmatrix},\quad \boldsymbol{E}=\begin{pmatrix}-5\\ 3\end{pmatrix}$$

计算 $-2\boldsymbol{A}$，$\boldsymbol{B}-2\boldsymbol{A}$，$\boldsymbol{AC}$，$\boldsymbol{CD}$，$\boldsymbol{A}+2\boldsymbol{B}$，$3\boldsymbol{C}-\boldsymbol{E}$，$\boldsymbol{CB}$，$\boldsymbol{EB}$.

2. 若 $\boldsymbol{A}=\begin{pmatrix}1 & -3\\ -2 & 4\end{pmatrix}$，$\boldsymbol{X}=\begin{pmatrix}5\\ 3\end{pmatrix}$，计算 $(\boldsymbol{AX})^{\mathrm{T}}$，$\boldsymbol{X}^{\mathrm{T}}\boldsymbol{A}^{\mathrm{T}}$，$\boldsymbol{XX}^{\mathrm{T}}$ 和 $\boldsymbol{X}^{\mathrm{T}}\boldsymbol{X}$，并判断 $\boldsymbol{A}^{\mathrm{T}}\boldsymbol{X}^{\mathrm{T}}$ 是否有意义？

3. 若矩阵 $\boldsymbol{A}$ 是 5×4，乘积 $\boldsymbol{AB}$ 是 5×7，则 $\boldsymbol{B}$ 的维数是多少？

4. 设 $\boldsymbol{A}=\begin{pmatrix}1 & 1 & 1\\ 1 & 2 & 3\\ 1 & 4 & 5\end{pmatrix}$，$\boldsymbol{D}=\begin{pmatrix}2 & 0 & 0\\ 0 & 3 & 0\\ 0 & 0 & 5\end{pmatrix}$，计算 $\boldsymbol{AD}$ 和 $\boldsymbol{DA}$，说明当 $\boldsymbol{A}$ 右乘或左乘 $\boldsymbol{D}$ 时，$\boldsymbol{A}$ 的行或列如何变化，求出 3×3 对角矩阵 $\boldsymbol{B}$，不是单位矩阵或零矩阵，使 $\boldsymbol{AB}=\boldsymbol{BA}$.

5. 设 $\boldsymbol{A}$ 为 4×4 向量，$\boldsymbol{X}$ 是 4 维列向量. 计算 $\boldsymbol{A}^2\boldsymbol{X}$ 的最快方法是什么？

6. 用行列式判断以下矩阵是否可逆：

(1) $\begin{pmatrix}3 & -9\\ 2 & 6\end{pmatrix}$　　(2) $\begin{pmatrix}4 & -9\\ 0 & 5\end{pmatrix}$　　(3) $\begin{pmatrix}6 & -9\\ -4 & 6\end{pmatrix}$

7. 用逆矩阵解方程组 $\begin{cases}8x_1+6x_2=2\\ 5x_1+4x_2=-1\end{cases}$.

巩固与练习

1. 设矩阵 $\begin{pmatrix}x+2y+z & x+y\\ y+z & -x+z\end{pmatrix}=\boldsymbol{O}$，求 x，y，z 所满足的关系式.

2. 已知矩阵

$$\boldsymbol{A}=\begin{pmatrix}1 & -2 & 2\\ 0 & 3 & 5\end{pmatrix},\boldsymbol{B}=\begin{pmatrix}3 & -1 & 1\\ -2 & 0 & 1\end{pmatrix}$$

求 $\boldsymbol{A}+\boldsymbol{B}$，$\boldsymbol{A}-\boldsymbol{B}$，$\boldsymbol{AB}^{\mathrm{T}}$，$3\boldsymbol{A}-2\boldsymbol{B}$.

3. 计算

(1) $(3\quad 2\quad 1)\begin{pmatrix}1\\ 2\\ 3\end{pmatrix}$　　(2) $\begin{pmatrix}1\\ 1\\ 4\end{pmatrix}(-2\quad 1)$　　(3) $\begin{pmatrix}1 & 2 & -1 & 1\\ 3 & 2 & 0 & 2\\ 4 & 0 & 2 & 1\end{pmatrix}\begin{pmatrix}x_1\\ x_2\\ x_3\\ x_4\end{pmatrix}$

(4) $\begin{pmatrix}4 & 3\\7 & 5\end{pmatrix}\begin{pmatrix}-28 & 93\\38 & -126\end{pmatrix}\begin{pmatrix}7 & 3\\2 & 1\end{pmatrix}$　　(5) $\begin{pmatrix}2 & 1 & 4 & 0\\1 & -1 & 3 & 4\end{pmatrix}\begin{pmatrix}1 & 3 & 1\\0 & -1 & 2\\1 & -3 & 1\\4 & 0 & -2\end{pmatrix}$

(6) $\begin{pmatrix}3 & 1 & 1\\1 & 1 & 3\\0 & 0 & -1\end{pmatrix}-\begin{pmatrix}3\\-1\\2\end{pmatrix}(1\quad 0\quad 0)$

4.已知$\begin{pmatrix}a & 2b\\c & -8\end{pmatrix}=\begin{pmatrix}0 & 1\\1 & 0\end{pmatrix}\begin{pmatrix}-1 & 2a\\-2d & d\end{pmatrix}$,求 a,b,c,d.

5.已知

$$\boldsymbol{A}=\begin{pmatrix}3 & 1 & 0\\-1 & 2 & 1\\3 & 4 & 2\end{pmatrix},\boldsymbol{B}=\begin{pmatrix}1 & 0 & 2\\-1 & 1 & 1\\2 & 1 & 1\end{pmatrix}$$

求使 $3\boldsymbol{A}-2\boldsymbol{X}=\boldsymbol{B}$ 成立的 $\boldsymbol{X}$.

6.设 $\boldsymbol{A},\boldsymbol{B}$ 为 3 阶方阵且 $|\boldsymbol{A}|=-4$, $|\boldsymbol{B}|=2$,计算

(1) $|\boldsymbol{A}^2|$　　(2) $|\boldsymbol{A}\boldsymbol{B}^{\mathrm{T}}|$　　(3) $|-|\boldsymbol{A}|\boldsymbol{B}|$

7.判断下列矩阵是否可逆,若可逆,求出逆矩阵.

(1) $\begin{pmatrix}3 & 4\\5 & 7\end{pmatrix}$　　(2) $\begin{pmatrix}\cos x & -\sin x\\\sin x & \cos x\end{pmatrix}$　　(3) $\begin{pmatrix}2 & 5 & 7\\6 & 3 & 4\\5 & -2 & -3\end{pmatrix}$

(4) $\begin{pmatrix}2 & 7 & 3\\3 & 9 & 4\\1 & 5 & 3\end{pmatrix}$　　(5) $\begin{pmatrix}1 & 2 & 2\\2 & 1 & -2\\2 & -2 & 1\end{pmatrix}$

8.解下列矩阵方程:

(1) $\boldsymbol{X}\begin{pmatrix}3 & -2\\5 & -4\end{pmatrix}=\begin{pmatrix}-1 & 2\\-5 & 6\end{pmatrix}$　　(2) $\begin{pmatrix}3 & -1\\5 & -2\end{pmatrix}\boldsymbol{X}\begin{pmatrix}5 & 6\\7 & 8\end{pmatrix}=\begin{pmatrix}14 & 16\\9 & 10\end{pmatrix}$

(3) $\begin{pmatrix}1 & -2 & -1\\3 & -2 & -2\\2 & 1 & -1\end{pmatrix}\boldsymbol{X}=\begin{pmatrix}1 & -3 & 0\\10 & 2 & 7\\10 & 7 & 8\end{pmatrix}$

9.设 $\boldsymbol{A}=\begin{pmatrix}1 & 0 & 1\\0 & 2 & 0\\1 & 0 & 1\end{pmatrix}$,矩阵 $\boldsymbol{X}$ 满足 $\boldsymbol{A}\boldsymbol{X}+\boldsymbol{E}=\boldsymbol{A}^2+\boldsymbol{X}$,求 $\boldsymbol{X}$.

10. 用逆矩阵法解线性方程组：

(1) $\begin{cases} x_1+x_2-x_3=2 \\ -2x_1+x_2+x_3=3 \\ x_1+x_2+x_3=6 \end{cases}$ (2) $\begin{cases} 5x_1-4x_2+x_3-7=0 \\ 3x_1+2x_2+3x_3-15=0 \\ 4x_1-3x_2+3x_3-\frac{35}{3}=0 \end{cases}$

任务三 矩阵的初等变换与矩阵的秩

一、矩阵的初等变换

用消元法解线性方程组

$$\begin{cases} x_1-2x_2+4x_3=2 \\ -x_1+2x_2-x_3=1 \\ 2x_1-3x_2+7x_3=2 \end{cases}$$

的过程如下：

$$\begin{cases} x_1-2x_2+4x_3=2 \\ -x_1+2x_2-x_3=1 \\ 2x_1-3x_2+7x_3=2 \end{cases} \to \begin{cases} x_1-2x_2+4x_3=2 \\ 3x_3=3 \\ x_2-x_3=-2 \end{cases} \to \begin{cases} x_1-2x_2+4x_3=2 \\ x_2-x_3=-2 \\ 3x_3=3 \end{cases}$$

$$\to \begin{cases} x_1-2x_2+4x_3=2 \\ x_2-x_3=-2 \\ x_3=1 \end{cases} \to \begin{cases} x_1-2x_2=-2 \\ x_2=-1 \\ x_3=1 \end{cases}$$

$$\to \begin{cases} x_1=-4 \\ x_2=-1 \\ x_3=1 \end{cases}$$

从求解过程中可以看到，每一次消元只是三个未知数的系数和常数项发生变化，未知数本身并不改变. 如果将线性方程组中所有的未知数、等号、加号（减号看成加负）去掉，只考察未知数系数和常数项构成的矩阵，消元法的求解过程就是一个矩阵的变化过程.

为了书写方便起见我们引入以下符号：

(1) 矩阵的两行（列）互换：$r_i \leftrightarrow r_j$（$c_i \leftrightarrow c_j$）表示第 i 行（列）与第 j 行（列）互换；

(2) 用一个非零的常数乘矩阵的某一行（列）：用 kr_i（kc_i）表示用非零的常数 k 乘以第 i 行（列）；

(3) 将矩阵的某一行（列）乘以常数 k 以后，加到另一行（列）：用 r_j+kr_i（c_j+kc_i）表示第 i 行（列）的 k 倍加到第 j 行（列）上.

于是上述方程组的求解过程用矩阵的变化过程可表示为：

$$\begin{pmatrix} 1 & -2 & 4 & 2 \\ -1 & 2 & -1 & 1 \\ 2 & -3 & 7 & 2 \end{pmatrix} \xrightarrow[r_3-2\times r_1]{r_2+r_1} \begin{pmatrix} 1 & -2 & 4 & 2 \\ 0 & 0 & 3 & 3 \\ 0 & 1 & -1 & -2 \end{pmatrix} \xrightarrow{r_2 \leftrightarrow r_3} \begin{pmatrix} 1 & -2 & 4 & 2 \\ 0 & 1 & -1 & -2 \\ 0 & 0 & 3 & 3 \end{pmatrix}$$

$$\xrightarrow{\frac{1}{3}\times r_3}\begin{pmatrix}1 & -2 & 4 & 2\\0 & 1 & -1 & -2\\0 & 0 & 1 & 1\end{pmatrix}\xrightarrow[r_1-4\times r_3]{r_2+r_3}\begin{pmatrix}1 & -2 & 0 & -2\\0 & 1 & 0 & -1\\0 & 0 & 1 & 1\end{pmatrix}$$

$$\xrightarrow{r_1+2\times r_2}\begin{pmatrix}1 & 0 & 0 & -4\\0 & 1 & 0 & -1\\0 & 0 & 1 & 1\end{pmatrix}$$

即

$$\begin{cases}x_1=-4\\x_2=-1\\x_3=1\end{cases}$$

最后得到方程组的解与消元法所求得的解完全相同. 显然对方程组的每一次消元对应着矩阵的一种变换.

我们知道,方程组在消元过程中,通常用下面三种变换方法,即

(1)两个方程互换位置;

(2)某方程两端同时乘某一非零的数;

(3)用一常数乘以某一方程后加到另一个方程上去(目的是为了消去某个未知数).

这三种变换称为方程组的初等变换. 线性方程组经过初等变换以后解不变.

类似的变换运用到矩阵上有:

定义 1 矩阵的下列变换称为矩阵的初等行变换:

(1)交换 $i,j(i\neq j)$ 两行的位置(记作 $r_i\leftrightarrow r_j$);

(2)用一个非零常数 k 乘以第 i 行的所有元素(记作 kr_i);

(3)第 i 行所有元素的 k 倍加到第 j 行的对应元素上去(记作 r_j+kr_i).

把定义 1 中的"行"换成"列",即得矩阵的初等列变换. 初等行变换和初等列变换统称为矩阵的初等变换. 显然,三种初等变换都是可逆的,且其逆变换是同一类型的初等变换:

变换 $r_i\leftrightarrow r_j(c_i\leftrightarrow c_j)$ 的逆变换就是其本身;变换 $kr_i(kc_i)$ 的逆变换是 $\frac{1}{k}r_i(\frac{1}{k}c_i)$;变换 $r_j+kr_i(c_j+kc_i)$ 的逆变换是 $r_j-kr_i(c_j-kc_i)$.

定义 2 如果矩阵 $\boldsymbol{A}$ 经有限次初等变换可以最终变成矩阵 $\boldsymbol{B}$,就称矩阵 $\boldsymbol{A}$ 与 $\boldsymbol{B}$ 等价,记作 $\boldsymbol{A}\sim\boldsymbol{B}$.

定义 3 对单位矩阵 $\boldsymbol{E}$ 作一次初等变换后,得到的矩阵称为初等矩阵,三类初等矩阵分别是:

(1)将单位矩阵 $\boldsymbol{E}$ 的第 i,j 两行(列)互换,记为 $\boldsymbol{E}_n(i,j)$;

(2)将单位矩阵 $\boldsymbol{E}$ 的第 i 行(列)乘以非零常数 k,记为 $\boldsymbol{E}_n(i(k))$;

(3)将单位矩阵 $\boldsymbol{E}$ 的第 j 行(列)的 k 倍加到第 i 行(列)上去,记为 $\boldsymbol{E}_n(i,j(k))$.

初等方阵的行列式一定不等于零.

定理 1 设 $\boldsymbol{A}$ 是一个 $m\times n$ 矩阵,则对 $\boldsymbol{A}$ 施行一次初等行变换,就相当于用一个 m 阶初等矩阵左乘矩阵 $\boldsymbol{A}$;对 $\boldsymbol{A}$ 施行一次初等列变换,就相当于用一个 n 阶初等矩阵右乘矩阵 $\boldsymbol{A}$.

例如，设 $\boldsymbol{A}=\begin{pmatrix}1&0&1\\0&1&0\end{pmatrix}\xrightarrow{r_1\leftrightarrow r_2}\begin{pmatrix}0&1&0\\1&0&1\end{pmatrix}=\boldsymbol{B}$，则有 $\boldsymbol{E}(1,2)=\begin{pmatrix}0&1\\1&0\end{pmatrix}$，使得

$$\begin{pmatrix}0&1\\1&0\end{pmatrix}\begin{pmatrix}1&0&1\\0&1&0\end{pmatrix}=\begin{pmatrix}0&1&0\\1&0&1\end{pmatrix}$$

即 $\boldsymbol{E}_2(1,2)\cdot\boldsymbol{A}=\boldsymbol{B}$.

在以下的定义中，矩阵中非零行(列)指矩阵中至少包含一个非零元素的行或列；首非零元素是指该行中最左边的非零元素.

定义 4 设 $\boldsymbol{A}$ 是一个 $m\times n$ 矩阵，如果它满足如下条件：

(1)矩阵的零行(如果存在的话)在矩阵最下方；

(2)非零行的首非零元素的列标随着行标的递增而严格增大.

则称矩阵 $\boldsymbol{A}$ 为行阶梯形矩阵.

定义 5 如果行阶梯形矩阵满足下面两个条件：

(1)非零行的首非零元素为 1；

(2)非零行中，所有首非零元素所在列的其他元素为零.

则称其为行最简阶梯形矩阵.

矩阵的初等变换

例如

$$\boldsymbol{B}_1=\begin{pmatrix}-1&2&3&4\\0&3&0&1\\0&0&0&2\end{pmatrix},\quad \boldsymbol{B}_2=\begin{pmatrix}1&0&0&-2\\0&1&3&6\\0&0&0&0\end{pmatrix},\quad \boldsymbol{B}_3=\begin{pmatrix}1&0&1&0&4\\0&1&2&0&2\\0&0&0&1&1\\0&0&0&0&0\end{pmatrix}$$

都是行阶梯形矩阵，同时 $\boldsymbol{B}_2,\boldsymbol{B}_3$ 还是行最简阶梯形矩阵.

定理 2 任何一个矩阵 $\boldsymbol{A}_{m\times n}$，总可以经过有限次初等行变换化为行阶梯形矩阵.

定理 3 如果 $\boldsymbol{A}$ 为可逆矩阵，则经过若干次初等变换可将 $\boldsymbol{A}$ 化为同阶单位矩阵，即可逆矩阵 $\boldsymbol{A}$ 与同阶单位矩阵等价.

例 1 利用初等行变换将矩阵

$$\boldsymbol{A}=\begin{pmatrix}1&1&3&-1&-2\\2&2&-1&12&3\\3&3&2&11&1\\1&1&-4&13&5\end{pmatrix}$$

化为行阶梯形矩阵和行最简阶梯形矩阵.

解

$$\boldsymbol{A}=\begin{pmatrix}1&1&3&-1&-2\\2&2&-1&12&3\\3&3&2&11&1\\1&1&-4&13&5\end{pmatrix}\xrightarrow[\substack{r_3-3r_1\\r_4-r_1}]{r_2-2r_1}\begin{pmatrix}1&1&3&-1&-2\\0&0&-7&14&7\\0&0&-7&14&7\\0&0&-7&14&7\end{pmatrix}$$

$$\xrightarrow[r_4-r_2]{r_3-r_2}\begin{pmatrix}1&1&3&-1&-2\\0&0&-7&14&7\\0&0&0&0&0\\0&0&0&0&0\end{pmatrix}=\boldsymbol{B}\xrightarrow{\left(-\frac{1}{7}\right)r_2}\begin{pmatrix}1&1&3&-1&-2\\0&0&1&-2&-1\\0&0&0&0&0\\0&0&0&0&0\end{pmatrix}$$

$$=\boldsymbol{C}\xrightarrow{r_1-3r_2}\begin{pmatrix}1&1&0&5&1\\0&0&1&-2&-1\\0&0&0&0&0\\0&0&0&0&0\end{pmatrix}=\boldsymbol{D}$$

在本题中，矩阵 $\boldsymbol{B}$、$\boldsymbol{C}$、$\boldsymbol{D}$ 都是行阶梯形矩阵，但只有 $\boldsymbol{D}$ 是行最简阶梯形矩阵.

由这一例子可以看到，对某一个矩阵施行初等行变换可以得到多个行阶梯形矩阵，它们之间都是等价的. 尽管可以得到不同的行阶梯形矩阵，但这个矩阵的行最简阶梯形矩阵却是唯一的. 同时看到与一矩阵等价的不同行阶梯形矩阵的非零行的个数是相等的，而且这个数是唯一的，这是一个矩阵本身所固有的特性.

二、利用初等变换求矩阵的秩

矩阵的秩

定义 6 设 $\boldsymbol{A}$ 是一个 $m\times n$ 矩阵，则与 $\boldsymbol{A}$ 等价的行阶梯形矩阵中的非零行的个数 r 称为矩阵 $\boldsymbol{A}$ 的秩，记作 $R(\boldsymbol{A})$. 由定义有 $R(\boldsymbol{A})=r$. 当 $\boldsymbol{A}=\boldsymbol{O}$ 时，规定 $R(\boldsymbol{A})=0$. 由矩阵秩的定义易知：

(1) n 阶单位矩阵的秩等于 n；

(2)等价的矩阵必有相同的秩.

由定理 3 知 n 阶可逆矩阵的秩等于 n，因此又称可逆矩阵为满秩矩阵或非奇异矩阵. 既然等价的矩阵有相同的秩，那么就可以通过施行初等行变换的方法求矩阵的秩.

例 2 求矩阵 $\boldsymbol{B}=\begin{pmatrix}1&-1&1&2\\2&3&3&2\\1&1&2&1\end{pmatrix}$ 的秩.

解 对矩阵施行初等行变换

$$\boldsymbol{B}=\begin{pmatrix}1&-1&1&2\\2&3&3&2\\1&1&2&1\end{pmatrix}\xrightarrow[r_3-r_1]{r_2-2r_1}\begin{pmatrix}1&-1&1&2\\0&5&1&-2\\0&2&1&-1\end{pmatrix}\xrightarrow{r_2-2r_3}\begin{pmatrix}1&-1&1&2\\0&1&-1&0\\0&2&1&-1\end{pmatrix}$$

$$\xrightarrow{r_3-2r_2}\begin{pmatrix}1&-1&1&2\\0&1&-1&0\\0&0&3&-1\end{pmatrix}$$

所得行阶梯形矩阵中非零行的个数为 3，所以 $R(\boldsymbol{B})=3$.

定理 4 设 $\boldsymbol{A}$ 为可逆矩阵，则存在有限个初等方阵 $\boldsymbol{P}_1,\boldsymbol{P}_2,\cdots,\boldsymbol{P}_t$，使得 $\boldsymbol{A}=\boldsymbol{P}_1\boldsymbol{P}_2\cdots\boldsymbol{P}_t$.

证明 因为 $\boldsymbol{A}$ 为可逆矩阵，由定理 3 知 $\boldsymbol{A}$ 与同阶单位矩阵 $\boldsymbol{E}$ 等价，故 $\boldsymbol{E}$ 经过有限次初等变换可变成 $\boldsymbol{A}$，也就是存在有限个初等方阵 $\boldsymbol{P}_1,\boldsymbol{P}_2,\cdots,\boldsymbol{P}_r,\boldsymbol{P}_{r+1},\cdots,\boldsymbol{P}_t$，使得

$$\boldsymbol{P}_1\boldsymbol{P}_2\cdots\boldsymbol{P}_r\boldsymbol{E}\boldsymbol{P}_{r+1}\cdots\boldsymbol{P}_t=\boldsymbol{A}$$

即

$$\boldsymbol{A}=\boldsymbol{P}_1\boldsymbol{P}_2\cdots\boldsymbol{P}_t$$

三、利用初等变换求逆矩阵

设方阵 $\boldsymbol{A}$ 可逆，则 $\boldsymbol{A}^{-1}$ 亦可逆，由定理 4 知存在初等矩阵 $\boldsymbol{P}_1,\boldsymbol{P}_2,\cdots,\boldsymbol{P}_k$，使

$$\boldsymbol{A}^{-1}=\boldsymbol{P}_1\boldsymbol{P}_2\cdots\boldsymbol{P}_k$$

那么上式两边右乘 $\boldsymbol{A}$ 得

$$\boldsymbol{A}^{-1}\boldsymbol{A}=\boldsymbol{P}_1\boldsymbol{P}_2\cdots\boldsymbol{P}_k\boldsymbol{A}$$

即

$$\boldsymbol{P}_1\boldsymbol{P}_2\cdots\boldsymbol{P}_k\boldsymbol{A}=\boldsymbol{E}_n \tag{2-3-1}$$

同时

$$\boldsymbol{A}^{-1}=\boldsymbol{P}_1\boldsymbol{P}_2\cdots\boldsymbol{P}_k$$

又可写成

$$\boldsymbol{P}_1\boldsymbol{P}_2\cdots\boldsymbol{P}_k\boldsymbol{E}_n=\boldsymbol{A}^{-1} \tag{2-3-2}$$

式(2-3-1)表明对方阵 $\boldsymbol{A}$ 进行若干次初等行变换可以化为单位矩阵 $\boldsymbol{E}_n$；而式(2-3-2)表明用同样的初等行变换可把单位矩阵 $\boldsymbol{E}_n$ 化为 $\boldsymbol{A}$ 的逆矩阵 $\boldsymbol{A}^{-1}$. 于是有了下面的用初等行变换求逆矩阵的方法：

做一个 $n\times 2n$ 矩阵$(\boldsymbol{A}\ \vdots\ \boldsymbol{E}_n)$，对此矩阵仅施以初等行变换，如果能将 $\boldsymbol{A}$ 化成 $\boldsymbol{E}_n$，则 $\boldsymbol{A}$ 可逆且 $\boldsymbol{E}_n$ 就化为了 $\boldsymbol{A}^{-1}$；如果 $\boldsymbol{A}$ 不能通过初等行变换化成 $\boldsymbol{E}_n$，则 $\boldsymbol{A}$ 不可逆.

例 3 设

$$\boldsymbol{A}=\begin{pmatrix}-1&2&0\\3&1&4\\0&2&1\end{pmatrix}$$

求 $\boldsymbol{A}^{-1}$.

解 由于

$$(\boldsymbol{A}\ \vdots\ \boldsymbol{E})=\left(\begin{array}{ccc:ccc}-1&2&0&1&0&0\\3&1&4&0&1&0\\0&2&1&0&0&1\end{array}\right)\xrightarrow{(-1)r_1}\left(\begin{array}{ccc:ccc}1&-2&0&-1&0&0\\3&1&4&0&1&0\\0&2&1&0&0&1\end{array}\right)$$

$$\xrightarrow{r_2-3r_1}\left(\begin{array}{ccc:ccc}1&-2&0&-1&0&0\\0&7&4&3&1&0\\0&2&1&0&0&1\end{array}\right)\xrightarrow{r_2-3r_3}\left(\begin{array}{ccc:ccc}1&-2&0&-1&0&0\\0&1&1&3&1&-3\\0&2&1&0&0&1\end{array}\right)$$

$$\xrightarrow[r_3-2r_2]{r_1+2r_2}\left(\begin{array}{ccc:ccc}1&0&2&5&2&-6\\0&1&1&3&1&-3\\0&0&-1&-6&-2&7\end{array}\right)$$

$$\xrightarrow[r_2+r_3]{r_1+2r_3}\left(\begin{array}{ccc:ccc}1&0&0&-7&-2&8\\0&1&0&-3&-1&4\\0&0&-1&-6&-2&7\end{array}\right)$$

$$\xrightarrow{(-1)r_3}\left(\begin{array}{ccc:ccc}1 & 0 & 0 & -7 & -2 & 8\\0 & 1 & 0 & -3 & -1 & 4\\0 & 0 & 1 & 6 & 2 & -7\end{array}\right)$$

所以

$$\boldsymbol{A}^{-1}=\begin{pmatrix}-7 & -2 & 8\\-3 & -1 & 4\\6 & 2 & -7\end{pmatrix}$$

可见：

1. 把矩阵 $\boldsymbol{A}$ 化为单位矩阵 $\boldsymbol{E}$ 的过程就是将其化为行最简阶梯形矩阵的过程.

2. 用 $(\boldsymbol{A}\mid\boldsymbol{E})\xrightarrow{\text{一系列初等行变换}}(\boldsymbol{E}\mid\boldsymbol{A}^{-1})$ 方法求逆矩阵时，只能对 $(\boldsymbol{A}\mid\boldsymbol{E})$ 作初等行变换，不得出现初等列变换.

课堂练习

1. 确定下列矩阵哪些是阶梯形矩阵，哪些是行最简阶梯形矩阵.

(1) $\begin{pmatrix}1 & 0 & 0 & 0\\0 & 1 & 0 & 0\\0 & 0 & 1 & 1\end{pmatrix}$ (2) $\begin{pmatrix}1 & 0 & 0 & 0\\0 & 1 & 1 & 0\\0 & 0 & 0 & 1\end{pmatrix}$

(3) $\begin{bmatrix}1 & 0 & 0 & 0\\0 & 1 & 1 & 0\\0 & 0 & 0 & 0\\0 & 0 & 0 & 1\end{bmatrix}$ (4) $\begin{bmatrix}1 & 1 & 0 & 1 & 1\\0 & 2 & 0 & 2 & 2\\0 & 0 & 0 & 3 & 3\\0 & 0 & 0 & 0 & 4\end{bmatrix}$

(5) $\begin{bmatrix}1 & 0 & 0 & 0\\1 & 1 & 0 & 0\\0 & 1 & 1 & 0\\0 & 0 & 1 & 1\end{bmatrix}$ (6) $\begin{bmatrix}1 & 2 & 5 & 5 & 0 & 5\\0 & 1 & 6 & 3 & 0 & 2\\0 & 0 & 0 & 0 & 1 & 0\\0 & 0 & 0 & 0 & 0 & 0\end{bmatrix}$

2. 将下列矩阵化为行最简阶梯形矩阵.

(1) $\begin{pmatrix}1 & 2 & 3 & 4\\4 & 5 & 6 & 7\\6 & 7 & 8 & 9\end{pmatrix}$ (2) $\begin{pmatrix}1 & 3 & 5 & 7\\3 & 5 & 7 & 9\\5 & 7 & 9 & 1\end{pmatrix}$

3. 求下列矩阵的秩.

(1) $\begin{pmatrix}3 & -4 & 2 & 0\\-9 & 12 & -6 & 0\\-6 & 8 & -4 & 0\end{pmatrix}$ (2) $\begin{pmatrix}1 & -7 & 0 & 6 & 5\\0 & 0 & 1 & -2 & -3\\-1 & 7 & -4 & 2 & 7\end{pmatrix}$

4.求下列矩阵的逆矩阵.

(1)$\begin{pmatrix} 1 & 0 & -2 \\ -3 & 1 & 4 \\ 2 & -3 & 4 \end{pmatrix}$　　(2)$\begin{pmatrix} 0 & 1 & 2 \\ 1 & 0 & 3 \\ 4 & -3 & 8 \end{pmatrix}$

巩固与练习

1.用初等行变换把下列矩阵化为行最简阶梯形矩阵：

(1)$\begin{pmatrix} 1 & -3 & 2 \\ -3 & 0 & 1 \\ 1 & 1 & -1 \end{pmatrix}$　　(2)$\begin{pmatrix} 1 & 1 & 2 & 1 \\ 2 & -1 & 2 & 4 \\ 1 & -2 & 0 & 3 \\ 4 & 1 & 4 & 2 \end{pmatrix}$

(3)$\begin{pmatrix} 1 & -2 & 3 & -4 & 4 \\ 0 & 1 & -1 & 1 & -3 \\ 1 & 3 & 0 & -3 & 1 \\ 0 & -7 & 3 & 1 & -3 \end{pmatrix}$

2.用初等行变换求下列矩阵的逆矩阵：

(1)$\begin{pmatrix} 1 & 0 & 1 \\ 2 & 1 & 0 \\ -3 & 2 & 5 \end{pmatrix}$　　(2)$\begin{pmatrix} 1 & 2 & 3 \\ 2 & 2 & 4 \\ 3 & 4 & 3 \end{pmatrix}$

(3)$\begin{pmatrix} 1 & 2 & 3 & 4 \\ 2 & 3 & 1 & 2 \\ 1 & 1 & 1 & -1 \\ 1 & 0 & -2 & -6 \end{pmatrix}$　　(4)$\begin{pmatrix} 1 & 2 & 0 & 0 \\ -1 & -2 & 1 & 3 \\ 0 & 0 & 2 & 4 \\ 3 & 6 & 1 & 2 \end{pmatrix}$

3.求下列矩阵的秩：

(1)$(1 \quad 0 \quad 2 \quad 4)$　　(2)$\begin{pmatrix} 0 & 1 & 0 \\ 1 & 0 & 0 \end{pmatrix}$

(3)$\begin{pmatrix} 1 & 2 & -1 \\ 2 & -1 & 3 \\ 5 & 5 & 0 \end{pmatrix}$　　(4)$\begin{pmatrix} 1 & 2 & 2 & 11 \\ 1 & -3 & -3 & -14 \\ 3 & 1 & 1 & 8 \end{pmatrix}$

(5)$\begin{pmatrix} 4 & -2 & 1 \\ 1 & 2 & -2 \\ -1 & 8 & -7 \\ 2 & 14 & 13 \end{pmatrix}$　　(6)$\begin{pmatrix} 1 & 1 & 2 & 2 & 1 \\ 0 & 2 & 1 & 5 & -1 \\ 2 & 0 & 3 & -1 & 3 \\ 1 & 1 & 0 & 4 & -1 \end{pmatrix}$

4.在某军事通讯中，字符与数字的对应关系如下所示：

a	b	c	d	e	…	x	y	z
1	2	3	4	5	…	24	25	26

设收到的信号为 $\boldsymbol{C}=(21\quad 27\quad 31)$，并已知加密矩阵是 $\boldsymbol{A}=\begin{pmatrix}-1 & 0 & 1\\ 0 & 1 & 1\\ 1 & 1 & 1\end{pmatrix}$. 问原信号 $\boldsymbol{B}$ 是什么？

任务四　线性方程组($m\neq n$)的解法

(建筑问题)假使你是一个建筑师，某小区要建设一栋公寓，现在有一个模块构造计划方案需要你来设计，根据基本建筑面积每个楼层可以有三种设置户型的方案，如下表所示，如果要设计 136 套一居室，74 套两居室，66 套三居室，是否可行？设计方案是否唯一？

方案	一居室(套)	二居室(套)	三居室(套)
A	8	7	3
B	8	4	4
C	9	3	5

分析　设公寓的每层采用同一种方案，有 x_1 层采用方案 A，有 x_2 层采用方案 B，有 x_3 层采用方案 C，根据条件可得：

$$\begin{cases}8x_1+8x_2+9x_3=136\\ 7x_1+4x_2+3x_3=74\\ 3x_1+4x_2+5x_3=66\end{cases}$$

而其系数行列式 $\begin{vmatrix}8 & 7 & 3\\ 8 & 4 & 4\\ 9 & 3 & 5\end{vmatrix}=0$，显然，克莱姆法则在此已经失效. 这样的线性方程组其解又如何呢？

对于线性方程组

$$\begin{cases}a_{11}x_1+a_{12}x_2+\cdots+a_{1n}x_n=b_1\\ a_{21}x_1+a_{22}x_2+\cdots+a_{2n}x_n=b_2\\ \cdots\\ a_{m1}x_1+a_{m2}x_2+\cdots+a_{mn}x_n=b_m\end{cases}\tag{2-4-1}$$

它的矩阵表达式为 $\boldsymbol{AX}=\boldsymbol{B}$，其中 $\boldsymbol{A}$，$\boldsymbol{B}$，$\boldsymbol{X}$ 分别是系数矩阵、常数项矩阵与未知数矩阵.

$$\boldsymbol{A}=\begin{pmatrix}a_{11} & a_{12} & \cdots & a_{1n}\\ a_{21} & a_{22} & \cdots & a_{2n}\\ \vdots & \vdots & & \vdots\\ a_{m1} & a_{m2} & \cdots & a_{mn}\end{pmatrix},\quad \boldsymbol{B}=\begin{pmatrix}b_1\\ b_2\\ \vdots\\ b_m\end{pmatrix},\quad \boldsymbol{X}=\begin{pmatrix}x_1\\ x_2\\ \vdots\\ x_n\end{pmatrix}$$

将系数矩阵与常数项矩阵放在一起构成的矩阵

$$(\boldsymbol{A},\boldsymbol{B})=\begin{pmatrix} a_{11} & a_{12} & \cdots & a_{1n} & b_1 \\ a_{21} & a_{22} & \cdots & a_{2n} & b_2 \\ \vdots & \vdots & & \vdots & \vdots \\ a_{m1} & a_{m2} & \cdots & a_{mn} & b_m \end{pmatrix}$$

称为方程组(2-4-1)的增广矩阵(也可记作 $\widetilde{\mathbf{A}}$). 因为线性方程组是由它的系数和常数项决定的,所以用增广矩阵$(\boldsymbol{A},\boldsymbol{B})$可以清楚地表示一个线性方程组.

非齐次线性方程组(2-4-1)所对应的齐次线性方程组为

$$\begin{cases} a_{11}x_1+a_{12}x_2+\cdots+a_{1n}x_n=0 \\ a_{21}x_1+a_{22}x_2+\cdots+a_{2n}x_n=0 \\ \cdots \\ a_{m1}x_1+a_{m2}x_2+\cdots+a_{mn}x_n=0 \end{cases} \tag{2-4-2}$$

线性方程组(2-4-2)也可以表示为 $\boldsymbol{AX}=\boldsymbol{O}$.

例 1 把线性方程组$\begin{cases} x_1+2x_2-2x_3-x_4=1 \\ 2x_1+x_2+2x_3-5x_4=2 \\ -x_1+3x_2+7x_3-4x_4=0 \end{cases}$表示为矩阵方程的形式.

解 设 $\boldsymbol{A}=\begin{pmatrix} 1 & 2 & -2 & -1 \\ 2 & 1 & 2 & -5 \\ -1 & 3 & 7 & -4 \end{pmatrix}$, $\boldsymbol{X}=\begin{pmatrix} x_1 \\ x_2 \\ x_3 \\ x_4 \end{pmatrix}$, $\boldsymbol{B}=\begin{pmatrix} 1 \\ 2 \\ 0 \end{pmatrix}$,则原方程组可表示为 $\boldsymbol{AX}=\boldsymbol{B}$.

例 2 写出以矩阵 $\widetilde{\mathbf{A}}=\begin{pmatrix} 1 & 2 & 3 & 1 \\ -1 & 3 & -1 & 0 \\ 1 & 4 & -3 & -2 \\ -1 & 1 & 4 & 3 \end{pmatrix}$为增广矩阵的线性方程组.

解 以 $\widetilde{\mathbf{A}}$ 为增广矩阵的线性方程组为$\begin{cases} x_1+2x_2+3x_3=1 \\ -x_1+3x_2-x_3=0 \\ x_1+4x_2-3x_3=-2 \\ -x_1+x_2+4x_3=3 \end{cases}$.

在任务三中我们通过将消元法的求解过程与矩阵的变化过程加以对比得知,用高斯(Gauss)消元法解方程组的每一步变换正好相当于对方程组的增广矩阵施以同样的行变换. 因而,由方程组的同解变换就有下面的事实:

定理 1 若将线性方程组的增广矩阵$(\boldsymbol{A},\boldsymbol{B})$通过初等行变换化成矩阵$(\boldsymbol{S},\boldsymbol{T})$,则线性方程组 $\boldsymbol{AX}=\boldsymbol{B}$ 与 $\boldsymbol{SX}=\boldsymbol{T}$ 同解.(证略)

因此,我们总可以用初等行变换把增广矩阵$(\boldsymbol{A},\boldsymbol{B})$化为行最简阶梯形矩阵,求出行最简阶梯形矩阵所对应的线性方程组的解. 由定理 1 知,行最简阶梯形矩阵所对应的线性方程组的解就是原线性方程组的解. 这种解方程组的方法称为行化简算法.

线性方程组最基本的问题就是:方程组有没有解;如果有解的话,有多少个解. 为了便于理解这个问题我们先看下面的例子.

例 3 用消元法解线性方程组

$$\begin{cases}2x_1-3x_2+x_3-x_4=3\\3x_1\ \ +x_2+x_3+x_4=0\\4x_1\ \ -x_2-x_3-x_4=7\\-2x_1\ \ -x_2+x_3+x_4=-5\end{cases}$$

解 $(\boldsymbol{A},\boldsymbol{B})=\begin{pmatrix}2&-3&1&-1&3\\3&1&1&1&0\\4&-1&-1&-1&7\\-2&-1&1&1&-5\end{pmatrix}\xrightarrow{r_1\leftrightarrow r_2}\begin{pmatrix}3&1&1&1&0\\2&-3&1&-1&3\\4&-1&-1&-1&7\\-2&-1&1&1&-5\end{pmatrix}$

$\xrightarrow{\frac{1}{7}(r_1+r_3)}\begin{pmatrix}1&0&0&0&1\\2&-3&1&-1&3\\4&-1&-1&-1&7\\-2&-1&1&1&-5\end{pmatrix}\xrightarrow[r_4+2r_1]{r_2-2r_1,\ r_3-4r_1}\begin{pmatrix}1&0&0&0&1\\0&-3&1&-1&1\\0&-1&-1&-1&3\\0&-1&1&1&-3\end{pmatrix}$

$\xrightarrow[r_2\leftrightarrow r_4]{-r_4}\begin{pmatrix}1&0&0&0&1\\0&1&-1&-1&3\\0&-1&-1&-1&3\\0&-3&1&-1&1\end{pmatrix}\xrightarrow[r_4+3r_2]{r_3+r_2}\begin{pmatrix}1&0&0&0&1\\0&1&-1&-1&3\\0&0&-2&-2&6\\0&0&-2&-4&10\end{pmatrix}$

$\xrightarrow{r_4-r_3}\begin{pmatrix}1&0&0&0&1\\0&1&-1&-1&3\\0&0&-2&-2&6\\0&0&0&-2&4\end{pmatrix}\xrightarrow[-\frac{1}{2}r_4]{-\frac{1}{2}r_3}\begin{pmatrix}1&0&0&0&1\\0&1&-1&-1&3\\0&0&1&1&-3\\0&0&0&1&-2\end{pmatrix}$

$\xrightarrow[r_3-r_4]{r_2+r_3}\begin{pmatrix}1&0&0&0&1\\0&1&0&0&0\\0&0&1&0&-1\\0&0&0&1&-2\end{pmatrix}$

最后一个矩阵所对应的线性方程组即为原方程组的解

$$\begin{cases}x_1=1\\x_2=0\\x_3=-1\\x_4=-2\end{cases}$$

故该方程组有唯一解.

例 4 讨论线性方程组$\begin{cases}2x_1\ \ +x_2+3x_3=6\\3x_1+2x_2\ \ +x_3=1\\5x_1+3x_2+4x_3=27\end{cases}$的解.

解 $(\boldsymbol{A},\boldsymbol{B})=\begin{pmatrix}2&1&3&6\\3&2&1&1\\5&3&4&27\end{pmatrix}\xrightarrow{r_1-r_2}\begin{pmatrix}-1&-1&2&5\\3&2&1&1\\5&3&4&27\end{pmatrix}$

$$\xrightarrow[r_3+5r_1]{r_2+3r_1}\begin{pmatrix}-1&-1&2&5\\0&-1&7&16\\0&-2&14&52\end{pmatrix}\xrightarrow{r_3-2r_2}\begin{pmatrix}-1&-1&2&5\\0&-1&7&16\\0&0&0&20\end{pmatrix}$$

最后一个矩阵所对应的线性方程组为

$$\begin{cases}-x_1-x_2+2x_3=5\\ \qquad -x_2+7x_3=16\\ 0x_1+0x_2+0x_3=20\end{cases}$$

显然,不可能有 x_1,x_2,x_3 的值满足第三个方程,因此该线性方程组无解.

例 5 用消元法解线性方程组

$$\begin{cases}x_1+2x_2+3x_3-x_4=2\\ 3x_1+2x_2+x_3-x_4=4\\ x_1-2x_2-5x_3+x_4=0\end{cases}$$

解 $(\boldsymbol{A},\boldsymbol{B})=\begin{pmatrix}1&2&3&-1&2\\3&2&1&-1&4\\1&-2&-5&1&0\end{pmatrix}\xrightarrow[r_3-r_1]{r_2-3r_1}\begin{pmatrix}1&2&3&-1&2\\0&-4&-8&2&-2\\0&-4&-8&2&-2\end{pmatrix}$

$$\xrightarrow{r_3-r_2}\begin{pmatrix}1&2&3&-1&2\\0&-4&-8&2&-2\\0&0&0&0&0\end{pmatrix}\xrightarrow{-\frac{1}{4}r_2}\begin{pmatrix}1&2&3&-1&2\\0&1&2&-\frac{1}{2}&\frac{1}{2}\\0&0&0&0&0\end{pmatrix}$$

$$\xrightarrow{r_1-2r_2}\begin{pmatrix}1&0&-1&0&1\\0&1&2&-\frac{1}{2}&\frac{1}{2}\\0&0&0&0&0\end{pmatrix}$$

最后一个矩阵所对应的线性方程组为

$$\begin{cases}x_1-x_3=1\\ x_2+2x_3-\frac{1}{2}x_4=\frac{1}{2}\end{cases}$$

将 x_3,x_4 移到方程组的右端,得

$$\begin{cases}x_1=1+x_3\\ x_2=\frac{1}{2}-2x_3+\frac{1}{2}x_4\end{cases}$$

当 x_3,x_4 任意取定一组实数时,得到线性方程组的一组解,因此该方程组有无穷多组解.因为 x_3,x_4 可以任意取值,所以 x_3,x_4 又称为自由未知量.

令自由未知量 $x_3=k_1,x_4=k_2$,则线性方程组的所有解为

$$\begin{cases}x_1=1+k_1\\ x_2=\frac{1}{2}-2k_1+\frac{1}{2}k_2\\ x_3=k_1\\ x_4=k_2\end{cases}\quad(\text{其中 } k_1 \text{ 与 } k_2 \text{ 为任意实数})$$

通过上面三个例子,可以总结出用高斯消元法解线性方程组的一般步骤:

(1)通过初等行变换将线性方程组的增广矩阵$(\boldsymbol{A},\boldsymbol{B})$化为行最简阶梯形矩阵;

(2)将行最简阶梯形矩阵的首非零元所在列的未知量作为基本未知量,假设为 r 个,其余未知量设为自由未知量,共计 $n-r$ 个;

(3)把自由未知量移到方程组的右端,令它们分别取常数 $k_1,k_2,\cdots,k_{n-r}$,即可得到线性方程组的所有解.

通过讨论可知,线性方程组解的情况有三种:唯一解、无穷多组解和无解.归纳求解过程,我们总结出线性方程组解的判定的一般规律.

定理 2 线性方程组(2-4-1)有解的充分必要条件是其系数矩阵与增广矩阵的秩相等:

(1)当 $R(\boldsymbol{A})=R(\boldsymbol{A},\boldsymbol{B})=r=n$ 时,该线性方程组有唯一解;

(2)当 $R(\boldsymbol{A})=R(\boldsymbol{A},\boldsymbol{B})=r<n$ 时,该线性方程组有无穷多组解.

若线性方程组有解,则称该方程组是相容的;否则就称该方程组是不相容的.

对于齐次线性方程组(2-4-2),显然 $x_1=x_2=\cdots=x_n=0$ 是它的解,这样的解称为零解(或平凡解).因此对于齐次线性方程组主要考虑其是否有非零解.由定理 2 容易得到下面的定理.

定理 3 齐次线性方程组(2-4-2)有非零解的充分必要条件是 $R(\boldsymbol{A})=r<n$.

例 6 判定下列线性方程组是否有解,若有解,有多少解?

$$(1)\begin{cases}-3x_1+x_2+4x_3=-1\\ x_1+x_2+x_3=0\\ -2x_1+2x_3=-1\\ 2x_2+4x_3=-1\end{cases}\qquad (2)\begin{cases}x_1-x_2+2x_3=0\\ 2x_1+3x_2-4x_3=0\\ 4x_1+x_2=0\\ 5x_1+2x_3=0\end{cases}$$

线性方程组的求解

$$(3)\begin{cases}x_1+2x_2-x_3+3x_4=1\\ 2x_1-3x_2+x_3+x_4=0\\ 4x_1+x_2-x_3+7x_4=-1\end{cases}$$

解 $(1)(\boldsymbol{A},\boldsymbol{B})=\begin{pmatrix}-3&1&4&-1\\1&1&1&0\\-2&0&2&-1\\0&2&4&-1\end{pmatrix}\xrightarrow{r_1\leftrightarrow r_2}\begin{pmatrix}1&1&1&0\\-3&1&4&-1\\-2&0&2&-1\\0&2&4&-1\end{pmatrix}$

$$\xrightarrow[r_3+2r_1]{r_2+3r_1}\begin{pmatrix}1&1&1&0\\0&4&7&-1\\0&2&4&-1\\0&2&4&-1\end{pmatrix}\xrightarrow{r_2\leftrightarrow r_3}\begin{pmatrix}1&1&1&0\\0&2&4&-1\\0&4&7&-1\\0&2&4&-1\end{pmatrix}$$

$$\xrightarrow[r_4-r_2]{r_3-2r_2}\begin{pmatrix}1&1&1&0\\0&2&4&-1\\0&0&-1&1\\0&0&0&0\end{pmatrix}$$

因为 $R(\boldsymbol{A})=R(\boldsymbol{A},\boldsymbol{B})=3$,所以方程组有解.又因为未知数个数 $n=3$,所以原方程组有唯一解.

$$(2)\boldsymbol{A}=\begin{pmatrix}1&-1&2\\2&3&-4\\4&1&0\\5&0&2\end{pmatrix}\xrightarrow[r_4-5r_1]{\substack{r_2-2r_1\\r_3-4r_1}}\begin{pmatrix}1&-1&2\\0&5&-8\\0&5&-8\\0&5&-8\end{pmatrix}\xrightarrow[r_4-r_2]{r_3-r_2}\begin{pmatrix}1&-1&2\\0&5&-8\\0&0&0\\0&0&0\end{pmatrix}$$

因为 $R(\boldsymbol{A})=2$，而齐次线性方程组中未知数的个数 $n=3$，所以原方程组有无穷多组解.

$$(3)(\boldsymbol{A},\boldsymbol{B})=\begin{pmatrix}1&2&-1&3&1\\2&-3&1&1&0\\4&1&-1&7&-1\end{pmatrix}\xrightarrow[r_3-4r_1]{r_2-2r_1}\begin{pmatrix}1&2&-1&3&1\\0&-7&3&-5&-2\\0&-7&3&-5&-5\end{pmatrix}$$

$$\xrightarrow{r_3-r_2}\begin{pmatrix}1&2&-1&3&1\\0&-7&3&-5&-2\\0&0&0&0&-3\end{pmatrix}$$

因为 $R(\boldsymbol{A})=2, R(\boldsymbol{A},\boldsymbol{B})=3$，所以原方程组无解.

课堂练习

1. 假设下列各行阶梯形矩阵是线性方程组的增广矩阵，判断每个矩阵对应的线性方程组是否有解. 如果方程组有解，判断解是否唯一.（□表示主元）

$$(1)\begin{pmatrix}\square&*&*&*\\0&\square&*&*\\0&0&\square&*\end{pmatrix}\qquad(2)\begin{pmatrix}\square&*&*&*&*\\0&0&\square&*&*\\0&0&0&\square&*\end{pmatrix}\qquad(3)\begin{pmatrix}\square&*&*\\0&\square&*\\0&0&0\end{pmatrix}$$

2. 求出下列增广矩阵对应的线性方程组的解

$$\begin{pmatrix}1&-3&-5&0\\0&1&1&3\end{pmatrix}$$

3. 求出下列线性方程组的通解

$$\begin{cases}x_1-2x_2-x_3+3x_4=0\\-2x_1+4x_2+5x_3-5x_4=3\\3x_1-6x_2-6x_3+8x_4=2\end{cases}$$

4. 讨论下列齐次线性方程组的解

$$\begin{cases}x_1+2x_2+5x_3=0\\x_1+3x_2-2x_3=0\\3x_1+7x_2+8x_3=0\\x_1+4x_2-9x_3=0\end{cases}$$

5. 写出任务四开始的建筑问题的答案.

巩固与练习

1. 判断每个命题的真假，给出理由.

(1) 含有 n 个未知数，n 个方程的线性方程组至多有 n 个解.

(2)若线性方程组有两个不同的解，则它必有无穷多个解.

(3)若线性方程组没有自由变量，则它有唯一解.

(4)若增广矩阵$(\boldsymbol{A} \mid \boldsymbol{b})$由初等行变换变为$(\boldsymbol{C} \mid \boldsymbol{d})$，则方程组$\boldsymbol{Ax}=\boldsymbol{b}$与$\boldsymbol{Cx}=\boldsymbol{d}$有相同解集.

(5)若方程组$\boldsymbol{Ax}=\boldsymbol{b}$有多于一个解，则$\boldsymbol{Ax}=\boldsymbol{O}$也是.

(6)若增广矩阵$(\boldsymbol{A} \mid \boldsymbol{b})$可由初等行变换化为行最简阶梯形矩阵，则方程$\boldsymbol{Ax}=\boldsymbol{b}$相容.

(7)方程组$\boldsymbol{Ax}=\boldsymbol{O}$有平凡解当且仅当它没有自由变量.

2.判断下列线性方程组是否有解：

(1)$\begin{cases} x_1+x_2-3x_3=-3 \\ 2x_1+2x_2-2x_3=-2 \\ x_1+x_2+x_3=1 \\ 3x_1+3x_2-5x_3=-5 \end{cases}$ (2)$\begin{cases} 2x_1-3x_2+x_3+5x_4=6 \\ -3x_1+x_2+2x_3-4x_4=5 \\ -x_1-2x_2+3x_3+x_4=2 \end{cases}$

3.解下列线性方程组：

(1)$\begin{cases} x_1+2x_2+3x_3=-7 \\ 2x_1-x_2+2x_3=-8 \\ x_1+3x_2=7 \end{cases}$

(2)$\begin{cases} x+ay+a^2z=a^3 \\ x+by+b^2z=b^3 \\ x+cy+c^2z=c^3 \end{cases}$ (a,b,c 互不相等)

(3)$\begin{cases} x_1-2x_2+3x_3-4x_4=4 \\ x_2-x_3+x_4=-3 \\ x_1+3x_2-3x_4=1 \\ -7x_2+3x_3+x_4=-1 \end{cases}$

(4)$\begin{cases} x_1-x_2+x_3-x_4=0 \\ 2x_1-x_2+3x_3-2x_4=-1 \\ 3x_1-2x_2-x_3+2x_4=4 \end{cases}$

(5)$\begin{cases} 3x_1+4x_2+x_3+2x_4+3x_5=0 \\ 5x_1+7x_2+x_3+3x_4+4x_5=0 \\ 4x_1+5x_2+2x_3+x_4+5x_5=0 \\ 7x_1+10x_2+x_3+6x_4+5x_5=0 \end{cases}$

4.当λ为何值时，非齐次线性方程组

$$\begin{cases} \lambda x_1+x_2+x_3=1 \\ x_1+\lambda x_2+x_3=\lambda \\ x_1+x_2+\lambda x_3=\lambda^2 \end{cases}$$

(1)有唯一解；(2)无解；(3)有无穷多解，并求其所有解.

5.当p,q为何值时，非齐次线性方程组

$$\begin{cases} x_1+2x_2+x_3=4 \\ x_1+3x_2+2x_3=5 \\ 2x_1+3x_2+px_3=q \end{cases}$$

(1)无解；(2)有唯一解；(3)有无穷多解，并求其所有解.

6. 当 λ 为何值时，齐次线性方程组

$$\begin{cases} x_1-2x_2+x_3-x_4=0 \\ 2x_1+x_2-x_3+x_4=0 \\ x_1+7x_2-5x_3+5x_4=0 \\ 3x_1-x_2-2x_3-\lambda x_4=0 \end{cases}$$

(1)只有零解；(2)有非零解，并求其所有解.

任务五　向量与向量方程

一、n 维向量的概念及运算

名词"向量"出现在各种数学和物理教科书中. 线性方程组的重要性质都可用向量概念与符号描述. 通常把线性方程组都写成向量或矩阵形式. 因此把线性方程组与向量方程及矩阵方程联系起来，可使我们能够尽快地将它们应用于有趣和重要的问题.

例如某蒸汽厂烧两种煤：无烟煤(A)和有烟煤(B)，每吨煤 A 燃烧产生 27.6 百万焦耳的热量，3100 克二氧化硫和 250 克固体粒子污染物. 每吨煤 B 燃烧产生 30.2 百万焦耳的热量，6400 克二氧化硫和 360 克固体粒子污染物. 问

(1)若该厂燃烧 x_1 吨煤 A 和 x_2 吨煤 B，则它的产出怎么表示？

(2)设某一段时间，该厂生产 162 百万焦耳的热量，23610 克二氧化硫和 1623 克固体粒子污染物，确定该厂烧了两种煤各多少吨？

如果在这个问题中我们把该厂的产出用它产出的热量、二氧化硫和固体粒子污染物的量构成的向量表示，则该厂燃烧每吨煤 A 和煤 B 的产出可分别用下面两个三维向量表示：

$$\boldsymbol{A}=\begin{pmatrix}27.6\\3100\\250\end{pmatrix} \text{和} \boldsymbol{B}=\begin{pmatrix}30.2\\6400\\360\end{pmatrix}$$

则问题(1)可用向量 $\boldsymbol{A}$、$\boldsymbol{B}$ 的线性组合表示为 $\boldsymbol{A}x_1+\boldsymbol{B}x_2$.

如果令 $\boldsymbol{C}=\begin{pmatrix}162\\23610\\1623\end{pmatrix}$，则问题(2)可通过解向量方程 $\boldsymbol{A}x_1+\boldsymbol{B}x_2=\boldsymbol{C}$ 解决.

定义 1　n 个数 $a_1,a_2,\cdots,a_n$ 所组成的有序数组 $\boldsymbol{\alpha}=(a_1,a_2,\cdots,a_n)$ 称为 n 维向量. 其中 $a_1,a_2,\cdots,a_n$ 称为向量 $\boldsymbol{\alpha}$ 的分量，a_i 叫作 $\boldsymbol{\alpha}$ 的第 i 个分量(或坐标).

分量都是实数的向量称为实向量，分量为复数的向量称为复向量，本书只讨论实向

量.

向量一般用小写的希腊字母 $\boldsymbol{\alpha},\boldsymbol{\beta},\boldsymbol{\gamma},\cdots$ 表示，分量一般用小写的英文字母 $a_i,b_i,\cdots$ 表示.

由定义 1 可知，我们在平面解析几何所学的向量，是一个具有几何意义的二维向量.

例 1 已知方程组

$$\begin{cases}2x_1-x_2+x_3=2\\ x_1-x_2+x_3=1\\ 3x_1-x_2+x_3=3\end{cases}$$

若不记未知数符号和等号，则方程组中的三个方程便分别与向量 $\boldsymbol{\alpha}_1=(2,-1,1,2)$，$\boldsymbol{\alpha}_2=(1,-1,1,1)$，$\boldsymbol{\alpha}_3=(3,-1,1,3)$ 相对应，这样就可以用向量来研究线性方程组的求解问题.

设 $\boldsymbol{\alpha}=(a_1,a_2,\cdots,a_n)$，$\boldsymbol{\beta}=(b_1,b_2,\cdots,b_n)$ 都是 n 维向量，当且仅当它们各个对应分量都相等，即 $a_i=b_i(i=1,2,\cdots,n)$ 时，称向量 $\boldsymbol{\alpha}$ 与 $\boldsymbol{\beta}$ 相等，记作 $\boldsymbol{\alpha}=\boldsymbol{\beta}$.

分量都是 0 的向量称为零向量，记作 $\mathbf{0}$，即 $\mathbf{0}=(0,0,\cdots,0)$. 应注意两个零向量维数不同时，它们是不相同的向量.

向量 $(-a_1,-a_2,\cdots,-a_n)$ 称为向量 $\boldsymbol{\alpha}=(a_1,a_2,\cdots,a_n)$ 的负向量，记作 $-\boldsymbol{\alpha}$.

n 维向量也可以写成列的形式：

$$\boldsymbol{\alpha}=\begin{pmatrix}a_1\\ a_2\\ \vdots\\ a_n\end{pmatrix}=(a_1,a_2,\cdots,a_n)^{\mathrm{T}}$$

写成行形式的向量 $\boldsymbol{\alpha}=(a_1,a_2,\cdots,a_n)$ 称为行向量，写成列形式的向量称为列向量. 列向量的转置即为行向量(T 表示转置).

需注意当 $n>1$ 时，一个行向量与一个列向量即使每个分量对应相等，也不能看成相等的向量. 一个 n 维行向量可以看成是一个 $1\times n$ 的行矩阵 $\boldsymbol{\alpha}=(a_1,a_2,\cdots,a_n)$；一个 n 维列向量可以看成是一个 $n\times 1$ 的列矩阵

$$\boldsymbol{\alpha}=\begin{pmatrix}a_1\\ a_2\\ \vdots\\ a_n\end{pmatrix}$$

由于向量可以看作矩阵，因此对向量进行运算时，可按矩阵的运算法则进行.

由同维数的向量所组成的集合称为向量组. 如例 1 中的线性方程组就与 $\boldsymbol{\alpha}_1,\boldsymbol{\alpha}_2,\boldsymbol{\alpha}_3$ 所组成的向量组对应.

又如矩阵

$$\boldsymbol{A}=\begin{pmatrix}a_{11}&a_{12}&\cdots&a_{1n}\\ a_{21}&a_{22}&\cdots&a_{2n}\\ \vdots&\vdots&&\vdots\\ a_{m1}&a_{m2}&\cdots&a_{mn}\end{pmatrix}$$

A 的 m 行可以看作 m 个 n 维行向量 $\boldsymbol{\alpha}_i=(a_{i1},a_{i2},\cdots,a_{in})(i=1,2,\cdots,m)$，称为矩阵的行向量组. 从而矩阵 **A** 可以记为

$$\boldsymbol{A}=\begin{pmatrix}\boldsymbol{\alpha}_1\\\boldsymbol{\alpha}_2\\\vdots\\\boldsymbol{\alpha}_m\end{pmatrix}$$

A 的 n 列可以看作 n 个 m 维列向量

$$\boldsymbol{\beta}_j=\begin{pmatrix}a_{1j}\\a_{2j}\\\vdots\\a_{mj}\end{pmatrix}\quad(j=1,2,\cdots,n)$$

称为矩阵 **A** 的列向量组. 矩阵 **A** 也可以记为 $\boldsymbol{A}=(\boldsymbol{\beta}_1,\boldsymbol{\beta}_2,\cdots,\boldsymbol{\beta}_n)$.

定义 2 设 $\boldsymbol{\alpha}=(a_1,a_2,\cdots,a_n)$，$\boldsymbol{\beta}=(b_1,b_2,\cdots,b_n)$ 都是 n 维向量，则向量 $(a_1+b_1,a_2+b_2,\cdots,a_n+b_n)$ 叫作向量 $\boldsymbol{\alpha}$ 与 $\boldsymbol{\beta}$ 的和即向量的加法，记作 $\boldsymbol{\alpha}+\boldsymbol{\beta}$，即

$$\boldsymbol{\alpha}+\boldsymbol{\beta}=(a_1+b_1,a_2+b_2,\cdots,a_n+b_n)$$

由向量的加法及负向量可以定义向量的减法：

$$\boldsymbol{\alpha}-\boldsymbol{\beta}=\boldsymbol{\alpha}+(-\boldsymbol{\beta})=(a_1-b_1,a_2-b_2,\cdots,a_n-b_n)$$

定义 3 设 $\boldsymbol{\alpha}=(a_1,a_2,\cdots,a_n)$ 为 n 维向量，λ 为实数，则向量 $(\lambda a_1,\lambda a_2,\cdots,\lambda a_n)$ 称为数 λ 与向量 $\boldsymbol{\alpha}$ 的乘积，简称向量的数乘，记作 $\lambda\boldsymbol{\alpha}$ 或 $\boldsymbol{\alpha}\lambda$，即 $\lambda\boldsymbol{\alpha}=\boldsymbol{\alpha}\lambda=(\lambda a_1,\lambda a_2,\cdots,\lambda a_n)$.

向量的加法及数乘两种运算统称为向量的线性运算，它们满足如下运算规律（设 $\boldsymbol{\alpha}$，$\boldsymbol{\beta}$，$\boldsymbol{\gamma}$ 都是 n 维向量，λ，μ 为实数）：

(1) $\boldsymbol{\alpha}+\boldsymbol{\beta}=\boldsymbol{\beta}+\boldsymbol{\alpha}$；

(2) $(\boldsymbol{\alpha}+\boldsymbol{\beta})+\boldsymbol{\gamma}=\boldsymbol{\alpha}+(\boldsymbol{\beta}+\boldsymbol{\gamma})$；

(3) $\boldsymbol{\alpha}+\boldsymbol{0}=\boldsymbol{\alpha}$；

(4) $\boldsymbol{\alpha}+(-\boldsymbol{\alpha})=\boldsymbol{0}$；

(5) $1\cdot\boldsymbol{\alpha}=\boldsymbol{\alpha}$；

(6) $\lambda(\mu)\boldsymbol{\alpha}=(\lambda\mu)\boldsymbol{\alpha}$

(7) $\lambda(\boldsymbol{\alpha}+\boldsymbol{\beta})=\lambda\boldsymbol{\alpha}+\lambda\boldsymbol{\beta}$；

(8) $(\lambda+\mu)\boldsymbol{\alpha}=\lambda\boldsymbol{\alpha}+\mu\boldsymbol{\alpha}$.

由于向量可以看作矩阵，其运算规律与矩阵的运算规律一致，因此上述关于向量相等、向量的线性运算的规律均可借助于矩阵的运算规律得出.

例 2 已知 $\boldsymbol{\alpha}=(7,2,0,-8)^{\mathrm{T}}$，$\boldsymbol{\beta}=(2,1,-4,3)^{\mathrm{T}}$，求 $2\boldsymbol{\alpha}+3\boldsymbol{\beta}$.

解
$$\begin{aligned}2\boldsymbol{\alpha}+3\boldsymbol{\beta}&=2(7,2,0,-8)^{\mathrm{T}}+3(2,1,-4,3)^{\mathrm{T}}\\&=(14,4,0,-16)^{\mathrm{T}}+(6,3,-12,9)^{\mathrm{T}}=(20,7,-12,-7)^{\mathrm{T}}\end{aligned}$$

例 3 已知 $\boldsymbol{\alpha}_1=(2,5,1,3)$，$\boldsymbol{\alpha}_2=(10,1,5,10)$，$\boldsymbol{\alpha}_3=(4,1,-1,1)$，如果满足 $3(\boldsymbol{\alpha}_1-\boldsymbol{x})+2(\boldsymbol{\alpha}_2+\boldsymbol{x})=5(\boldsymbol{\alpha}_3+\boldsymbol{x})$，求向量 $\boldsymbol{x}$.

解 先进行向量运算，得

$$3\boldsymbol{\alpha}_1+2\boldsymbol{\alpha}_2-\boldsymbol{x}=5\boldsymbol{\alpha}_3+5\boldsymbol{x}$$

从而

$$\boldsymbol{x}=\frac{1}{6}(3\boldsymbol{\alpha}_1+2\boldsymbol{\alpha}_2-5\boldsymbol{\alpha}_3)=\frac{1}{6}[(6,15,3,9)+(20,2,10,20)-(20,5,-5,5)]$$
$$=\frac{1}{6}(6,12,18,24)=(1,2,3,4)$$

二、向量组的线性相关性与向量方程的解

在例 1 的三个方程中，第一个方程乘以 2 减去第二个方程就得到第三个方程. 这种关系用对应的向量表示即为

$$\boldsymbol{\alpha}_3=2\boldsymbol{\alpha}_1-\boldsymbol{\alpha}_2$$

即 $\boldsymbol{\alpha}_3$ 可由 $\boldsymbol{\alpha}_1,\boldsymbol{\alpha}_2$ 经线性运算得到. 这时我们称 $\boldsymbol{\alpha}_3$ 是 $\boldsymbol{\alpha}_1,\boldsymbol{\alpha}_2$ 的线性组合，或称 $\boldsymbol{\alpha}_3$ 可由 $\boldsymbol{\alpha}_1,\boldsymbol{\alpha}_2$ 线性表示.

定义 4 给定向量组 $\boldsymbol{\alpha}_1,\boldsymbol{\alpha}_2,\cdots,\boldsymbol{\alpha}_m$ 和向量 $\boldsymbol{\beta}$，如果存在一组数 $k_1,k_2,\cdots,k_m$，使得

$$\boldsymbol{\beta}=k_1\boldsymbol{\alpha}_1+k_2\boldsymbol{\alpha}_2+\cdots+k_m\boldsymbol{\alpha}_m$$

则称向量 $\boldsymbol{\beta}$ 是向量组 $\boldsymbol{\alpha}_1,\boldsymbol{\alpha}_2,\cdots,\boldsymbol{\alpha}_m$ 的线性组合或称 $\boldsymbol{\beta}$ 可由向量组 $\boldsymbol{\alpha}_1,\boldsymbol{\alpha}_2,\cdots,\boldsymbol{\alpha}_m$ 线性表示.

显然，零向量可以由任意向量组 $\boldsymbol{\alpha}_1,\boldsymbol{\alpha}_2,\cdots,\boldsymbol{\alpha}_s$ 线性表示，这是因为

$$\boldsymbol{0}=0\boldsymbol{\alpha}_1+0\boldsymbol{\alpha}_2+\cdots+0\boldsymbol{\alpha}_s$$

任意 n 维向量 $\boldsymbol{\alpha}=(a_1,a_2,\cdots,a_n)$ 都可以由 n 维向量组 $\boldsymbol{\varepsilon}_1=(1,0,\cdots,0),\boldsymbol{\varepsilon}_2=(0,1,\cdots,0),\cdots,\boldsymbol{\varepsilon}_n=(0,0,\cdots,1)$ 线性表示. 这是因为

$$\boldsymbol{\alpha}=a_1\boldsymbol{\varepsilon}_1+a_2\boldsymbol{\varepsilon}_2+\cdots+a_n\boldsymbol{\varepsilon}_n$$

$\boldsymbol{\varepsilon}_1=(1,0,\cdots,0),\boldsymbol{\varepsilon}_2=(0,1,\cdots,0),\cdots,\boldsymbol{\varepsilon}_n=(0,0,\cdots,1)$ 称为 n 维单位向量组.

上述结论表明，任一 n 维向量都可由 n 维单位向量组线性表示.

例 4 设 $\boldsymbol{\beta}=\begin{pmatrix}2\\0\\4\end{pmatrix},\boldsymbol{\alpha}_1=\begin{pmatrix}3\\1\\2\end{pmatrix},\boldsymbol{\alpha}_2=\begin{pmatrix}1\\2\\3\end{pmatrix},\boldsymbol{\alpha}_3=\begin{pmatrix}2\\3\\1\end{pmatrix}$，确定 $\boldsymbol{\beta}$ 能否写成 $\boldsymbol{\alpha}_1,\boldsymbol{\alpha}_2,\boldsymbol{\alpha}_3$ 的线性组合，也就是说，确定是否存在数 x_1,x_2,x_3 使

$$x_1\boldsymbol{\alpha}_1+x_2\boldsymbol{\alpha}_2+x_3\boldsymbol{\alpha}_3=\boldsymbol{\beta} \tag{2-5-1}$$

若向量方程(2-5-1)有解，求它的解.

解 根据向量加法和数乘向量的定义把向量方程(2-5-1)

$$x_1\begin{pmatrix}3\\1\\2\end{pmatrix}+x_2\begin{pmatrix}1\\2\\3\end{pmatrix}+x_3\begin{pmatrix}2\\3\\1\end{pmatrix}=\begin{pmatrix}2\\0\\4\end{pmatrix}$$

写成

$$\begin{pmatrix}3x_1\\x_1\\2x_1\end{pmatrix}+\begin{pmatrix}x_2\\2x_2\\3x_2\end{pmatrix}+\begin{pmatrix}2x_3\\3x_3\\x_3\end{pmatrix}=\begin{pmatrix}2\\0\\4\end{pmatrix}$$

或

$$\begin{pmatrix}3x_1+x_2+2x_3\\x_1+2x_2+3x_3\\2x_1+3x_2+x_3\end{pmatrix}=\begin{pmatrix}2\\0\\4\end{pmatrix}$$

由两个向量相等的定义，可得线性方程组

$$\begin{cases}3x_1+x_2+2x_3=2\\x_1+2x_2+3x_3=0\\2x_1+3x_2+x_3=4\end{cases}$$

我们用行简化算法解此方程组

$$(\boldsymbol{A},\boldsymbol{B})=\begin{pmatrix}3&1&2&2\\1&2&3&0\\2&3&1&4\end{pmatrix}\xrightarrow{r_1\leftrightarrow r_2}\begin{pmatrix}1&2&3&0\\3&1&2&2\\2&3&1&4\end{pmatrix}$$

$$\xrightarrow[r_3-2r_1]{r_2-3r_1}\begin{pmatrix}1&2&3&0\\0&-5&-7&2\\0&-1&-5&4\end{pmatrix}\xrightarrow{r_2\leftrightarrow r_3}\begin{pmatrix}1&2&3&0\\0&-1&-5&4\\0&-5&-7&2\end{pmatrix}$$

$$\xrightarrow{r_3-5r_2}\begin{pmatrix}1&2&3&0\\0&-1&-5&4\\0&0&18&-18\end{pmatrix}\xrightarrow{\frac{1}{18}r_3}\begin{pmatrix}1&2&3&0\\0&-1&-5&4\\0&0&1&-1\end{pmatrix}$$

$$\xrightarrow[r_1-3r_3]{r_2+5r_3}\begin{pmatrix}1&2&0&3\\0&-1&0&-1\\0&0&1&-1\end{pmatrix}\xrightarrow[-r_2]{r_1+2r_2}\begin{pmatrix}1&0&0&1\\0&1&0&1\\0&0&1&-1\end{pmatrix}$$

由最后一个矩阵得线性方程组的解

$$\begin{cases}x_1=1\\x_2=1\\x_3=-1\end{cases}$$

于是 $\boldsymbol{\beta}=\boldsymbol{\alpha}_1+\boldsymbol{\alpha}_2-\boldsymbol{\alpha}_3$. 即向量 $\boldsymbol{\beta}$ 可由向量组 $\boldsymbol{\alpha}_1,\boldsymbol{\alpha}_2,\boldsymbol{\alpha}_3$ 线性表示.

注意例 4 中原来的向量 $\boldsymbol{\alpha}_1,\boldsymbol{\alpha}_2,\boldsymbol{\alpha}_3,\boldsymbol{\beta}$ 是我们进行行化简的增广矩阵的列

$$\begin{pmatrix}3&1&2&2\\1&2&3&0\\2&3&1&4\end{pmatrix}$$

$$\begin{matrix}\uparrow&\uparrow&\uparrow&\uparrow\\\boldsymbol{\alpha}_1&\boldsymbol{\alpha}_2&\boldsymbol{\alpha}_3&\boldsymbol{\beta}\end{matrix}$$

为了让这一矩阵的列备受关注我们把它写成如下形式

$$(\boldsymbol{\alpha}_1,\boldsymbol{\alpha}_2,\boldsymbol{\alpha}_3,\boldsymbol{\beta})$$

这样由向量方程可直接写出增广矩阵而不必经过例 4 的中间步骤，即按它们在方程(2-5-1)中出现的顺序就可得到相应的增广矩阵.

由上述讨论我们可得到如下结论：

定理 1 向量方程

$$x_1\boldsymbol{\alpha}_1+x_2\boldsymbol{\alpha}_2+\cdots+x_n\boldsymbol{\alpha}_n=\boldsymbol{\beta} \tag{2-5-2}$$

和增广矩阵为

$$(\boldsymbol{\alpha}_1,\boldsymbol{\alpha}_2,\cdots,\boldsymbol{\alpha}_n,\boldsymbol{\beta})$$

的线性方程组有相同的解集. 向量 $\boldsymbol{\beta}$ 能由向量组 $\boldsymbol{\alpha}_1,\boldsymbol{\alpha}_2,\cdots,\boldsymbol{\alpha}_m$ 线性表示的充分必要条件是对应于式(2-5-2)的方程组有解,并且此线性方程组的一组解就是线性组合的一组系数.

例 5 将线性方程组

$$\begin{cases}x_1-x_2-2x_3=2\\2x_1+2x_2-4x_3=-4\\-x_1-2x_2+x_3=3\end{cases}$$

写成向量方程形式.

解 若设 $\boldsymbol{\alpha}_1=\begin{pmatrix}1\\2\\-1\end{pmatrix},\boldsymbol{\alpha}_2=\begin{pmatrix}-1\\2\\-2\end{pmatrix},\boldsymbol{\alpha}_3=\begin{pmatrix}-2\\-4\\1\end{pmatrix},\boldsymbol{\beta}=\begin{pmatrix}2\\-4\\3\end{pmatrix}$,则线性方程组可写成向量方程的形式

$$x_1\boldsymbol{\alpha}_1+x_2\boldsymbol{\alpha}_2+x_3\boldsymbol{\alpha}_3=\boldsymbol{\beta}$$

用高斯消元法求出线性方程组的解为

$$\begin{cases}x_1=2\\x_2=-2\\x_3=1\end{cases}$$

则有 $\boldsymbol{\beta}=2\boldsymbol{\alpha}_1-2\boldsymbol{\alpha}_2+\boldsymbol{\alpha}_3$,即向量 $\boldsymbol{\beta}$ 可由向量组 $\boldsymbol{\alpha}_1,\boldsymbol{\alpha}_2,\boldsymbol{\alpha}_3$ 线性表示.

例 6 向量 $\boldsymbol{\beta}=(1,0,3,1)^{\mathrm{T}}$ 能否由向量组

$$\boldsymbol{\alpha}_1=(1,1,2,2)^{\mathrm{T}},\boldsymbol{\alpha}_2=(1,2,1,3)^{\mathrm{T}},\boldsymbol{\alpha}_3=(1,-1,4,0)^{\mathrm{T}}$$

线性表示? 若能,则求出表达式,并说明表达式是否唯一.

解 由定理 1 知,向量 $\boldsymbol{\beta}$ 能否由向量组 $\boldsymbol{\alpha}_1,\boldsymbol{\alpha}_2,\boldsymbol{\alpha}_3$ 线性表示,取决于向量方程 $x_1\boldsymbol{\alpha}_1+x_2\boldsymbol{\alpha}_2+x_3\boldsymbol{\alpha}_3=\boldsymbol{\beta}$ 是否有解.

而

$$(\boldsymbol{\alpha}_1,\boldsymbol{\alpha}_2,\boldsymbol{\alpha}_3,\boldsymbol{\beta})=\begin{pmatrix}1&1&1&1\\1&2&-1&0\\2&1&4&3\\2&3&0&1\end{pmatrix}\xrightarrow[r_4-2r_1]{\substack{r_2-r_1\\r_3-2r_1}}\begin{pmatrix}1&1&1&1\\0&1&-2&-1\\0&-1&2&1\\0&1&-2&-1\end{pmatrix}$$

$$\xrightarrow[r_4-r_2]{r_3+r_2}\begin{pmatrix}1&1&1&1\\0&1&-2&-1\\0&0&0&0\\0&0&0&0\end{pmatrix}\xrightarrow{r_1-r_2}\begin{pmatrix}1&0&3&2\\0&1&-2&-1\\0&0&0&0\\0&0&0&0\end{pmatrix}$$

由最后一个矩阵可知,线性方程组有无穷多解且所有解为

$$\begin{cases}x_1=2-3k\\x_2=-1+2k\quad(k\text{ 为任意实数})\\x_3=k\end{cases}$$

于是

$$\boldsymbol{\beta}=(2-3k)\boldsymbol{\alpha}_1+(-1+2k)\boldsymbol{\alpha}_2+k\boldsymbol{\alpha}_3\quad(k\text{ 为任意实数})$$

即 $\boldsymbol{\beta}$ 能由向量组 $\boldsymbol{\alpha}_1,\boldsymbol{\alpha}_2,\boldsymbol{\alpha}_3$ 线性表示. 因为 k 为任意实数,所以表达式不唯一.

定义 5 若 $\boldsymbol{A}$ 是 $m\times n$ 矩阵,它的各列为 $\boldsymbol{\alpha}_1,\boldsymbol{\alpha}_2,\cdots,\boldsymbol{\alpha}_n$. 若 $\boldsymbol{X}$ 是 n 维向量,则 $\boldsymbol{A}$ 与 $\boldsymbol{X}$ 的积,记为 $\boldsymbol{AX}$,就是 $\boldsymbol{A}$ 的各列以 $\boldsymbol{X}$ 中对应元素为权的线性组合,即

$$\boldsymbol{AX}=(\boldsymbol{\alpha}_1\quad\boldsymbol{\alpha}_2\quad\cdots\quad\boldsymbol{\alpha}_n)\begin{pmatrix}x_1\\x_2\\\vdots\\x_n\end{pmatrix}=x_1\boldsymbol{\alpha}_1+x_2\boldsymbol{\alpha}_2+\cdots+x_n\boldsymbol{\alpha}_n$$

显然对于线性方程组

$$\begin{cases}x_1+2x_2-x_3=4\\-5x_2+3x_3=1\end{cases}\tag{2-5-3}$$

等价于向量方程

$$x_1\begin{pmatrix}1\\0\end{pmatrix}+x_2\begin{pmatrix}2\\-5\end{pmatrix}+x_3\begin{pmatrix}-1\\3\end{pmatrix}=\begin{pmatrix}4\\1\end{pmatrix}\tag{2-5-4}$$

也等价于矩阵方程

$$\begin{pmatrix}1&2&-1\\0&-5&3\end{pmatrix}\begin{pmatrix}x_1\\x_2\\x_3\end{pmatrix}=\begin{pmatrix}4\\1\end{pmatrix}\tag{2-5-5}$$

类似的计算表明,有下面的结论:

定理 2 若 $\boldsymbol{A}$ 是 $m\times n$ 矩阵,它的各列为 $\boldsymbol{\alpha}_1,\boldsymbol{\alpha}_2,\cdots,\boldsymbol{\alpha}_n$,$\boldsymbol{X}$ 是 n 维向量,$\boldsymbol{B}$ 为 m 维向量,则矩阵方程

$$\boldsymbol{AX}=\boldsymbol{B}\tag{2-5-6}$$

与向量方程

$$x_1\boldsymbol{\alpha}_1+x_2\boldsymbol{\alpha}_2+\cdots+x_n\boldsymbol{\alpha}_n=\boldsymbol{B}\tag{2-5-7}$$

有相同解集. 它又与增广矩阵为

$$(\boldsymbol{\alpha}_1,\boldsymbol{\alpha}_2,\cdots,\boldsymbol{\alpha}_n,\boldsymbol{B})\tag{2-5-8}$$

的线性方程组有相同解集.

任何线性方程组可用三种不同但彼此等价的观点来研究:作为矩阵方程、作为向量方程或作为线性方程组,当我们构造实际生活中某个问题的数学模型时,我们可以自由地选择任何一种最自然的观点. 于是我们可在方便的时候由一种观点转向另一种观点. 任何情况下,矩阵方程、向量方程以及线性方程组都用相同方法来解——即用行化简算法来化简增广矩阵(2-5-8)即可.

定义 6 设有 n 维向量组 $\boldsymbol{\alpha}_1,\boldsymbol{\alpha}_2,\cdots,\boldsymbol{\alpha}_m$,若存在一组不全为零的实数 $k_1,k_2,\cdots,k_m$,

使得

$$k_1\boldsymbol{\alpha}_1+k_2\boldsymbol{\alpha}_2+\cdots+k_m\boldsymbol{\alpha}_m=\mathbf{0}$$

成立，则称向量组 $\boldsymbol{\alpha}_1,\boldsymbol{\alpha}_2,\cdots,\boldsymbol{\alpha}_m$ 线性相关；否则，如果只有当 $k_1=k_2=\cdots=k_m=0$ 时，才有 $k_1\boldsymbol{\alpha}_1+k_2\boldsymbol{\alpha}_2+\cdots+k_m\boldsymbol{\alpha}_m=\mathbf{0}$ 成立，则称向量组 $\boldsymbol{\alpha}_1,\boldsymbol{\alpha}_2,\cdots,\boldsymbol{\alpha}_m$ 线性无关.

如表示三个方程的向量组具有关系 $\boldsymbol{\alpha}_3=2\boldsymbol{\alpha}_1-\boldsymbol{\alpha}_2$，即 $2\boldsymbol{\alpha}_1-\boldsymbol{\alpha}_2-\boldsymbol{\alpha}_3=\mathbf{0}$. 则存在一组不全为零的实数 $2,-1,-1$，使得 $2\boldsymbol{\alpha}_1+(-1)\boldsymbol{\alpha}_2+(-1)\boldsymbol{\alpha}_3=\mathbf{0}$，故向量组 $\boldsymbol{\alpha}_1,\boldsymbol{\alpha}_2,\boldsymbol{\alpha}_3$ 线性相关.

由定义 6 知，对于只含一个向量 $\boldsymbol{\alpha}$ 的向量组，当 $\boldsymbol{\alpha}=\mathbf{0}$ 时线性相关，当 $\boldsymbol{\alpha}\neq\mathbf{0}$ 时线性无关. 两个向量线性相关的充分必要条件是它们的对应分量成比例.

如果把 $k_1\boldsymbol{\alpha}_1+k_2\boldsymbol{\alpha}_2+\cdots+k_m\boldsymbol{\alpha}_m=\mathbf{0}$ 看成是以 $\boldsymbol{\alpha}_1,\boldsymbol{\alpha}_2,\cdots,\boldsymbol{\alpha}_m$ 为系数的列向量，以 $k_1,k_2,\cdots,k_m$ 为未知数的齐次线性方程组，则由定义 6 和任务四的定理 2 可得如下重要结论：

定理 3 向量组 $\boldsymbol{\alpha}_1,\boldsymbol{\alpha}_2,\cdots,\boldsymbol{\alpha}_m$ 线性相关⇔齐次线性方程组 $k_1\boldsymbol{\alpha}_1+k_2\boldsymbol{\alpha}_2+\cdots+k_m\boldsymbol{\alpha}_m=\mathbf{0}$ 有非零解；向量组 $\boldsymbol{\alpha}_1,\boldsymbol{\alpha}_2,\cdots,\boldsymbol{\alpha}_m$ 线性无关⇔齐次线性方程组 $k_1\boldsymbol{\alpha}_1+k_2\boldsymbol{\alpha}_2+\cdots+k_m\boldsymbol{\alpha}_m=\mathbf{0}$ 只有零解.

例 7 判别下列向量组的线性相关性：

(1) $\boldsymbol{\alpha}_1=(2,1,0),\boldsymbol{\alpha}_2=(1,2,1),\boldsymbol{\alpha}_3=(0,1,2)$；

(2) $\boldsymbol{\alpha}_1=(1,0,-1,2),\boldsymbol{\alpha}_2=(-1,-1,2,-4),\boldsymbol{\alpha}_3=(2,3,-5,10)$；

(3) $\boldsymbol{\alpha}_1=(1,3,2),\boldsymbol{\alpha}_2=(-1,2,1),\boldsymbol{\alpha}_3=(6,5,-9),\boldsymbol{\alpha}_4=(4,6,8)$.

解 (1) 设 $\boldsymbol{A}=(\boldsymbol{\alpha}_1^{\mathrm{T}},\boldsymbol{\alpha}_2^{\mathrm{T}},\boldsymbol{\alpha}_3^{\mathrm{T}})=\begin{pmatrix}2&1&0\\1&2&1\\0&1&2\end{pmatrix}$，因为 $|\boldsymbol{A}|=\begin{vmatrix}2&1&0\\1&2&1\\0&1&2\end{vmatrix}=4\neq0$，所以齐次线性方程组 $k_1\boldsymbol{\alpha}_1^{\mathrm{T}}+k_2\boldsymbol{\alpha}_2^{\mathrm{T}}+k_3\boldsymbol{\alpha}_3^{\mathrm{T}}=\mathbf{0}$ 只有零解，即向量组 $\boldsymbol{\alpha}_1,\boldsymbol{\alpha}_2,\boldsymbol{\alpha}_3$ 线性无关.

$$(2)\ \boldsymbol{A}=(\boldsymbol{\alpha}_1^{\mathrm{T}},\boldsymbol{\alpha}_2^{\mathrm{T}},\boldsymbol{\alpha}_3^{\mathrm{T}})=\begin{pmatrix}1&-1&2\\0&-1&3\\-1&2&-5\\2&-4&10\end{pmatrix}\xrightarrow[r_4-2r_1]{r_3+r_1}\begin{pmatrix}1&-1&2\\0&-1&3\\0&1&-3\\0&-2&6\end{pmatrix}$$

$$\xrightarrow[r_4-2r_2]{r_3+r_2}\begin{pmatrix}1&-1&2\\0&-1&3\\0&0&0\\0&0&0\end{pmatrix}$$

因为 $R(\boldsymbol{A})=2<3$，所以向量组 $\boldsymbol{\alpha}_1,\boldsymbol{\alpha}_2,\boldsymbol{\alpha}_3$ 线性相关.

(3) 设 $\boldsymbol{A}=(\boldsymbol{\alpha}_1^{\mathrm{T}},\boldsymbol{\alpha}_2^{\mathrm{T}},\boldsymbol{\alpha}_3^{\mathrm{T}},\boldsymbol{\alpha}_4^{\mathrm{T}})=\begin{pmatrix}1&-1&6&4\\3&2&5&6\\2&1&-9&8\end{pmatrix}$，因为 $R(\boldsymbol{A})<4$，所以向量组 $\boldsymbol{\alpha}_1,\boldsymbol{\alpha}_2,\boldsymbol{\alpha}_3,\boldsymbol{\alpha}_4$ 线性相关.

例 8 讨论 n 维单位向量组 $\boldsymbol{\varepsilon}_1=(1,0,\cdots,0),\boldsymbol{\varepsilon}_2=(0,1,\cdots,0),\cdots,\boldsymbol{\varepsilon}_n=(0,0,\cdots,1)$ 的线性相关性.

解 因为 $R(\boldsymbol{\varepsilon}_1^{\mathrm{T}},\boldsymbol{\varepsilon}_2^{\mathrm{T}},\cdots,\boldsymbol{\varepsilon}_n^{\mathrm{T}})=n$，所以 n 维单位向量组 $\boldsymbol{\varepsilon}_1=(1,0,\cdots,0)$，$\boldsymbol{\varepsilon}_2=(0,1,\cdots,0)$，$\cdots$，$\boldsymbol{\varepsilon}_n=(0,0,\cdots,1)$线性无关.

例 9 设向量组 $\boldsymbol{\alpha}_1,\boldsymbol{\alpha}_2,\boldsymbol{\alpha}_3$ 线性无关，且 $\boldsymbol{\beta}_1=\boldsymbol{\alpha}_1+\boldsymbol{\alpha}_2$，$\boldsymbol{\beta}_2=\boldsymbol{\alpha}_2+\boldsymbol{\alpha}_3$，$\boldsymbol{\beta}_3=\boldsymbol{\alpha}_3+\boldsymbol{\alpha}_1$，试证明 $\boldsymbol{\beta}_1,\boldsymbol{\beta}_2,\boldsymbol{\beta}_3$ 也线性无关.

证明 设有一组实数 k_1,k_2,k_3，使得

$$k_1(\boldsymbol{\alpha}_1+\boldsymbol{\alpha}_2)+k_2(\boldsymbol{\alpha}_2+\boldsymbol{\alpha}_3)+k_3(\boldsymbol{\alpha}_3+\boldsymbol{\alpha}_1)=\mathbf{0}$$

则

$$(k_1+k_3)\boldsymbol{\alpha}_1+(k_1+k_2)\boldsymbol{\alpha}_2+(k_2+k_3)\boldsymbol{\alpha}_3=\mathbf{0}$$

因为 $\boldsymbol{\alpha}_1,\boldsymbol{\alpha}_2,\boldsymbol{\alpha}_3$ 线性无关，故

$$\begin{cases}k_1+k_3=0\\k_1+k_2=0\\k_2+k_3=0\end{cases}$$

而它的系数行列式

$$D=\begin{vmatrix}1&0&1\\1&1&0\\0&1&1\end{vmatrix}=2\neq0,$$

故 $k_1=k_2=k_3=0$，所以 $\boldsymbol{\beta}_1,\boldsymbol{\beta}_2,\boldsymbol{\beta}_3$ 线性无关.

下面的定理说明了线性组合与线性相关这两个概念之间的密切关系.

定理 4 向量组 $\boldsymbol{\alpha}_1,\boldsymbol{\alpha}_2,\cdots,\boldsymbol{\alpha}_m(m\geqslant2)$线性相关的充分必要条件是其中至少存在一个向量可以由其余 $m-1$ 个向量线性表示.

证明 (1)**必要性** 设 $\boldsymbol{\alpha}_1,\boldsymbol{\alpha}_2,\cdots,\boldsymbol{\alpha}_m$ 线性相关，即存在一组不全为零的数 $k_1,k_2,\cdots,k_m$，使得

$$k_1\boldsymbol{\alpha}_1+k_2\boldsymbol{\alpha}_2+\cdots+k_m\boldsymbol{\alpha}_m=\mathbf{0}$$

因为 $k_1,k_2,\cdots,k_m$ 中至少有一个不为零，不妨设 $k_1\neq0$，则有

$$\boldsymbol{\alpha}_1=\left(-\frac{k_2}{k_1}\right)\boldsymbol{\alpha}_2+\left(-\frac{k_3}{k_1}\right)\boldsymbol{\alpha}_3+\cdots+\left(-\frac{k_m}{k_1}\right)\boldsymbol{\alpha}_m$$

即 $\boldsymbol{\alpha}_1$ 能由其余 $m-1$ 个向量线性表示.

(2)**充分性** 不妨设向量组 $\boldsymbol{\alpha}_1,\boldsymbol{\alpha}_2,\cdots,\boldsymbol{\alpha}_m$ 中的 $\boldsymbol{\alpha}_m$ 能由其余 $m-1$ 个向量线性表示，即有

$$\boldsymbol{\alpha}_m=k_1\boldsymbol{\alpha}_1+k_2\boldsymbol{\alpha}_2+\cdots+k_{m-1}\boldsymbol{\alpha}_{m-1}$$

故

$$k_1\boldsymbol{\alpha}_1+k_2\boldsymbol{\alpha}_2+\cdots+k_{m-1}\boldsymbol{\alpha}_{m-1}+(-1)\boldsymbol{\alpha}_m=\mathbf{0}$$

因为 $k_1,k_2,\cdots,k_{m-1},-1$ 这 m 个数不全为 0(至少 $-1\neq0$)，所以 $\boldsymbol{\alpha}_1,\boldsymbol{\alpha}_2,\cdots,\boldsymbol{\alpha}_m$ 线性相关.

如例 4 中的 $\boldsymbol{\beta}$ 能由 $\boldsymbol{\alpha}_1,\boldsymbol{\alpha}_2,\boldsymbol{\alpha}_3$ 线性表示，即 $\boldsymbol{\beta}=\boldsymbol{\alpha}_1+\boldsymbol{\alpha}_2-\boldsymbol{\alpha}_3$，则由定理 4 知向量组 $\boldsymbol{\alpha}_1,\boldsymbol{\alpha}_2,\boldsymbol{\alpha}_3,\boldsymbol{\beta}$ 线性相关.

定理 5 设向量组 $\boldsymbol{\alpha}_1,\boldsymbol{\alpha}_2,\cdots,\boldsymbol{\alpha}_m$ 线性无关，而向量组 $\boldsymbol{\alpha}_1,\boldsymbol{\alpha}_2,\cdots,\boldsymbol{\alpha}_m,\boldsymbol{\beta}$ 线性相关，则

$\boldsymbol{\beta}$ 能由 $\boldsymbol{\alpha}_1,\boldsymbol{\alpha}_2,\cdots,\boldsymbol{\alpha}_m$ 线性表示，且表示方法是唯一的.

定义 7 设 $\boldsymbol{A}$ 是 n 维向量所组成的向量组，如果 $\boldsymbol{A}$ 中有 r 个向量 $\boldsymbol{\alpha}_1,\boldsymbol{\alpha}_2,\cdots,\boldsymbol{\alpha}_r$ 满足：

(1) $\boldsymbol{\alpha}_1,\boldsymbol{\alpha}_2,\cdots,\boldsymbol{\alpha}_r$ 线性无关；

(2) 对任一个 $\boldsymbol{\alpha}\in\boldsymbol{A}$，$\boldsymbol{\alpha}$ 能由 $\boldsymbol{\alpha}_1,\boldsymbol{\alpha}_2,\cdots,\boldsymbol{\alpha}_r$ 线性表示.

则称 $\boldsymbol{\alpha}_1,\boldsymbol{\alpha}_2,\cdots,\boldsymbol{\alpha}_r$ 是向量组 $\boldsymbol{A}$ 的一个最大线性无关组，简称最大无关组，最大无关组所含向量的个数 r 称为向量组 $\boldsymbol{A}$ 的秩，记作 $R(\boldsymbol{A})$ 或 $R(\boldsymbol{\alpha}_1,\boldsymbol{\alpha}_2,\cdots,\boldsymbol{\alpha}_n)$.

例 10 求向量组 $\boldsymbol{\alpha}_1=(1,1,-1,1)$，$\boldsymbol{\alpha}_2=(2,-1,1,0)$，$\boldsymbol{\alpha}_3=(4,1,-1,2)$ 的秩和一个最大无关组.

解 将 $\boldsymbol{\alpha}_1,\boldsymbol{\alpha}_2,\boldsymbol{\alpha}_3$ 作为列向量组成矩阵 $\boldsymbol{A}$，然后对矩阵 $\boldsymbol{A}$ 施行初等行变换，化为行阶梯形矩阵

$$\boldsymbol{A}=\begin{pmatrix}1&2&4\\1&-1&1\\-1&1&-1\\1&0&2\end{pmatrix}\xrightarrow{r_1\leftrightarrow r_4}\begin{pmatrix}1&0&2\\1&-1&1\\-1&1&-1\\1&2&4\end{pmatrix}\xrightarrow[r_4-r_1]{\substack{r_2-r_1\\r_3+r_1}}\begin{pmatrix}1&0&2\\0&-1&-1\\0&1&1\\0&2&2\end{pmatrix}$$

$$\xrightarrow[r_4+2r_2]{r_3+r_2}\begin{pmatrix}1&0&2\\0&-1&-1\\0&0&0\\0&0&0\end{pmatrix}$$

由最后一个矩阵可知向量组 $\boldsymbol{\alpha}_1,\boldsymbol{\alpha}_2,\boldsymbol{\alpha}_3$ 的秩为 2，其中 $\boldsymbol{\alpha}_1,\boldsymbol{\alpha}_2$ 线性无关，且有 $\boldsymbol{\alpha}_1=\boldsymbol{\alpha}_1+0\cdot\boldsymbol{\alpha}_2$，$\boldsymbol{\alpha}_2=0\cdot\boldsymbol{\alpha}_1+\boldsymbol{\alpha}_2$，$\boldsymbol{\alpha}_3=2\boldsymbol{\alpha}_1+\boldsymbol{\alpha}_2$，故 $\boldsymbol{\alpha}_1,\boldsymbol{\alpha}_2$ 为一个最大无关组.

显然，$\boldsymbol{\alpha}_1,\boldsymbol{\alpha}_3$ 和 $\boldsymbol{\alpha}_2,\boldsymbol{\alpha}_3$ 也是向量组 $\boldsymbol{\alpha}_1,\boldsymbol{\alpha}_2,\boldsymbol{\alpha}_3$ 的最大无关组. 由此可得，一个向量组的最大无关组不是唯一的，但它们所含向量的个数是相等的.

例 11 求向量组 $\boldsymbol{\alpha}_1=(1,3,-1)$，$\boldsymbol{\alpha}_2=(3,1,-1)$，$\boldsymbol{\alpha}_3=(4,4,-2)$，$\boldsymbol{\alpha}_4=(1,-5,1)$ 的秩及它的一个最大无关组，并将其他向量用该最大无关组线性表示.

解 将 $\boldsymbol{\alpha}_1,\boldsymbol{\alpha}_2,\boldsymbol{\alpha}_3,\boldsymbol{\alpha}_4$ 作为列向量组成矩阵

$$\boldsymbol{A}=\begin{pmatrix}1&3&4&1\\3&1&4&-5\\-1&-1&-2&1\end{pmatrix}$$

对 $\boldsymbol{A}$ 施行初等行变换，将其化为行最简阶梯形矩阵

$$\boldsymbol{A}=\begin{pmatrix}1&3&4&1\\3&1&4&-5\\-1&-1&-2&1\end{pmatrix}\xrightarrow[r_3+r_1]{r_2-3r_1}\begin{pmatrix}1&3&4&1\\0&-8&-8&-8\\0&2&2&2\end{pmatrix}\xrightarrow[r_3-2r_2]{-\frac{1}{8}r_2}\begin{pmatrix}1&3&4&1\\0&1&1&1\\0&0&0&0\end{pmatrix}$$

$$\xrightarrow{r_1-3r_2}\begin{pmatrix}1&0&1&-2\\0&1&1&1\\0&0&0&0\end{pmatrix}=\overline{\boldsymbol{A}}$$

所以 $R(\mathbf{A})=R(\overline{\mathbf{A}})=2$,即向量组 $\boldsymbol{\alpha}_1,\boldsymbol{\alpha}_2,\boldsymbol{\alpha}_3,\boldsymbol{\alpha}_4$ 的秩为 2. 由最后一个矩阵 $\overline{\mathbf{A}}$ 可知,$\boldsymbol{\alpha}_1$,$\boldsymbol{\alpha}_2$ 为一个最大无关组,且 $\boldsymbol{\alpha}_3=\boldsymbol{\alpha}_1+\boldsymbol{\alpha}_2$,$\boldsymbol{\alpha}_4=-2\boldsymbol{\alpha}_1+\boldsymbol{\alpha}_2$.

课堂练习

1. 写出等价于所给向量方程的线性方程组.

(1) $x_1\begin{pmatrix}6\\-1\\5\end{pmatrix}+x_2\begin{pmatrix}-3\\4\\0\end{pmatrix}=\begin{pmatrix}1\\-7\\-5\end{pmatrix}$　　(2) $x_1\begin{pmatrix}2\\-3\end{pmatrix}+x_2\begin{pmatrix}-8\\-5\end{pmatrix}+x_3\begin{pmatrix}-1\\6\end{pmatrix}=\begin{pmatrix}0\\0\end{pmatrix}$

2. 写出等价于所给线性方程组的向量方程.

(1) $\begin{cases}-x_1+3x_2-8x_3=0\\4x_1+6x_2-x_3=0\\x_2+5x_3=0\end{cases}$　　(2) $\begin{cases}4x_1+x_2+3x_3=9\\x_1-7x_2-2x_3=2\\9x_1+6x_2-5x_3=15\end{cases}$

3. 把矩阵方程写成向量方程,或反过来把向量方程写成矩阵方程.

(1) $\begin{pmatrix}5&1&-8&4\\-2&-7&3&-5\end{pmatrix}\begin{pmatrix}5\\-1\\3\\-2\end{pmatrix}=\begin{pmatrix}-8\\16\end{pmatrix}$　　(2) $\begin{pmatrix}7&3\\2&1\\9&-6\\-3&2\end{pmatrix}\begin{pmatrix}-2\\-5\end{pmatrix}=\begin{pmatrix}1\\9\\12\\-4\end{pmatrix}$

(3) $x_1\begin{pmatrix}4\\-1\\7\\-4\end{pmatrix}+x_2\begin{pmatrix}-5\\3\\-5\\1\end{pmatrix}+x_3\begin{pmatrix}7\\-8\\0\\2\end{pmatrix}=\begin{pmatrix}6\\-8\\0\\7\end{pmatrix}$

(4) $x_1\begin{pmatrix}4\\-2\end{pmatrix}+x_2\begin{pmatrix}-4\\5\end{pmatrix}+x_3\begin{pmatrix}-5\\4\end{pmatrix}+x_4\begin{pmatrix}3\\0\end{pmatrix}=\begin{pmatrix}4\\13\end{pmatrix}$

4. 确定 $\boldsymbol{b}$ 是否是 $\boldsymbol{\alpha}_1,\boldsymbol{\alpha}_2,\boldsymbol{\alpha}_3$ 的线性组合.

(1) $\boldsymbol{\alpha}_1=\begin{pmatrix}1\\-2\\0\end{pmatrix},\boldsymbol{\alpha}_2=\begin{pmatrix}0\\1\\2\end{pmatrix},\boldsymbol{\alpha}_3=\begin{pmatrix}5\\-6\\8\end{pmatrix},\boldsymbol{b}=\begin{pmatrix}2\\-1\\6\end{pmatrix}$

(2) $\boldsymbol{\alpha}_1=\begin{pmatrix}1\\-2\\2\end{pmatrix},\boldsymbol{\alpha}_2=\begin{pmatrix}0\\5\\5\end{pmatrix},\boldsymbol{\alpha}_3=\begin{pmatrix}2\\0\\8\end{pmatrix},\boldsymbol{b}=\begin{pmatrix}-5\\11\\-7\end{pmatrix}$

5. 设 $\mathbf{A}=\begin{pmatrix}1&5&-2&0\\-3&1&9&-5\\4&-8&-1&7\end{pmatrix},\boldsymbol{P}=\begin{pmatrix}3\\-2\\0\\-4\end{pmatrix},\boldsymbol{b}=\begin{pmatrix}-7\\9\\0\end{pmatrix}$,可以证明 $\boldsymbol{P}$ 是 $\mathbf{A}\boldsymbol{x}=\boldsymbol{b}$ 的一个解. 应用这个事实把 $\boldsymbol{b}$ 表示为 $\mathbf{A}$ 的列的线性组合.

6. 给定 $\mathbf{A}$ 和 $\boldsymbol{b}$. 写出对应矩阵方程 $\mathbf{A}\boldsymbol{x}=\boldsymbol{b}$ 的增广矩阵并求解,将解表示成向量形式.

(1)$\boldsymbol{A}=\begin{pmatrix}1 & 2 & 4\\0 & 1 & 5\\-2 & -4 & -3\end{pmatrix}$,$\boldsymbol{b}=\begin{pmatrix}-2\\2\\9\end{pmatrix}$　　(2)$\boldsymbol{A}=\begin{pmatrix}1 & 2 & 1\\-3 & -1 & 2\\0 & 5 & 3\end{pmatrix}$,$\boldsymbol{b}=\begin{pmatrix}-2\\2\\9\end{pmatrix}$

7. 将下列方程组写成向量方程和矩阵方程.

(1)$\begin{cases}3x_1+x_2-5x_3=9\\x_2+4x_3=0\end{cases}$　　(2)$\begin{cases}8x_1-x_2=4\\5x_1+4x_2=1\\x_1-3x_2=2\end{cases}$

巩固与练习

1. 已知向量 $\boldsymbol{\alpha}_1=\begin{pmatrix}1\\2\\-1\end{pmatrix}$,$\boldsymbol{\alpha}_2=\begin{pmatrix}2\\5\\-3\end{pmatrix}$,$\boldsymbol{\alpha}_3=\begin{pmatrix}1\\-3\\4\end{pmatrix}$,求:

(1)$2\boldsymbol{\alpha}_1-3\boldsymbol{\alpha}_2+4\boldsymbol{\alpha}_3$;　　(2)$\boldsymbol{\alpha}_1^{\mathrm{T}}+2\boldsymbol{\alpha}_2^{\mathrm{T}}-4\boldsymbol{\alpha}_3^{\mathrm{T}}$.

2. 已知向量 $\boldsymbol{\alpha}_1=(4,5,-5,3)$,$\boldsymbol{\alpha}_2=(10,1,5,10)$,$\boldsymbol{\alpha}_3=(4,1,-1,1)$,且 $3(\boldsymbol{\alpha}_1-\boldsymbol{x})+2(\boldsymbol{\alpha}_2+\boldsymbol{x})=5(\boldsymbol{\alpha}_3-\boldsymbol{x})$,求向量 $\boldsymbol{x}$.

3. 已知向量 $\boldsymbol{\alpha}-\boldsymbol{\beta}=(5,3,0,5)^{\mathrm{T}}$,$\boldsymbol{\alpha}+\boldsymbol{\beta}=(3,3,4,-1)^{\mathrm{T}}$,求 $\boldsymbol{\alpha}$,$\boldsymbol{\beta}$.

4. 已知向量$(2,-3,4)=x(1,1,1)+y(1,1,0)+z(1,0,0)$,求 x,y,z.

5. 判断下列向量组的线性相关性.

(1)$\boldsymbol{\alpha}_1=\begin{pmatrix}1\\1\\0\end{pmatrix}$,$\boldsymbol{\alpha}_2=\begin{pmatrix}0\\2\\0\end{pmatrix}$,$\boldsymbol{\alpha}_3=\begin{pmatrix}0\\0\\3\end{pmatrix}$

(2)$\boldsymbol{\alpha}_1=\begin{pmatrix}1\\1\\0\end{pmatrix}$,$\boldsymbol{\alpha}_2=\begin{pmatrix}0\\2\\0\end{pmatrix}$,$\boldsymbol{\alpha}_3=\begin{pmatrix}2\\4\\1\end{pmatrix}$

(3)$\boldsymbol{\alpha}_1=(1,1,-1,1)$,$\boldsymbol{\alpha}_2=(2,-1,1,0)$,$\boldsymbol{\alpha}_3=(4,1,-1,2)$

(4)$\boldsymbol{\alpha}_1=(1,2,-1,2,2)$,$\boldsymbol{\alpha}_2=(0,1,0,-3,1)$,$\boldsymbol{\alpha}_3=(2,1,0,2,1)$,$\boldsymbol{\alpha}_4=(0,2,0,-6,2)$

(5)$\boldsymbol{\alpha}_1=(1,0,-1)$,$\boldsymbol{\alpha}_2=(-2,2,0)$,$\boldsymbol{\alpha}_3=(3,-5,2)$

(6)$\boldsymbol{\alpha}_1=(1,1,3,1)$,$\boldsymbol{\alpha}_2=(3,-1,2,4)$,$\boldsymbol{\alpha}_3=(2,2,7,-1)$

(7)$\boldsymbol{\alpha}_1=(1,2,3,4)$,$\boldsymbol{\alpha}_2=(2,3,4,5)$,$\boldsymbol{\alpha}_3=(3,4,5,6)$,$\boldsymbol{\alpha}_4=(4,5,6,7)$

(8)$\boldsymbol{\alpha}_1=(1,1,2)$,$\boldsymbol{\alpha}_2=(2,1,3)$,$\boldsymbol{\alpha}_3=(3,1,2)$,$\boldsymbol{\alpha}_4=(1,0,-1)$

6. 判断下列各题中向量 $\boldsymbol{\beta}$ 能否由其他向量线性表示?若能,将其表示为其他向量的线性组合.

(1)$\boldsymbol{\beta}=(3,1,-2,-1)$,$\boldsymbol{\varepsilon}_1=(1,0,0,0)$,$\boldsymbol{\varepsilon}_2=(0,1,0,0)$,$\boldsymbol{\varepsilon}_3=(0,0,1,0)$,$\boldsymbol{\varepsilon}_4=(0,0,0,1)$

(2)$\boldsymbol{\beta}=(-1,1,5)$,$\boldsymbol{\alpha}_1=(1,2,3)$,$\boldsymbol{\alpha}_2=(0,1,4)$,$\boldsymbol{\alpha}_3=(2,3,6)$

(3)$\boldsymbol{\beta}=(-8,-3,7,-10)$,$\boldsymbol{\alpha}_1=(-2,7,1,3)$,$\boldsymbol{\alpha}_2=(3,-5,0,-2)$,$\boldsymbol{\alpha}_3=(-5,-6,3,-1)$

7. 已知 $\boldsymbol{\alpha}_1=(1,4,3)$,$\boldsymbol{\alpha}_2=(2,t,-1)$,$\boldsymbol{\alpha}_3=(-2,3,1)$线性相关,求 t 的值.

8. 求下列向量组的秩和它的一个最大无关组.

(1)$\boldsymbol{\alpha}_1=(1,1,0)^T,\boldsymbol{\alpha}_2=(0,2,0)^T,\boldsymbol{\alpha}_3=(0,0,3)^T$

(2)$\boldsymbol{\alpha}_1=(2,1,3,-1)^T,\boldsymbol{\alpha}_2=(3,-1,2,0)^T,\boldsymbol{\alpha}_3=(4,2,6,-2)^T,\boldsymbol{\alpha}_4=(4,-3,1,1)^T$

(3)$\boldsymbol{\alpha}_1=(1,5,0,8),\boldsymbol{\alpha}_2=(4,3,1,-2),\boldsymbol{\alpha}_3=(-2,-10,0,-16),\boldsymbol{\alpha}_4=(5,8,1,6)$

(4)$\boldsymbol{\alpha}_1=(1,2,1,3),\boldsymbol{\alpha}_2=(4,-2,-6,-8),\boldsymbol{\alpha}_3=(1,-3,-4,-7)$

9. 求下列向量组的秩和一个最大无关组,并将其余向量用最大无关组线性表示.

(1)$\boldsymbol{\alpha}_1=(1,1,1),\boldsymbol{\alpha}_2=(1,1,0),\boldsymbol{\alpha}_3=(1,0,0),\boldsymbol{\alpha}_4=(1,2,-3)$

(2)$\boldsymbol{\alpha}_1=(1,-1,2,4),\boldsymbol{\alpha}_2=(0,3,1,2),\boldsymbol{\alpha}_3=(3,0,7,14),\boldsymbol{\alpha}_4=(2,1,5,6),\boldsymbol{\alpha}_5=(1,-1,2,0)$

(3)$\boldsymbol{\alpha}_1=(6,4,1,9,2),\boldsymbol{\alpha}_2=(1,0,2,3,-4),\boldsymbol{\alpha}_3=(1,4,-9,-6,22),\boldsymbol{\alpha}_4=(7,1,0,-1,3)$

10. 设向量组 $\boldsymbol{\alpha}_1,\boldsymbol{\alpha}_2,\boldsymbol{\alpha}_3$ 线性无关,求证 $\boldsymbol{\beta}_1=\boldsymbol{\alpha}_1-2\boldsymbol{\alpha}_3,\boldsymbol{\beta}_2=\boldsymbol{\alpha}_2-2\boldsymbol{\alpha}_1,\boldsymbol{\beta}_3=\boldsymbol{\alpha}_3-2\boldsymbol{\alpha}_2$ 也线性无关.

11. 证明线性无关向量组的部分组必线性无关.

任务六 讨论一般线性方程组解的结构

在任务四中我们利用高斯消元法可以判别线性方程组是否有解,并能求出所有解. 但当方程组有无穷多组解时,这些解之间有何关系? 如何去表达这些解? 下面我们用向量组线性相关性的理论来讨论线性方程组的解.

一、讨论齐次线性方程组解的结构

例 1 确定下列齐次方程组是否有非零解,并描述它的解集.

$$\begin{cases}3x_1+5x_2-4x_3=0\\-3x_1-2x_2+4x_3=0\\6x_1+x_2-8x_3=0\end{cases}$$

解 $$\boldsymbol{A}=\begin{pmatrix}3&5&-4\\-3&-2&4\\6&1&-8\end{pmatrix}\longrightarrow\begin{pmatrix}3&5&-4\\0&3&0\\0&-9&0\end{pmatrix}\longrightarrow\begin{pmatrix}3&5&-4\\0&3&0\\0&0&0\end{pmatrix}$$

可见有一个自由变量,该齐次方程组 $\boldsymbol{AX}=\boldsymbol{0}$ 有非零解. 为了描述解集,继续把 $\boldsymbol{A}$ 化为简化阶梯形矩阵:$\longrightarrow\begin{pmatrix}1&0&-\frac{4}{3}\\0&1&0\\0&0&0\end{pmatrix}$.

写出对应的方程组为 $\begin{cases}x_1-\frac{4}{3}x_3=0\\x_2=0\\0=0\end{cases}$.

解出基本变量 x_1 和 x_2，得 $x_1=\frac{4}{3}x_3$，$x_2=0$，x_3 是自由变量，$\boldsymbol{AX}=\boldsymbol{0}$ 的通解有向量形式

$$\boldsymbol{X}=\begin{pmatrix}x_1\\x_2\\x_3\end{pmatrix}=\begin{pmatrix}\frac{4}{3}x_3\\0\\x_3\end{pmatrix}=x_3\begin{pmatrix}\frac{4}{3}\\0\\1\end{pmatrix}=x_3\boldsymbol{v}$$

其中

$$\boldsymbol{v}=\begin{pmatrix}\frac{4}{3}\\0\\1\end{pmatrix}$$

这里 x_3 由通解向量的表达式中作为公因子提出来. 这说明本例中 $\boldsymbol{AX}=\boldsymbol{0}$ 的每一个解都是 $\boldsymbol{v}$ 的倍数. 零解可由 $x_3=0$ 得到. 非零向量 $\boldsymbol{v}$ 本身是线性无关的. 此时，我们把向量 $\boldsymbol{v}$ 叫该方程组的基础解系.

例 2 单一方程也可看作是方程组，描述下列齐次“方程组”的解集.

$$10x_1-3x_2-2x_3=0$$

解 在此，我们直接用自由变量表示基本变量 x_1. 通解为

$$\boldsymbol{x}_1=0.3x_2+0.2x_3 \quad (x_2 \text{ 和 } x_3 \text{ 为自由变量})$$

写成向量形式，通解为

$$\boldsymbol{x}_1=\begin{pmatrix}x_1\\x_2\\x_3\end{pmatrix}=\begin{pmatrix}0.3x_2+0.2x_3\\x_2\\x_3\end{pmatrix}=\begin{pmatrix}0.3x_2\\x_2\\0\end{pmatrix}+\begin{pmatrix}0.2x_3\\0\\x_3\end{pmatrix}$$

$$=x_2\begin{pmatrix}0.3\\1\\0\end{pmatrix}+x_3\begin{pmatrix}0.2\\0\\1\end{pmatrix} \quad (x_2,x_3 \text{ 为自由变量})$$

该方程组的每个解都是 $\boldsymbol{u}$ 和 $\boldsymbol{v}$ 的线性组合，且这里 $\boldsymbol{u}$ 和 $\boldsymbol{v}$ 是线性无关的. 此时，我们把向量 $\boldsymbol{u}$ 和 $\boldsymbol{v}$ 叫该方程组的基础解系.

在任务四中齐次线性方程组(2-4-2)的矩阵表达式为 $\boldsymbol{Ax}=\boldsymbol{0}$. 若有 n 维列向量 $\boldsymbol{\xi}$，使得 $\boldsymbol{A\xi}=\boldsymbol{0}$，则称 $\boldsymbol{\xi}$ 为该方程组的解向量，它也是矩阵方程 $\boldsymbol{Ax}=\boldsymbol{0}$ 的解.

当方程 $\boldsymbol{AX}=\boldsymbol{0}$ 有无穷多解(当然是非零解)时，其解有如下性质：

性质 1 如果 $\boldsymbol{\xi}_1$ 和 $\boldsymbol{\xi}_2$ 是 $\boldsymbol{AX}=\boldsymbol{0}$ 的两个解，则 $\boldsymbol{\xi}_1+\boldsymbol{\xi}_2$ 也是 $\boldsymbol{AX}=\boldsymbol{0}$ 的解.

性质 2 如果 $\boldsymbol{\xi}$ 是 $\boldsymbol{AX}=\boldsymbol{0}$ 的解，k 为任意实数，则 $k\boldsymbol{\xi}$ 也是 $\boldsymbol{AX}=\boldsymbol{0}$ 的解.

由两个性质推广可得性质 3：

性质 3 如果 $\boldsymbol{\xi}_1,\boldsymbol{\xi}_2,\cdots,\boldsymbol{\xi}_s$ 是 $\boldsymbol{AX}=\boldsymbol{0}$ 的解，则它们的线性组合

$$\boldsymbol{\xi}=k_1\boldsymbol{\xi}_1+k_2\boldsymbol{\xi}_2+\cdots+k_s\boldsymbol{\xi}_s$$

也是 $\boldsymbol{AX}=\boldsymbol{0}$ 的解，其中 $k_1,k_2,\cdots,k_s$ 是任意实数.

由此可知，如果能求出 $\boldsymbol{AX}=\boldsymbol{0}$ 的所有解构成的解向量组的一个最大无关组，则能用

它的线性组合来表示齐次线性方程组 $AX=0$ 的全部解.

定义 1 若齐次线性方程组 $AX=0$ 的一组解向量 $\xi_1,\xi_2,\cdots,\xi_r$ 满足条件：

(1) $\xi_1,\xi_2,\cdots,\xi_r$ 线性无关；

(2) $AX=0$ 的任一解向量都可由 $\xi_1,\xi_2,\cdots,\xi_r$ 线性表示，则称 $\xi_1,\xi_2,\cdots,\xi_r$ 是齐次线性方程组 $AX=0$ 的一个基础解系.

显然，$AX=0$ 的基础解系就是它的解向量组的一个最大无关组. 于是，只要找出 $AX=0$ 的一个基础解系，它的全部解向量就能由基础解系的线性组合表示出来：

$$X=k_1\xi_1+k_2\xi_2+\cdots+k_r\xi_r \quad (k_1,k_2,\cdots,k_r\text{ 是任意实数})$$

称其为齐次线性方程组 $AX=0$ 的通解.

设齐次线性方程组 $AX=0$ 的系数矩阵 A 的秩为 r，于是对 A 施行若干次初等行变换，A 可以化为行最简阶梯形矩阵

$$\begin{pmatrix} 1 & 0 & \cdots & 0 & b_{1r+1} & \cdots & b_{1n} \\ 0 & 1 & \cdots & 0 & b_{2r+1} & \cdots & b_{2n} \\ \vdots & \vdots & & \vdots & \vdots & & \vdots \\ 0 & 0 & \cdots & 1 & b_{rr+1} & \cdots & b_{rn} \\ 0 & 0 & \cdots & 0 & 0 & \cdots & 0 \\ \vdots & \vdots & & \vdots & \vdots & & \vdots \\ 0 & 0 & \cdots & 0 & 0 & \cdots & 0 \end{pmatrix}=A_r$$

A_r 对应的方程组为

$$\begin{cases} x_1=-b_{1,r+1}x_{r+1}-\cdots-b_{1n}x_n \\ x_2=-b_{2,r+1}x_{r+1}-\cdots-b_{2n}x_n \\ \cdots \\ x_r=-b_{r,r+1}x_{r+1}-\cdots-b_{rn}x_n \end{cases} \tag{2-6-1}$$

方程组 $AX=0$ 与方程组(2-6-1)为同解方程组. 在方程组(2-6-1)中，把 $x_{r+1},x_{r+2},\cdots,x_n$ 作为自由未知量，并令它们依次取下列 $n-r$ 组数

$$\begin{pmatrix} 1 \\ 0 \\ \vdots \\ 0 \end{pmatrix},\begin{pmatrix} 0 \\ 1 \\ \vdots \\ 0 \end{pmatrix},\cdots,\begin{pmatrix} 0 \\ 0 \\ \vdots \\ 1 \end{pmatrix}$$

则有

$$\begin{pmatrix} x_1 \\ x_2 \\ \vdots \\ x_r \end{pmatrix}=\begin{pmatrix} -b_{1,r+1} \\ -b_{2,r+1} \\ \vdots \\ -b_{r,r+1} \end{pmatrix}+\begin{pmatrix} -b_{1,r+2} \\ -b_{2,r+2} \\ \vdots \\ -b_{r,r+2} \end{pmatrix}+\cdots+\begin{pmatrix} -b_{1n} \\ -b_{2n} \\ \vdots \\ -b_{rn} \end{pmatrix}$$

从而得到线性方程组 $AX=0$ 的 $n-r$ 个解向量：

$$\boldsymbol{\xi}_1=\begin{pmatrix}-b_{1,r+1}\\ \vdots\\ -b_{r,r+1}\\ 1\\ 0\\ \vdots\\ 0\end{pmatrix},\boldsymbol{\xi}_2=\begin{pmatrix}-b_{1,r+2}\\ \vdots\\ -b_{r,r+2}\\ 0\\ 1\\ \vdots\\ 0\end{pmatrix},\cdots,\boldsymbol{\xi}_{n-r}=\begin{pmatrix}-b_{1n}\\ \vdots\\ -b_{rn}\\ 0\\ 0\\ \vdots\\ 1\end{pmatrix}$$

可以证明 $\boldsymbol{\xi}_1,\boldsymbol{\xi}_2,\cdots,\boldsymbol{\xi}_{n-r}$ 是线性无关的，而且方程组 $\boldsymbol{AX}=\boldsymbol{0}$ 的任一解 $\boldsymbol{\xi}$ 都可由 $\boldsymbol{\xi}_1,\boldsymbol{\xi}_2,\cdots,\boldsymbol{\xi}_{n-r}$ 线性表示出来：

$$\boldsymbol{\xi}=x_{r+1}\boldsymbol{\xi}_1+x_{r+2}\boldsymbol{\xi}_2+\cdots+x_n\boldsymbol{\xi}_{n-r}$$

故 $\boldsymbol{\xi}_1,\boldsymbol{\xi}_2,\cdots,\boldsymbol{\xi}_{n-r}$ 就是齐次线性方程组 $\boldsymbol{AX}=\boldsymbol{0}$ 的基础解系，它所含向量个数为 $n-r$ 个.

例 1 和例 2 就是上述过程的具体体现，如例 2 的解向量 $\boldsymbol{u}$ 和 $\boldsymbol{v}$ 就是该方程组的一个基础解系，它给出了一种求方程组 $\boldsymbol{AX}=\boldsymbol{0}$ 的基础解系的方法. 从这个过程中可以看出，基础解系不是唯一的，即齐次线性方程组可以有不同的基础解系. 如将 x_2 用 x_1,x_3 表示，重复例 2 的过程便可得到方程组的另一个基础解系.

例 3 求齐次线性方程组

$$\begin{cases}x_1+x_2+2x_3+2x_4=0\\ 2x_1-x_2+x_3-2x_4=0\\ x_1-2x_2-x_3-4x_4=0\end{cases}$$

的基础解系.

解 对方程组的系数矩阵 $\boldsymbol{A}$ 作初等行变换

$$\boldsymbol{A}=\begin{pmatrix}1&1&2&2\\ 2&-1&1&-2\\ 1&-2&-1&-4\end{pmatrix}\xrightarrow[r_3-r_1]{r_2-2r_1}\begin{pmatrix}1&1&2&2\\ 0&-3&-3&-6\\ 0&-3&-3&-6\end{pmatrix}$$

$$\xrightarrow[-\frac{1}{3}r_2]{r_3-r_2}\begin{pmatrix}1&1&2&2\\ 0&1&1&2\\ 0&0&0&0\end{pmatrix}\xrightarrow{r_1-r_2}\begin{pmatrix}1&0&1&0\\ 0&1&1&2\\ 0&0&0&0\end{pmatrix}$$

因为 $R(\boldsymbol{A})=2<4$，所以方程组有非零解，且有 2 个自由未知量，同解方程组为

$$\begin{cases}x_1+x_3=0\\ x_2+x_3+2x_4=0\end{cases}$$

取 x_3,x_4 为自由未知量，将方程组改写成

$$\begin{cases}x_1=-x_3\\ x_2=-x_3-2x_4\end{cases}$$

令 $x_3=1,x_4=0$，可得 $x_1=-1,x_2=-1$；令 $x_3=0,x_4=1$，可得 $x_1=0,x_2=-2$. 于是原方程组的基础解系为

$$\boldsymbol{\xi}_1=\begin{pmatrix}-1\\-1\\1\\0\end{pmatrix},\boldsymbol{\xi}_2=\begin{pmatrix}0\\-2\\0\\1\end{pmatrix}$$

例 4 求齐次线性方程组$\begin{cases}x_1+2x_2-x_3+2x_4=0\\2x_1+4x_2+x_3+x_4=0\\-x_1-2x_2-2x_3+x_4=0\end{cases}$的通解.

解 对方程组的系数矩阵 $\boldsymbol{A}$ 作初等行变换

$$\boldsymbol{A}=\begin{pmatrix}1&2&-1&2\\2&4&1&1\\-1&-2&-2&1\end{pmatrix}\xrightarrow[r_3+r_1]{r_2-2r_1}\begin{pmatrix}1&2&-1&2\\0&0&3&-3\\0&0&-3&3\end{pmatrix}\xrightarrow[\frac{1}{3}r_2]{r_3+r_2}\begin{pmatrix}1&2&-1&2\\0&0&1&-1\\0&0&0&0\end{pmatrix}$$

$$\xrightarrow{r_1+r_2}\begin{pmatrix}1&2&0&1\\0&0&1&-1\\0&0&0&0\end{pmatrix}$$

因为 $R(\boldsymbol{A})=2<4$,所以方程组有非零解,且有 2 个自由未知量,同解方程组为

$$\begin{cases}x_1+2x_2+x_4=0\\x_3-x_4=0\end{cases}$$

取 x_2,x_4 为自由未知量,先将方程组改写成

$$\begin{cases}x_1=-2x_2-x_4\\x_3=\qquad\quad x_4\end{cases}$$

分别令 $x_2=1,x_4=0$ 及 $x_2=0,x_4=1$ 可得基础解系

$$\boldsymbol{\xi}_1=\begin{pmatrix}-2\\1\\0\\0\end{pmatrix},\boldsymbol{\xi}_2=\begin{pmatrix}-1\\0\\1\\1\end{pmatrix}$$

则通解为 $\boldsymbol{x}=k_1\boldsymbol{\xi}_1+k_2\boldsymbol{\xi}_2$,其中 k_1,k_2 为任意实数.

此题也可以将系数矩阵 $\boldsymbol{A}$ 的行最简阶梯形矩阵所对应的同解方程组写成如下形式

$$\begin{cases}x_1=-2x_2-x_4\\x_2=\quad x_2\\x_3=\qquad\quad x_4\\x_4=\qquad\quad x_4\end{cases}$$

这里 x_2,x_4 仍为自由未知量,将上式改为向量形式有

$$\begin{pmatrix}x_1\\x_2\\x_3\\x_4\end{pmatrix}=x_2\begin{pmatrix}-2\\1\\0\\0\end{pmatrix}+x_4\begin{pmatrix}-1\\0\\1\\1\end{pmatrix}$$

则自由未知量系数组成的列向量组

$$\xi_1=\begin{pmatrix}-2\\1\\0\\0\end{pmatrix},\xi_2=\begin{pmatrix}-1\\0\\1\\1\end{pmatrix}$$

便是原方程组的一个基础解系.

二、讨论非齐次线性方程组解的结构

例 5 描述 $\boldsymbol{AX}=\boldsymbol{B}$ 的解,其中

$$\boldsymbol{A}=\begin{pmatrix}3&5&-4\\-3&-2&4\\6&1&-8\end{pmatrix},\quad \boldsymbol{B}=\begin{pmatrix}7\\-1\\-4\end{pmatrix}$$

解 这里 $\boldsymbol{A}$ 就是例 1 的系数矩阵. 对 $(\boldsymbol{A}\mid\boldsymbol{B})$ 作初等行变换得

$$(\boldsymbol{A}\mid\boldsymbol{B})=\begin{pmatrix}3&5&-4&7\\-3&-2&4&-1\\6&1&-8&-4\end{pmatrix}\xrightarrow[r_3-2r_1]{r_2+r_1}\begin{pmatrix}3&5&-4&7\\0&3&0&6\\0&-9&0&-18\end{pmatrix}$$

$$\xrightarrow[\frac{1}{3}r_2]{r_3+3r_2}\begin{pmatrix}3&5&-4&7\\0&1&0&2\\0&0&0&0\end{pmatrix}\xrightarrow[\frac{1}{3}r_1]{r_1-5r_2}\begin{pmatrix}1&0&-\frac{4}{3}&-1\\0&1&0&2\\0&0&0&0\end{pmatrix}$$

最后一个矩阵对应的方程组为

$$\begin{cases}x_1-\dfrac{4}{3}x_3=-1\\x_2=2\\0=0\end{cases}$$

所以 $x_1=-1+\frac{4}{3}x_3, x_2=2, x_3$ 为自由变量,$\boldsymbol{AX}=\boldsymbol{B}$ 的通解可写成向量形式

$$\boldsymbol{X}=\begin{pmatrix}x_1\\x_2\\x_3\end{pmatrix}=\begin{pmatrix}-1+\frac{4}{3}x_3\\2\\x_3\end{pmatrix}$$

$$=\underset{\uparrow\atop \boldsymbol{p}}{\begin{pmatrix}-1\\2\\0\end{pmatrix}}+x_3\underset{\uparrow\atop \boldsymbol{v}}{\begin{pmatrix}\frac{4}{3}\\0\\1\end{pmatrix}}$$

该矩阵方程的解 $\boldsymbol{X}=\boldsymbol{p}+x_3\boldsymbol{v}$,可以验证,这里向量 $\boldsymbol{p}$ 是矩阵方程 $\boldsymbol{AX}=\boldsymbol{B}$ 的一个特解,而向量 $\boldsymbol{v}$ 是矩阵方程 $\boldsymbol{AX}=\boldsymbol{B}$ 对应的齐次方程 $\boldsymbol{AX}=\boldsymbol{0}$ 的一个基础解系.

非齐次线性方程组 $\boldsymbol{AX}=\boldsymbol{B}$ 对应的齐次线性方程组 $\boldsymbol{AX}=\boldsymbol{0}$ 亦称为非齐次线性方程组

的导出组.这两种方程的解之间有下列性质：

性质 4 如果 $\boldsymbol{\eta}_1,\boldsymbol{\eta}_2$ 是 $\boldsymbol{AX}=\boldsymbol{B}$ 的解，则 $\boldsymbol{\eta}_1-\boldsymbol{\eta}_2$ 是其导出组 $\boldsymbol{AX}=\boldsymbol{0}$ 的解.

证明 因为 $\boldsymbol{A\eta}_1=\boldsymbol{B},\boldsymbol{A\eta}_2=\boldsymbol{B}$，故 $\boldsymbol{A}(\boldsymbol{\eta}_1-\boldsymbol{\eta}_2)=\boldsymbol{A\eta}_1-\boldsymbol{A\eta}_2=\boldsymbol{B}-\boldsymbol{B}=\boldsymbol{0}$，所以 $\boldsymbol{\eta}_1-\boldsymbol{\eta}_2$ 是 $\boldsymbol{AX}=\boldsymbol{0}$ 的解.

性质 5 如果 $\boldsymbol{\eta}$ 是 $\boldsymbol{AX}=\boldsymbol{B}$ 的解，$\boldsymbol{\xi}$ 是其导出组 $\boldsymbol{AX}=\boldsymbol{0}$ 的通解，则 $\boldsymbol{\eta}+\boldsymbol{\xi}$ 是 $\boldsymbol{AX}=\boldsymbol{B}$ 的解.（证明留作练习供同学自己思考）

由上面两个性质，可得如下定理：

定理 1 如果 $\boldsymbol{\eta}_0$ 是 $\boldsymbol{AX}=\boldsymbol{B}$ 的一个特解，$\boldsymbol{\xi}$ 是其导出组 $\boldsymbol{AX}=\boldsymbol{0}$ 的通解，那么 $\boldsymbol{\eta}=\boldsymbol{\eta}_0+\boldsymbol{\xi}$ 是 $\boldsymbol{AX}=\boldsymbol{B}$ 的通解.

上述定理说明，如果求得导出组 $\boldsymbol{AX}=\boldsymbol{0}$ 的一个基础解系 $\boldsymbol{\xi}_1,\boldsymbol{\xi}_2,\cdots,\boldsymbol{\xi}_{n-r}$ 和 $\boldsymbol{AX}=\boldsymbol{B}$ 的一个特解 $\boldsymbol{\eta}_0$，则方程组 $\boldsymbol{AX}=\boldsymbol{B}$ 的通解为

$$\boldsymbol{x}=\boldsymbol{\eta}_0+k_1\boldsymbol{\xi}_1+k_2\boldsymbol{\xi}_2+\cdots+k_{n-r}\boldsymbol{\xi}_{n-r}\quad（其中 k_1,k_2,\cdots,k_{n-r} 为任意实数）$$

例 6 求非齐次线性方程组

$$\begin{cases}x_1+2x_2-x_3+2x_4=1\\2x_1+4x_2+x_3+x_4=5\\-x_1-2x_2-2x_3+x_4=-4\end{cases}$$

的通解.

解 对增广矩阵施行初等行变换

$$(\boldsymbol{A},\boldsymbol{B})=\begin{pmatrix}1&2&-1&2&1\\2&4&1&1&5\\-1&-2&-2&1&-4\end{pmatrix}\xrightarrow[r_3+r_1]{r_2-2r_1}\begin{pmatrix}1&2&-1&2&1\\0&0&3&-3&3\\0&0&-3&3&-3\end{pmatrix}$$

$$\xrightarrow[\frac{1}{3}r_2]{r_3+r_2}\begin{pmatrix}1&2&-1&2&1\\0&0&1&-1&1\\0&0&0&0&0\end{pmatrix}\xrightarrow{r_1+r_2}\begin{pmatrix}1&2&0&1&2\\0&0&1&-1&1\\0&0&0&0&0\end{pmatrix}$$

$R(\boldsymbol{A},\boldsymbol{B})=R(\boldsymbol{A})=2$，所以方程组有解，同解方程组为

$$\begin{cases}x_1=-2x_2-x_4+2\\x_3=x_4+1\end{cases}$$

或写为

$$\begin{cases}x_1=-2x_2-x_4+2\\x_2=x_2\\x_3=x_4+1\\x_4=x_4\end{cases}$$

即

$$\begin{pmatrix}x_1\\x_2\\x_3\\x_4\end{pmatrix}=x_2\begin{pmatrix}-2\\1\\0\\0\end{pmatrix}+x_4\begin{pmatrix}-1\\0\\1\\1\end{pmatrix}+\begin{pmatrix}2\\0\\1\\0\end{pmatrix}$$

令

$$\boldsymbol{\xi}_1=(-2\quad 1\quad 0\quad 0)^{\mathrm{T}},\boldsymbol{\xi}_2=(-1\quad 0\quad 1\quad 1)^{\mathrm{T}},\boldsymbol{\eta}_0=(2\quad 0\quad 1\quad 0)^{\mathrm{T}}$$

所以非齐次线性方程组的通解为 $\boldsymbol{x}=\boldsymbol{\eta}_0+k_1\boldsymbol{\xi}_1+k_2\boldsymbol{\xi}_2$（其中 k_1,k_2 为任意实数）.

课堂练习

1. 写出下列方程组的基础解系.

(1) $\begin{cases}x_1+3x_2+x_3=0\\-2x_1-9x_2+2x_3=0\\-3x_2-6x_3=0\end{cases}$ (2) $\begin{cases}x_1+3x_2-5x_3=0\\x_1+4x_2-8x_3=0\\-3x_1-7x_2+9x_3=0\end{cases}$

2. 用向量形式写出下列方程的通解.

(1) $\begin{cases}x_1+4x_2-5x_3=0\\2x_1-x_2+8x_3=9\end{cases}$ (2) $10x_1-x_2-2x_3=7$

巩固与练习

1. 求下列齐次线性方程组的一个基础解系.

(1) $\begin{cases}x_1-2x_2+x_3+x_4=0\\x_1-2x_2+x_3-x_4=0\\x_1-2x_2+x_3+5x_4=0\end{cases}$ (2) $\begin{cases}x_1+2x_2+3x_3-x_4=0\\2x_1+4x_2+5x_3-3x_4-x_5=0\\-x_1-2x_2-3x_3+3x_4+4x_5=0\end{cases}$

2. 求下列齐次线性方程组的通解.

(1) $\begin{cases}x_1-x_2+x_3-x_4=0\\x_1-x_2-x_3+x_4=0\\x_1-x_2-2x_3+2x_4=0\end{cases}$ (2) $\begin{cases}x_1-x_2+5x_3-x_4=0\\x_1+x_2-2x_3+3x_4=0\\3x_1-x_2+8x_3+x_4=0\\x_1+3x_2-9x_3+7x_4=0\end{cases}$

(3) $\begin{cases}x_1-2x_2-4x_3-3x_4=0\\2x_1-x_2-2x_3=0\\x_1+x_2+2x_3+3x_4=0\end{cases}$ (4) $\begin{cases}x_1-2x_2+4x_3=0\\2x_1+3x_2+x_3=0\\3x_1+8x_2-2x_3=0\\4x_1-x_2+9x_3=0\end{cases}$

3. 求下列非齐次线性方程组的通解.

(1) $\begin{cases}x_1-x_2+x_3-x_4=0\\x_1-x_2+2x_3-3x_4=1\\x_1-x_2+3x_3-5x_4=2\end{cases}$ (2) $\begin{cases}x_1+x_2-3x_3-x_4=1\\3x_1-x_2-3x_3+4x_4=4\\x_1+5x_2-9x_3-8x_4=0\end{cases}$

(3) $\begin{cases}x_1-2x_2-3x_3+x_4=1\\2x_1-4x_2-x_3-3x_4+5x_5=-3\\-x_1+2x_2+3x_3+x_4+2x_5=3\end{cases}$ (4) $\begin{cases}x_2+x_3-4x_4=1\\x_1+x_2+2x_3-3x_4=1\\3x_1+2x_2+5x_3-5x_4=2\\2x_1+3x_2+2x_3-4x_4=6\end{cases}$

4. 当 a,b 取何值时，非齐次线性方程组

$$\begin{cases}3x_1+2x_2+x_3+x_4-3x_5=a\\ x_1+x_2+x_3+x_4+x_5=1\\ x_2+2x_3+2x_4+6x_5=3\\ 5x_1+4x_2+3x_3+3x_4-x_5=b\end{cases}$$

有解，求其通解.

5. 当 λ 为何值时，齐次线性方程组

$$\begin{cases}x_1+x_2+x_3+x_4=0\\ x_1+\lambda x_2+x_3-x_4=0\\ 2x_1+x_2+2x_3-\lambda x_4=0\\ x_2-x_3+x_4=0\end{cases}$$

有无穷多解，求其通解.

本模块学习指导

一、教学要求

1. 理解矩阵的概念，了解几种特殊矩阵.

2. 熟练掌握矩阵运算的定义和运算规律.

3. 理解逆矩阵的概念及性质.

4. 掌握矩阵的初等变换和初等矩阵的概念.

5. 理解矩阵秩的概念，会求矩阵的秩.

6. 掌握求逆矩阵的方法(伴随矩阵法和初等变换法).

7. 掌握线性方程组的矩阵表示方法.

8. 理解齐次线性方程组有非零解的充分必要条件及非齐次线性方程组有解的充分必要条件. 熟练掌握用高斯消元法解线性方程组的方法.

9. 理解 n 维向量的概念，掌握向量的基本运算. 理解向量的线性组合与线性表示，会判断一个向量是否可由已知向量组线性表示.

10. 理解向量组线性相关、线性无关的概念，掌握向量组线性相关、线性无关的有关性质，会利用线性方程组相容性的理论判别向量组的相关性.

11. 了解向量组的最大无关组和向量组秩的概念，了解向量组的秩和矩阵的秩之间的关系. 熟练掌握用矩阵的初等行变换求向量组的秩和最大无关组的方法，并把其余向量用最大无关组线性表示.

12. 理解齐次线性方程组的基础解系、解的结构的概念，熟练掌握齐次线性方程组的基础解系、通解的求法. 理解非齐次线性方程组解的结构，掌握线性方程组是否有解的判定方法，熟练掌握非齐次线性方程组通解的求法.

二、考点提示

1. 矩阵的运算

(1)矩阵的加法、数乘矩阵、矩阵乘法(含方阵的幂).

(2)矩阵的转置与方阵的行列式.

2.逆矩阵

(1)逆矩阵的定义.

(2)逆矩阵的运算规律.

(3)逆矩阵求法.

3.矩阵的初等变换

(1)用初等变换求矩阵的秩.

(2)用初等变换求逆矩阵.

(3)初等变换与初等方阵的关系.

4.向量的线性运算.

5.判断向量组的线性相关性.

6.求向量组的秩和一个最大无关组,并把其余向量用最大无关组线性表示.

7.求解齐次线性方程组和非齐次线性方程组.

8.讨论含参数的线性方程组解的情况.

三、疑难解析

1.零矩阵都相同吗?

答 元素全为零的矩阵都称为零矩阵,记作 $\boldsymbol{O}$,但不同型的零矩阵是不同的.比如 $\begin{pmatrix}0&0\\0&0\end{pmatrix}=\boldsymbol{O}$,$(0\quad 0\quad 0)=\boldsymbol{O}$,虽然它们都是零矩阵,但显然它们是不同的零矩阵.

2.矩阵与行列式有什么区别?

答 矩阵与行列式有如下几点区别:

(1)n 阶行列式是按一定规则计算出的一个数,且行数和列数必须相同;而矩阵是一个数表,行数和列数可以不相同,且无论进行何种运算其结果都是一个数表.

(2)两个行列式只要值相等,尽管阶数不等,也称其为相等;而两个矩阵则必须是同型矩阵才可能相等,且同型矩阵只有当对应元素相等时才是相等的.

(3)行列式的数乘是乘以行列式的某一行或某一列,而矩阵的数乘却是乘以矩阵的每一个元素.因此,提公因子时,就须格外注意.如有 $|k\boldsymbol{A}|=k^n|\boldsymbol{A}|$ (其中 $\boldsymbol{A}$ 为 n 阶方阵).

(4)行列式由于最终是一个值,因此行列式之间的运算满足交换律、结合律、分配律等规律;而矩阵的运算既不满足交换律,又不满足消去律,分配律还要注意是左乘还是右乘.从而代数中的公式如:

$$(A\pm B)^2=A^2\pm 2AB+B^2$$

$$A^2-B^2=(A+B)(A-B)$$

$$(AB)^k=A^kB^k$$

在矩阵运算中一般情况下就不再成立了.

(5)方阵的行列式是对矩阵进行的一种运算,并不是说方阵就是行列式.

3.如果矩阵 $\boldsymbol{A}$ 与 $\boldsymbol{B}$ 满足 $\boldsymbol{AB}=\boldsymbol{E}$,能否推出 $\boldsymbol{B}=\boldsymbol{A}^{-1}$?

答 不能

例如 $\boldsymbol{A}=\begin{pmatrix}1&0&0\\0&1&0\end{pmatrix}$，$\boldsymbol{B}=\begin{pmatrix}1&0\\0&1\\0&0\end{pmatrix}$，则 $\boldsymbol{AB}=\begin{pmatrix}1&0\\0&1\end{pmatrix}=\boldsymbol{E}$，但不能推出 $\boldsymbol{B}=\boldsymbol{A}^{-1}$.

因为 $\boldsymbol{A}$ 不是方阵，所以 $\boldsymbol{A}^{-1}$ 不存在.

4. 如何判别向量 $\boldsymbol{\beta}$ 是否可由向量组 $\boldsymbol{A}:\boldsymbol{\alpha}_1,\boldsymbol{\alpha}_2,\cdots,\boldsymbol{\alpha}_m$ 线性表示？表示方法是否唯一？

答 (1)向量 $\boldsymbol{\beta}$ 能由向量组 $\boldsymbol{A}:\boldsymbol{\alpha}_1,\boldsymbol{\alpha}_2,\cdots,\boldsymbol{\alpha}_m$ 线性表示⇔线性方程组 $x_1\boldsymbol{\alpha}_1+x_2\boldsymbol{\alpha}_2+\cdots+x_m\boldsymbol{\alpha}_m=\boldsymbol{\beta}$ 有解；表示方法唯一⇔线性方程组 $x_1\boldsymbol{\alpha}_1+x_2\boldsymbol{\alpha}_2+\cdots+x_m\boldsymbol{\alpha}_m=\boldsymbol{\beta}$ 有唯一解.

(2)若向量组 $\boldsymbol{\alpha}_1,\boldsymbol{\alpha}_2,\cdots,\boldsymbol{\alpha}_m$ 线性无关，而 $\boldsymbol{\alpha}_1,\boldsymbol{\alpha}_2,\cdots,\boldsymbol{\alpha}_m,\boldsymbol{\beta}$ 线性相关，则 $\boldsymbol{\beta}$ 可由 $\boldsymbol{\alpha}_1,\boldsymbol{\alpha}_2,\cdots,\boldsymbol{\alpha}_m$ 表示，且表示方法是唯一的.

5. 如何判断向量组的线性相关性？

答 向量组 $\boldsymbol{A}:\boldsymbol{\alpha}_1,\boldsymbol{\alpha}_2,\cdots,\boldsymbol{\alpha}_n$ 线性相关还是线性无关，取决于齐次线性方程组 $x_1\boldsymbol{\alpha}_1+x_2\boldsymbol{\alpha}_2+\cdots+x_n\boldsymbol{\alpha}_n=\boldsymbol{0}$ 是否有非零解，即以 $\boldsymbol{A}=(\boldsymbol{\alpha}_1,\boldsymbol{\alpha}_2,\cdots,\boldsymbol{\alpha}_n)$ 为系数矩阵的齐次线性方程组是否有非零解.

(1) 向量组 $\boldsymbol{A}:\boldsymbol{\alpha}_1,\boldsymbol{\alpha}_2,\cdots,\boldsymbol{\alpha}_n$ 线性相关⇔齐次线性方程组 $x_1\boldsymbol{\alpha}_1+x_2\boldsymbol{\alpha}_2+\cdots+x_n\boldsymbol{\alpha}_n=\boldsymbol{0}$ 有非零解；向量组 $\boldsymbol{A}:\boldsymbol{\alpha}_1,\boldsymbol{\alpha}_2,\cdots,\boldsymbol{\alpha}_n$ 线性无关⇔$x_1\boldsymbol{\alpha}_1+x_2\boldsymbol{\alpha}_2+\cdots+x_n\boldsymbol{\alpha}_n=\boldsymbol{0}$ 只有零解.

(2)n 个 n 维向量组成的向量组 $\boldsymbol{A}$ 线性相关⇔$|\boldsymbol{A}|=0$；$\boldsymbol{A}$ 线性无关⇔$|\boldsymbol{A}|\neq 0$.

(3) 两个向量线性相关⇔对应分量成比例.

6. 如何求向量组 $\boldsymbol{A}:\boldsymbol{\alpha}_1,\boldsymbol{\alpha}_2,\cdots,\boldsymbol{\alpha}_n$ 的秩和一个最大无关组？并把其余向量用最大无关组线性表示？

答 以向量组 $\boldsymbol{\alpha}_1,\boldsymbol{\alpha}_2,\cdots,\boldsymbol{\alpha}_n$ 为列做矩阵 $\boldsymbol{A}$，对 $\boldsymbol{A}$ 施行初等行变换，化为行阶梯形矩阵 $\boldsymbol{B}$，则 $\boldsymbol{B}$ 的秩 r 即为向量组 $\boldsymbol{\alpha}_1,\boldsymbol{\alpha}_2,\cdots,\boldsymbol{\alpha}_n$ 的秩. 因为矩阵的初等行变换不改变矩阵列向量间的线性相关性，取 $\boldsymbol{B}$ 中 r 个线性无关的列向量(一般取非零行的首非零元素所在列)，故与 $\boldsymbol{B}$ 中所取 r 列相对应的 $\boldsymbol{A}$ 中的列向量就是向量组 $\boldsymbol{\alpha}_1,\boldsymbol{\alpha}_2,\cdots,\boldsymbol{\alpha}_n$ 的一个最大无关组. 将 $\boldsymbol{B}$ 继续作初等行变换，化为行最简阶梯形矩阵，则其余向量即可用最大无关组线性表示.

7. 如何判断线性方程组解的情况？如何求线性方程组的通解？

答 (1)n 元齐次线性方程组 $\boldsymbol{AX}=\boldsymbol{0}$ 一定有一组零解，$\boldsymbol{AX}=\boldsymbol{0}$ 有非零解⇔$R(\boldsymbol{A})=r<n$. 此时可求出齐次线性方程组 $\boldsymbol{AX}=\boldsymbol{0}$ 的一个基础解系 $\boldsymbol{\xi}_1,\boldsymbol{\xi}_2,\cdots,\boldsymbol{\xi}_{n-r}$，则其通解为 $\boldsymbol{X}=k_1\boldsymbol{\xi}_1+k_2\boldsymbol{\xi}_2+\cdots+k_{n-r}\boldsymbol{\xi}_{n-r}(k_1,k_2,\cdots,k_{n-r}\in\mathbf{R})$.

(2)n 元非齐次线性方程组 $\boldsymbol{AX}=\boldsymbol{B}$ 有解⇔$R(\boldsymbol{A})=R(\boldsymbol{A},\boldsymbol{B})=r$. 当 $r=n$ 时，$\boldsymbol{AX}=\boldsymbol{B}$ 有唯一解；当 $r<n$ 时，$\boldsymbol{AX}=\boldsymbol{B}$ 有无穷多解. 此时先求出 $\boldsymbol{AX}=\boldsymbol{B}$ 的导出组 $\boldsymbol{AX}=\boldsymbol{0}$ 的一个基础解系 $\boldsymbol{\xi}_1,\boldsymbol{\xi}_2,\cdots,\boldsymbol{\xi}_{n-r}$，再求出 $\boldsymbol{AX}=\boldsymbol{B}$ 的一个特解 $\boldsymbol{\eta}_0$，则 $\boldsymbol{AX}=\boldsymbol{B}$ 的通解为 $\boldsymbol{X}=\boldsymbol{\eta}_0+k_1\boldsymbol{\xi}_1+k_2\boldsymbol{\xi}_2+\cdots+k_{n-r}\boldsymbol{\xi}_{n-r}(k_1,k_2,\cdots,k_{n-r}\in\mathbf{R})$.

四、本章知识结构图

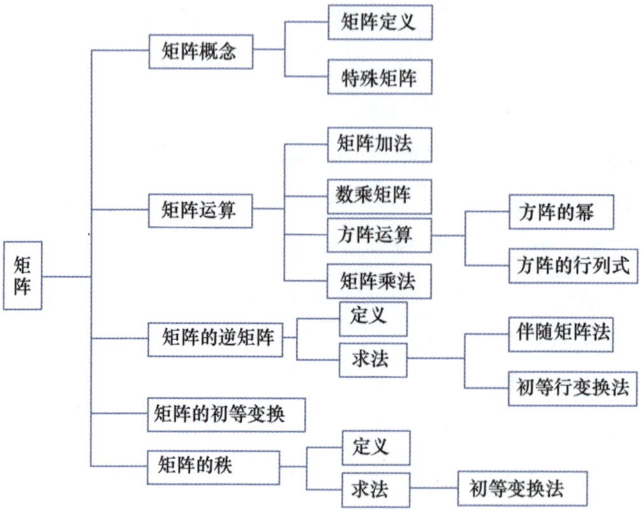

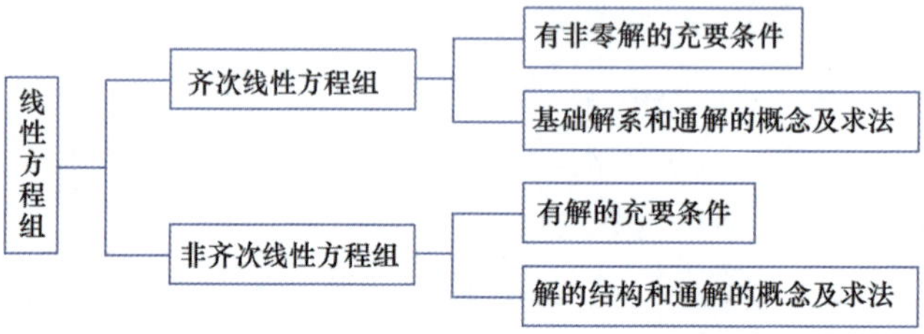

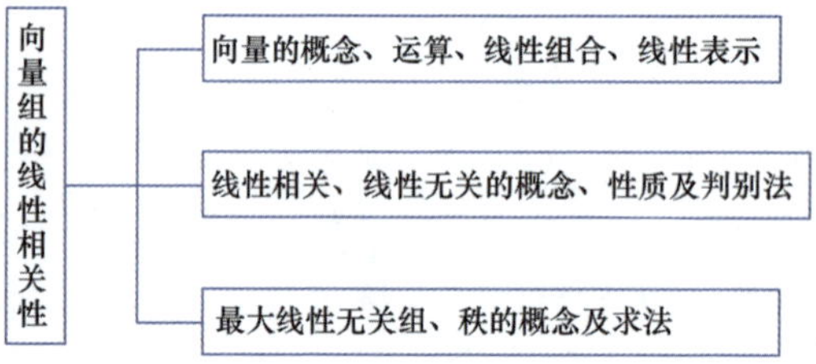

复习题二

一、填空题

1. n 阶方阵 $\boldsymbol{A},\boldsymbol{B},\boldsymbol{C}$ 均可逆，则 $(\boldsymbol{ABC})^{-1}=$________.

2. 若矩阵 $\boldsymbol{A}_{m\times n}$ 与 $\boldsymbol{B}_{r\times s}$ 满足________时，方可相乘，积 $\boldsymbol{AB}$ 是一个________矩阵.

3. 设 $\boldsymbol{A}$ 为 3 阶方阵，且 $|\boldsymbol{A}|=2$，则 $|3\boldsymbol{A}|=$________.

4. 若 $\boldsymbol{A}$ 是 n 阶方阵，且 $\boldsymbol{A}^{\mathrm{T}}\boldsymbol{A}=\boldsymbol{E}$，则 $|\boldsymbol{A}|=$________.

5. 若 $\boldsymbol{A}$、$\boldsymbol{B}$、$\boldsymbol{C}$ 均为 n 阶方阵，$|\boldsymbol{A}|\neq 0$，$\boldsymbol{AB}=\boldsymbol{C}$，则 $\boldsymbol{B}=$________.

6. 已知 $\boldsymbol{\alpha}_1=(3,5,7,9)$，$\boldsymbol{\alpha}_2=(0,1,5,-3)$，且 $2\boldsymbol{\alpha}_1+3\boldsymbol{\alpha}_3=\boldsymbol{\alpha}_2$，则 $\boldsymbol{\alpha}_3=$________.

7. 若存在一组实数 $\lambda_1,\lambda_2,\cdots,\lambda_m$，使得 $\boldsymbol{\beta}=\lambda_1\boldsymbol{\alpha}_1+\lambda_2\boldsymbol{\alpha}_2+\cdots+\lambda_m\boldsymbol{\alpha}_m$，则称 $\boldsymbol{\beta}$ 是 $\boldsymbol{\alpha}_1,\boldsymbol{\alpha}_2,$

$\cdots,\boldsymbol{\alpha}_m$ 的一个________，且 $\boldsymbol{\alpha}_1,\boldsymbol{\alpha}_2,\cdots,\boldsymbol{\alpha}_m,\boldsymbol{\beta}$ 线性________关.

8. 设向量组 $\boldsymbol{\alpha}_1=(a,0,c)$，$\boldsymbol{\alpha}_2=(b,c,0)$，$\boldsymbol{\alpha}_3=(0,a,b)$线性无关，则 a,b,c 必须满足关系式________.

9. 如果 5 元齐次线性方程组 $\boldsymbol{AX}=\boldsymbol{0}$ 的同解方程组是 $\begin{cases}x_1=-3x_3\\x_2=0\end{cases}$，则 $R(\boldsymbol{A})=$______，$\boldsymbol{AX}=\boldsymbol{0}$ 的基础解系有________个解向量.

10. m 个 n 维向量组成的向量组，当 m ________ n 时，这个向量组一定线性相关.

11. 已知向量组 $\boldsymbol{\alpha}_1=(1,2,-1,1)$，$\boldsymbol{\alpha}_2=(2,0,t,0)$，$\boldsymbol{\alpha}_3=(0,-4,5,-2)$的秩为 2，则 t 的值为________.

二、选择题

1. 设矩阵 $\boldsymbol{A}=\begin{pmatrix}1&2\\3&4\end{pmatrix}$，那么 $\boldsymbol{A}$ 的伴随矩阵 $\boldsymbol{A}^*$ 为(　　).

A. $\begin{pmatrix}4&-2\\-3&1\end{pmatrix}$　　B. $\begin{pmatrix}1&-2\\-3&4\end{pmatrix}$　　C. $\begin{pmatrix}4&3\\2&1\end{pmatrix}$　　D. $\begin{pmatrix}1&3\\2&4\end{pmatrix}$

2. 设矩阵 $\boldsymbol{A}_{3\times2},\boldsymbol{B}_{2\times3}$，则下列结论中不正确的是(　　).

A. $|\boldsymbol{AB}|=|\boldsymbol{A}||\boldsymbol{B}|$　　B. $\boldsymbol{AB}$ 有意义

C. $R(\boldsymbol{A})=R(\boldsymbol{A}^{\mathrm{T}})\leqslant2$　　D. $R(\boldsymbol{AB})\leqslant3$

3. 若 $\boldsymbol{A}$ 是 n 阶方阵，且 $|\boldsymbol{A}|\neq0$，则下列结论中不正确的是(　　).

A. $\boldsymbol{A}$ 是非奇异矩阵　　B. $R(\boldsymbol{A})=n$

C. $\boldsymbol{A}$ 是可逆矩阵　　D. $|\boldsymbol{A}|=1$

4. 若 $\boldsymbol{A},\boldsymbol{B},\boldsymbol{C}$ 为同阶方阵，且 $\boldsymbol{A}$ 可逆，则下列结论中正确的是(　　).

A. 若 $\boldsymbol{AB}=\boldsymbol{AC}$，则 $\boldsymbol{B}=\boldsymbol{C}$　　B. 若 $\boldsymbol{AB}=\boldsymbol{CB}$，则 $\boldsymbol{A}=\boldsymbol{C}$

C. $\boldsymbol{ABC}=\boldsymbol{E}$　　D. 若 $\boldsymbol{BC}=\boldsymbol{O}$，则 $\boldsymbol{B}=\boldsymbol{O}$

5. 设 $\boldsymbol{A},\boldsymbol{B}$ 均为 n 阶方阵，运算(　　)正确.

A. $(\boldsymbol{AB})^k=\boldsymbol{A}^k\boldsymbol{B}^k$

B. $|-\boldsymbol{A}|=-|\boldsymbol{A}|$

C. $|\boldsymbol{AB}|=|\boldsymbol{A}||\boldsymbol{B}|$

D. 若 $\boldsymbol{A}$ 是可逆矩阵，k 为不为零的常数，则$(k\boldsymbol{A})^{-1}=k\boldsymbol{A}^{-1}$

6. 设向量组 $\boldsymbol{\alpha}_1,\boldsymbol{\alpha}_2,\boldsymbol{\alpha}_3,\boldsymbol{\alpha}_4,\boldsymbol{\alpha}_5$ 的秩为 3，且满足 $\boldsymbol{\alpha}_1+\boldsymbol{\alpha}_3-\boldsymbol{\alpha}_5=\boldsymbol{0}$，$\boldsymbol{\alpha}_2=3\boldsymbol{\alpha}_4$，则下列向量组中(　　)是 $\boldsymbol{\alpha}_1,\boldsymbol{\alpha}_2,\boldsymbol{\alpha}_3,\boldsymbol{\alpha}_4,\boldsymbol{\alpha}_5$ 的一个最大无关组.

A. $\boldsymbol{\alpha}_1,\boldsymbol{\alpha}_3,\boldsymbol{\alpha}_5$　　B. $\boldsymbol{\alpha}_1,\boldsymbol{\alpha}_2,\boldsymbol{\alpha}_3$

C. $\boldsymbol{\alpha}_2,\boldsymbol{\alpha}_4,\boldsymbol{\alpha}_5$　　D. $\boldsymbol{\alpha}_1,\boldsymbol{\alpha}_2,\boldsymbol{\alpha}_4$

7. 设 $\boldsymbol{A}$ 是 n 阶方阵且 $|\boldsymbol{A}|=0$，则 $\boldsymbol{A}$ 中(　　).

A. 必有一列元素全为零

B. 必有两列元素对应成比例

C. 必有一列向量是其余向量的线性组合

D. 任一列向量是其余向量的线性组合

8. 如果向量 $\boldsymbol{\beta}$ 能够由向量组 $\boldsymbol{A}:\boldsymbol{\alpha}_1,\boldsymbol{\alpha}_2,\cdots,\boldsymbol{\alpha}_n$ 线性表示，则向量组 $\boldsymbol{B}:\boldsymbol{\alpha}_1,\boldsymbol{\alpha}_2,\cdots,\boldsymbol{\alpha}_n,\boldsymbol{\beta}$

秩(　　).

A. 大于 $\boldsymbol{A}$ 的秩　　B. 等于 $\boldsymbol{A}$ 的秩

C. 小于 $\boldsymbol{A}$ 的秩　　D. 与 $\boldsymbol{A}$ 的秩无关

9. 若非齐次线性方程组 $\boldsymbol{AX}=\boldsymbol{B}$ 中方程的个数少于未知数的个数,则(　　).

A. $\boldsymbol{AX}=\boldsymbol{B}$ 必有无穷多解　　B. $\boldsymbol{AX}=\boldsymbol{0}$ 只有零解

C. $\boldsymbol{AX}=\boldsymbol{0}$ 必有非零解　　D. $\boldsymbol{AX}=\boldsymbol{B}$ 必无解

10. 对非齐次线性方程组 $\boldsymbol{AX}=\boldsymbol{B}$,下列说法正确的是(　　).

A. 若 $\boldsymbol{AX}=\boldsymbol{0}$ 只有零解,则 $\boldsymbol{AX}=\boldsymbol{B}$ 无解

B. 若 $\boldsymbol{AX}=\boldsymbol{0}$ 有非零解,则 $\boldsymbol{AX}=\boldsymbol{B}$ 有解

C. 若 $\boldsymbol{AX}=\boldsymbol{B}$ 有解,则 $\boldsymbol{AX}=\boldsymbol{0}$ 有非零解

D. 若 $\boldsymbol{AX}=\boldsymbol{B}$ 有唯一解,则 $\boldsymbol{AX}=\boldsymbol{0}$ 只有零解

三、判断题

1. 两个零矩阵一定相等.　(　　)

2. 矩阵可逆当且仅当 $|\boldsymbol{A}|\neq 0$.　(　　)

3. $|\boldsymbol{A}+\boldsymbol{B}|=|\boldsymbol{A}|+|\boldsymbol{B}|$.　(　　)

4. 设 $\boldsymbol{A},\boldsymbol{B},\boldsymbol{C}$ 均为 n 阶方阵,若 $\boldsymbol{AB}=\boldsymbol{AC}$,则 $\boldsymbol{B}=\boldsymbol{C}$　(　　)

5. 设 $\boldsymbol{A},\boldsymbol{B}$ 均为 n 阶方阵,若 $\boldsymbol{AB}=\boldsymbol{O}$,则 $\boldsymbol{B}=\boldsymbol{O}$.　(　　)

6. 若 $\boldsymbol{A},\boldsymbol{B}$ 均为 n 阶方阵,则 $(\boldsymbol{A}+\boldsymbol{B})(\boldsymbol{A}-\boldsymbol{B})=\boldsymbol{A}^2-\boldsymbol{B}^2$.　(　　)

7. 所有零向量都相等.　(　　)

8. 如果存在一组不全为零的数 $\lambda_1,\lambda_2,\cdots,\lambda_m$,使 $\lambda_1\boldsymbol{\alpha}_1+\lambda_2\boldsymbol{\alpha}_2+\cdots+\lambda_m\boldsymbol{\alpha}_m\neq 0$,则 $\boldsymbol{\alpha}_1,\boldsymbol{\alpha}_2,\cdots,\boldsymbol{\alpha}_m$ 线性无关.　(　　)

9. 若一个向量组的秩是 3,则该向量组中任意 3 个向量都线性无关.　(　　)

10. 设 $\boldsymbol{\alpha}_1,\boldsymbol{\alpha}_2,\cdots,\boldsymbol{\alpha}_m$ 是 n 维向量组,如果 $R(\boldsymbol{\alpha}_1,\boldsymbol{\alpha}_2,\cdots,\boldsymbol{\alpha}_m)=m$,则向量组 $\boldsymbol{\alpha}_1,\boldsymbol{\alpha}_2,\cdots,\boldsymbol{\alpha}_m$ 线性无关.　(　　)

11. 若 $\boldsymbol{\xi}_1,\boldsymbol{\xi}_2,\cdots,\boldsymbol{\xi}_r$ 都是齐次线性方程组 $\boldsymbol{AX}=\boldsymbol{0}$ 的解向量且线性无关,则 $\boldsymbol{\xi}_1,\boldsymbol{\xi}_2,\cdots,\boldsymbol{\xi}_r$ 必是 $\boldsymbol{AX}=\boldsymbol{0}$ 的一个基础解系.　(　　)

四、解答与计算

1. 计算

(1) $\begin{pmatrix}1 & 2 & 3 & 4\\ 0 & 2 & -1 & 1\\ 1 & -1 & 2 & 5\end{pmatrix}+\dfrac{1}{2}\begin{pmatrix}2 & 1 & 4 & 10\\ 0 & -1 & 2 & 0\\ 0 & 2 & 3 & -2\end{pmatrix}$

(2) $\begin{pmatrix}1 & 2 & 0\\ 1 & -1 & 1\end{pmatrix}\begin{pmatrix}1 & 3\\ 0 & 1\\ 1 & -1\end{pmatrix}$

(3) $\begin{pmatrix}1 & 1 & 1\\ 0 & 1 & 1\\ 0 & 0 & 1\end{pmatrix}^3$

(4) $\begin{pmatrix} 3 & 1 & 2 & -1 \\ 0 & 3 & 1 & 0 \end{pmatrix} \begin{bmatrix} 1 & 0 & 5 \\ 0 & 2 & 0 \\ 1 & 0 & 1 \\ 0 & 3 & 0 \end{bmatrix} \begin{pmatrix} -1 & 0 \\ 1 & 5 \\ 0 & 2 \end{pmatrix}$

(5) $\begin{pmatrix} \cos\theta & \sin\theta \\ -\sin\theta & \cos\theta \end{pmatrix}^n$ (n 为正整数)

(6) $\begin{bmatrix} 2 & 1 & -2 \\ 1 & 0 & 4 \\ -3 & 1 & 0 \\ 0 & 1 & 1 \end{bmatrix} \begin{pmatrix} 3 & 1 & 0 \\ 0 & 0 & 1 \\ -1 & 2 & 0 \end{pmatrix}^{\mathrm{T}}$

2. 求下列矩阵的秩

(1) $\begin{bmatrix} 1 & 2 & 3 & 4 & 5 \\ -1 & -2 & -3 & -3 & -4 \\ 1 & 3 & 3 & 3 & 4 \\ 2 & 2 & 7 & 9 & 11 \end{bmatrix}$　　(2) $\begin{bmatrix} 2 & 3 & 1 \\ 1 & 1 & 2 \\ 4 & 7 & -1 \\ 1 & 3 & -4 \end{bmatrix}$

3. 下列矩阵是否可逆？若可逆，求逆矩阵.

(1) $\begin{pmatrix} 3 & 2 \\ -3 & -1 \end{pmatrix}$　　(2) $\begin{pmatrix} 1 & 1 & 0 \\ 1 & 2 & 2 \\ 2 & 3 & 2 \end{pmatrix}$

(3) $\begin{pmatrix} 2 & 3 & 3 \\ 1 & -1 & 0 \\ -1 & 2 & 1 \end{pmatrix}$　　(4) $\begin{bmatrix} 2 & 3 & 0 & 0 \\ 0 & 1 & 0 & 0 \\ 0 & 0 & -5 & 0 \\ 0 & 0 & 1 & 2 \end{bmatrix}$

4. 解矩阵方程

(1) $\begin{pmatrix} 2 & 5 \\ 1 & 3 \end{pmatrix} \boldsymbol{X} = \begin{pmatrix} 4 & -6 \\ 2 & 1 \end{pmatrix}$　　(2) $\boldsymbol{X} \begin{pmatrix} 1 & 1 & -1 \\ 2 & 1 & 0 \\ 1 & -1 & 1 \end{pmatrix} = \begin{pmatrix} 1 & 1 & 3 \\ 4 & 3 & 2 \\ 1 & 2 & 5 \end{pmatrix}$

5. (1) 设 $\boldsymbol{\alpha}_1=(2,-3,8,2)$，$\boldsymbol{\alpha}_2=(1,3,1,4)$，$\boldsymbol{\alpha}_3=(1,6,-2,7)$ 且满足 $2(\boldsymbol{\alpha}_2+\boldsymbol{x})+\boldsymbol{\alpha}_1=\boldsymbol{\alpha}_3-\boldsymbol{x}$，求向量 $\boldsymbol{x}$，并判断 $\boldsymbol{\alpha}_1,\boldsymbol{\alpha}_2,\boldsymbol{\alpha}_3,\boldsymbol{x}$ 的线性相关性.

(2) 判断向量组 $\boldsymbol{\alpha}_1=(1,2,0)$，$\boldsymbol{\alpha}_2=(2,-1,5)$，$\boldsymbol{\alpha}_3=(1,-8,10)$ 的线性相关性.

6. 求下列向量组的秩和一个最大无关组，并把其余向量用最大无关组线性表示.

(1) $\boldsymbol{\alpha}_1=(6,4,1,-1,2)$，$\boldsymbol{\alpha}_2=(1,0,2,3,-4)$，$\boldsymbol{\alpha}_3=(1,4,-9,-16,22)$，$\boldsymbol{\alpha}_4=(7,1,0,-1,3)$

(2) $\boldsymbol{\alpha}_1=(1,1,2,3)$，$\boldsymbol{\alpha}_2=(1,-1,1,1)$，$\boldsymbol{\alpha}_3=(1,3,3,5)$，$\boldsymbol{\alpha}_4=(4,-2,5,6)$，$\boldsymbol{\alpha}_5=(3,1,5,7)$

7. 向量 $\boldsymbol{\beta}$ 能否用向量组 $\boldsymbol{A}$ 线性表示？若能，则求出表达式，并说明表达式是否唯一；若不能，则说明理由.

(1) $\boldsymbol{A}$：$\boldsymbol{\alpha}_1=(1,1,1,1)$，$\boldsymbol{\alpha}_2=(1,1,-1,-1)$，$\boldsymbol{\alpha}_3=(1,-1,1-1)$，$\boldsymbol{\alpha}_4=(1,-1,-1,1)$；$\boldsymbol{\beta}=(1,2,1,1)$

(2) $\boldsymbol{A}:\boldsymbol{\alpha}_1=(2,1,3,-1),\boldsymbol{\alpha}_2=(3,-1,2,0),\boldsymbol{\alpha}_3=(1,3,4,-2);\boldsymbol{\beta}=(4,-3,1,1)$

8. 设向量组 $\boldsymbol{\alpha}_1,\boldsymbol{\alpha}_2,\boldsymbol{\alpha}_3,\boldsymbol{\alpha}_4$ 线性无关，$\boldsymbol{\beta}_1=\boldsymbol{\alpha}_1+\boldsymbol{\alpha}_2,\boldsymbol{\beta}_2=\boldsymbol{\alpha}_2+\boldsymbol{\alpha}_3,\boldsymbol{\beta}_3=\boldsymbol{\alpha}_3+\boldsymbol{\alpha}_4,\boldsymbol{\beta}_4=\boldsymbol{\alpha}_4-\boldsymbol{\alpha}_1$，试证明向量组 $\boldsymbol{\beta}_1,\boldsymbol{\beta}_2,\boldsymbol{\beta}_3,\boldsymbol{\beta}_4$ 也线性无关.

9. 求下列线性方程组的通解：

(1)$\begin{cases}x_1-x_2-x_3+x_4=0\\x_1-x_2+x_3-2x_4=0\\x_1-x_2+3x_3-5x_4=0\end{cases}$　　(2)$\begin{cases}x_1-x_2+2x_3+2x_4=1\\2x_1+x_2+4x_3+x_4=5\\x_1+2x_2+2x_3-x_4=4\end{cases}$

10. 当 λ 取何值时，非齐次线性方程组$\begin{cases}x_1-2x_2+3x_3=1\\2x_1+x_2-3x_3=\lambda\\4x_1-3x_2-x_3=\lambda^2\end{cases}$ 有解，并求其通解.

11. 当 p,q 为何值时，非齐次线性方程组$\begin{cases}x_1+2x_2+3x_3=6\\2x_1+3x_2+x_3=-1\\x_1+x_2+px_3=-7\\3x_1+5x_2+4x_3=q\end{cases}$

(1)无解；(2)有唯一解；(3)有无穷多解，并求其通解.

模块三 线性代数数学实验

问题引入

随着计算工具的飞速发展,数学在自然科学、工程技术、经济管理以至人文社会科学各领域中日益成为解决实际问题的有力工具.数学技术(数值计算与仿真、图像处理、统计分析等等)、理论研究和实验研究三足鼎立,在现代社会进步中正起着巨大作用.

本模块主要简单介绍 MATLAB 软件及其在线性代数中的应用.

任务一 了解 MATLAB

MATLAB 软件是一种广泛应用于工程计算及数值分析领域的新型高级语言,MATLAB 是英文 Matrix Laboratory 的缩写,意为矩阵实验室,是美国 MathWorks 公司推出的.自 1984 年推向市场以来,历经三十多年的发展与竞争,现已成为国际公认的最优秀的工程技术应用开发环境,当前最新版本为 MATLABR2017b. MATLAB 软件是一种具有广泛应用前景的全新的计算机高级编程语言.就影响而言,至今仍然没有一个别的计算软件可与 MATLAB 软件匹敌.

在欧美及国内各高等院校,MATLAB 软件已经成为数值计算、数据分析、图像处理、线性代数、概率统计、自动控制理论、数字信号处理、时间序列分析、动态系统仿真等课程的基本教学工具,已成为大学生必须掌握的基本技能之一. MATLAB 软件以其功能强大、简单易学、编程效率高、仿真效果好的特点,深受广大科技工作者和学生的欢迎.

下面以 MATLABR2014a(汉化版)为例进行介绍.

一、MATLAB 的工作界面

MATLABR2014a 的启动界面如图 3-1 所示.

图 3-1　MATLAB 启动界面

MATLABR2014a 的工作界面如图 3-2 所示，主要包括主工作窗口菜单、命令行窗口、编辑器窗口、命令历史记录窗口、当前文件夹窗口、工作区窗口和帮助窗口.

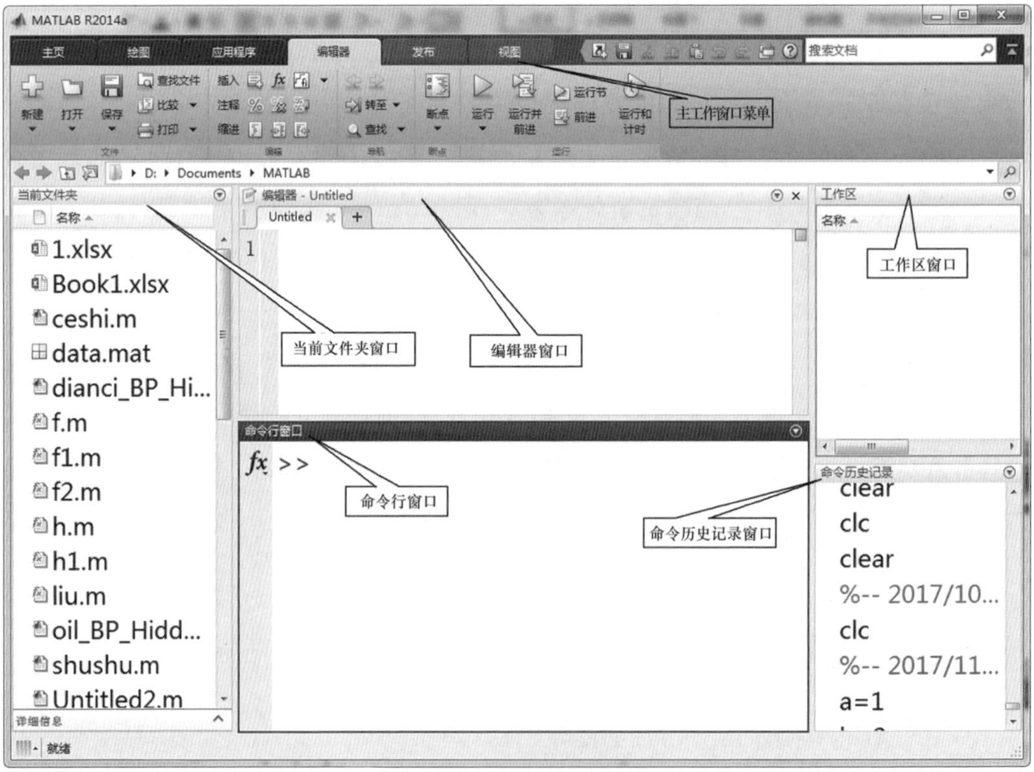

图 3-2　MATLAB 主工作窗口

1. 主工作窗口菜单

主工作窗口菜单(图 3-3)兼容其他 6 个子窗口，本身还包含主页、绘图、应用程序、编辑器、发布、视图 6 个主菜单。每个主菜单都带有相当丰富的功能按钮。

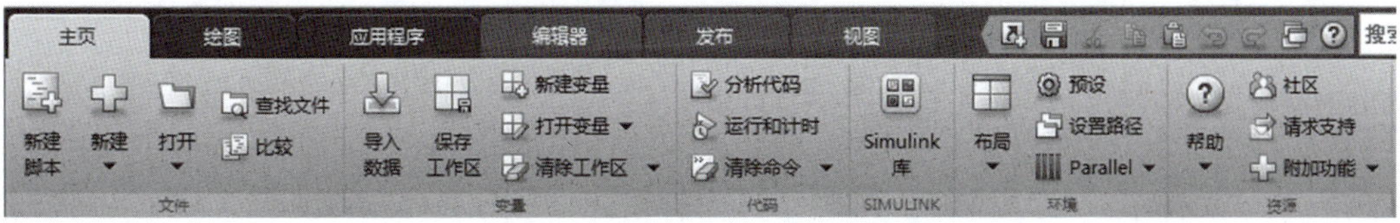

图 3-3　MATLAB 主工作窗口菜单

2. 命令行窗口

MATLABR2014a 命令行窗口如图 3-4 所示，主要是程序运行工作窗口. 命令窗口显示符号“>>”为运算提示符，说明系统处于准备状态. 当用户在提示符后输入表达式按回车键之后，系统将给出运算结果，然后继续处于准备编辑状态.

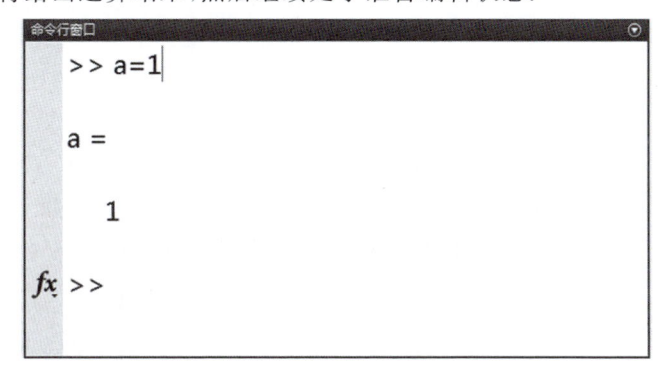

图 3-4　命令行窗口

3. 编辑器窗口

MATLABR2014a 编辑器窗口如图 3-5 所示，是编写脚本程序的窗口. 用户可以在编辑器窗口中编写程序，点击运行按钮，程序结果会在命令行窗口中显示.

图 3-5　编辑器窗口

4. 命令历史记录窗口

命令历史记录窗口如图 3-6 所示. 在默认情况下，命令历史记录窗口会保留自安装以来所有用过的命令的历史记录以及命令使用的日期和时间，所有保留的命令都可以单击后执行.

5. 当前文件夹窗口

当前文件夹窗口如图 3-7 所示，主要功能是显示或改变当前目录，可以显示当前目录下的文件，还可以提供搜索. 通过上面的目录选择下拉菜单，可以选择已经访问过的目录. 单击右侧的按钮，可以打开路径选择对话框设置和添加路径.

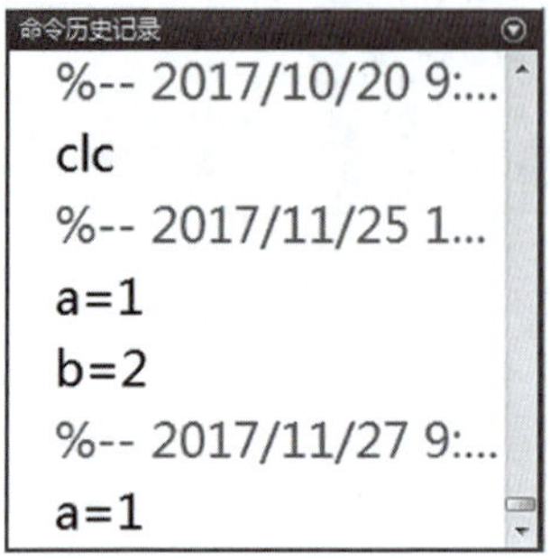

图 3-6　命令历史记录窗口

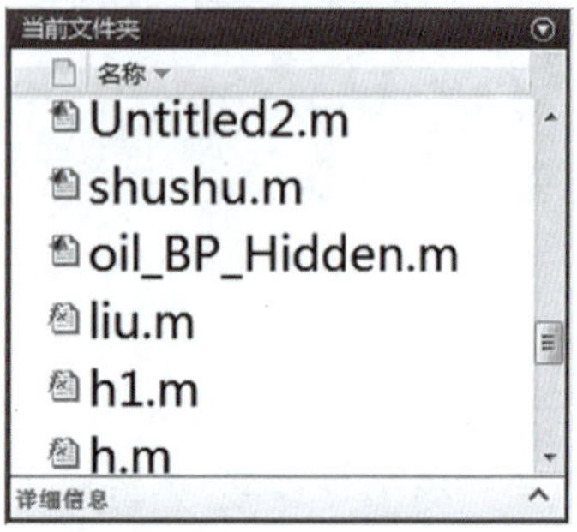

图 3-7　当前文件夹窗口

6. 工作区窗口

工作区窗口如图 3-8 所示，该窗口显示目前内存中存放的变量名、变量存储数据的维数、变量存储的字节数、变量类型说明等.

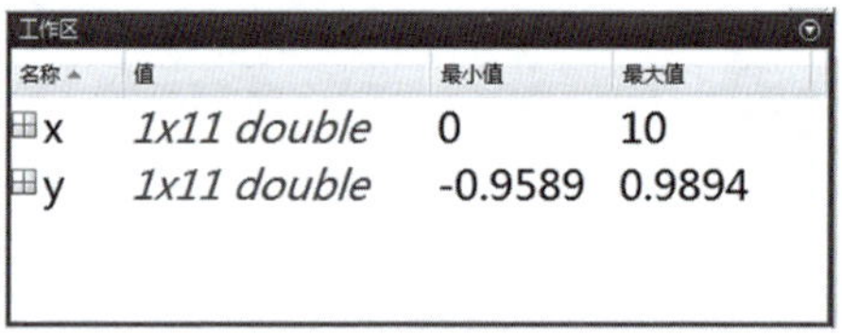

图 3-8　工作区窗口

7. 帮助窗口

MATLABR2014a 的帮助系统如图 3-9 所示，在主窗口菜单中点击帮助按钮，选择文档工具条，系统就会弹出帮助窗口，用户可以根据需要在帮助窗口中搜索相关内容寻求帮助.

图 3-9　帮助窗口

二、了解 MATLAB 的基本操作命令与函数

1. 系统基本命令

MATLAB 系统基本命令不多,常用命令见表 3-1.

表 3-1　MATLAB 系统常见基本命令表

命令字	功　能
exit/quit	退出 MATLAB
cd	改变当前目录
pwd	显示当前目录
path	显示并设置当前路径
what/dir/ls	列出当前目录中文件清单
type/dbtype	显示文件内容
load	在文件中装载工作区
save	将工作区保存到文件中
diary	文本记录命令
!	后面跟操作系统命令

2. 工作区和变量的基本命令

MATLAB 工作区和变量的基本命令及功能见表 3-2.

表 3-2　MATLAB 工作区和变量的基本命令及功能

命令或符号	功能或意义
clear	清除所有变量并恢复除 eps 外的所有预定义变量
sym/syms	定义符号变量,sym 一次只能定义一个变量,syms 一次可以定义一个或多个变量
who	显示当前内存变量列表,只显示内存变量名
whos	显示当前内存变量详细信息,包括变量名、大小、所占用二进制位数
size/length	显示矩阵或向量的大小命令
pack	重构工作区命令
format	输出格式命令
casesen	切换字母大小写命令
which+<函数名>	查询给定函数的路径
exist ('变量名/函数名')	查询变量或函数,返回 0,表示查询内容不存在;返回 1,表示查询内容在当前工作空间;返回 2,表示查询内容在 MATLAB 搜索路径中的 M 文件;返回 3,表示查询内容在 MATLAB 搜索路径中的 MEX 文件;返回 4,表示查询内容在 MATLAB 搜索路径的 MDL 文件;返回 5,表示查询内容是 MATLAB 的内部函数;返回 6,表示查询内容在 MATLAB 搜索路径中的 P 文件;返回 7,表示查询内容是一个目录;返回 8,表示查询内容是一个 Java 类

3. MATLAB 中的预定义变量

MATLAB 中有很多预定义变量,具有特定的意义,详细情况见表 3-3.

表 3-3 MATLAB 预定义变量表

变量名	预定义
ans	分配最新计算的而又没有给定名称的表达式的值.当在命令窗口中输入表达式而不赋值给任何变量时,在命令窗口中会自动创建变量 ans,并将表达式的运算结果赋给该变量.但是变量 ans 仅保留最近一次的计算结果
eps	返回机器精度,定义了 1 与最接近可代表的浮点数之间的差.在一些命令中也用作偏差.可重新定义,但不能由 clear 命令恢复
realmax	返回计算机能处理的最大浮点数
realmin	返回计算机能处理的最小的非零浮点数
pi	即 π,若 eps 足够小,则用 16 位十进制数表达其精度
inf	定义为$\frac{1}{0}$,即当分母或除数为 0 时返回 inf,不中断执行而继续运算
nan	定义为"Not a number",即未定式$\frac{0}{0}$或$\frac{\infty}{\infty}$
i/j	定义为虚数单位 $\sqrt{-1}$.可以为 i 和 j 定义其他值,但不再是预定义常数
nargin	给出一个函数调用过程中输入自变量的个数
nargout	给出一个函数调用过程中输出自变量的个数
computer	给出本台计算机的基本信息
version	给出 MATLAB 的版本信息
flops	符点运算次数,用于统计计算量

4. 算术表达式和基本数学函数

MATLAB 的算术表达式由字母或数字用运算符号联结而成,十进制数字有时也可以使用科学记数法来书写,如 2.71E+3 表示 2.71×10^3,3.86E−6 表示 3.86×10^{-6}.

MATLAB 的运算符有:

+	加	−	减
*	乘	.*	两矩阵的点乘
/	右除(正常除法)	\	左除
^	乘方		

例如:a^3/b+c 表示 $a^3\div b+c$ 或 $\frac{a^3}{b}+c$,a^2\(b−c)表示 $(b-c)\div a^2$ 或 $\frac{b-c}{a^2}$,A.*B 表示矩阵 $\boldsymbol{A}$ 与 $\boldsymbol{B}$ 的点乘(条件是 $\boldsymbol{A}$ 与 $\boldsymbol{B}$ 必须具有相同的维数),即 $\boldsymbol{A}$ 与 $\boldsymbol{B}$ 的对应元素相乘.A*B 表示矩阵 $\boldsymbol{A}$ 与 $\boldsymbol{B}$ 的正常乘法(条件是 $\boldsymbol{A}$ 的列数必须等于 $\boldsymbol{B}$ 的行数).

MATLAB 的关系运算符有六个:

<	小于	<=	小于等于
>	大于	>=	大于等于
==	等于	~=	不等于

例如:(a+b)>=3 表示 $a+b\geqslant 3$,a~=2 表示 $a\neq 2$.

MATLAB 的数学函数很多,MATLAB 常用数学函数命令见表 3-4.

表 3-4 MATLAB 常用数学函数命令表

函数	数学含义	函数	数学含义
abs(x)	求 x 的绝对值，即 $\|x\|$，若 x 是复数，即求 x 的模	atan(x)	求 x 的反正切函数，即 $\arctan x$
sign(x)	求 x 的符号，x 为正得 1，x 为负得 −1，x 为零得 0	acot(x)	求 x 的反余切函数，即 $\mathrm{arccot} x$
sqrt(x)	求 x 的平方根，即 $\sqrt{x}$	asec(x)	求 x 的反正割函数，即 $\mathrm{arcsec} x$
exp(x)	求 x 的指数函数，即 e^x	acsc(x)	求 x 的反余割函数，即 $\mathrm{arccsc} x$
log(x)	求 x 的自然对数，即 $\ln x$	round(x)	求最接近 x 的整数
log10(x)	求 x 的常用对数，即 $\lg x$	rem(x,y)	求整除 x/y 的余数
log2(x)	求 x 的以 2 为底的对数，即 $\log_2 x$	real(z)	求复数 z 的实部
sin(x)	求 x 的正弦函数，x 为弧度	imag(z)	求复数 z 的虚部
cos(x)	求 x 的余弦函数，x 为弧度	conj(z)	求复数 z 的共轭，即 $\bar{z}$
tan(x)	求 x 的正切函数，x 为弧度	nchoosek(n,k)	求从 n 个中取出 k 个的组合数
cot(x)	求 x 的余切函数，x 为弧度	factorial(n)	求 n 的阶乘
sec(x)	求 x 的正割函数，x 为弧度	int(f)	求 f 的不定积分
csc(x)	求 x 的余割函数，x 为弧度	int(f,a,b)	求 f 在 $[a,b]$ 上的定积分
asin(x)	求 x 的反正弦函数，即 $\arcsin x$	diff(f)	求 f 的一阶导数
acos(x)	求 x 的反余弦函数，即 $\arccos x$		

5. 数值的输出格式

在 MATLAB 中数值的输出通常为不带小数的整数格式或带 4 位小数的浮点格式. 如果输出结果中所有数值都是整数，则以整数格式输出；如果结果中有一个或多个元素是非整数，则以浮点数格式输出结果. MATLAB 的运算总是以所能达到的最高精度计算，输出格式不会影响计算的精度.

使用命令 format 可以改变屏幕输出的格式. 有关 format 命令格式及其他有关的屏幕输出命令见表 3-5.

表 3-5 屏幕输出命令表

命令及格式	说　明
format short	以 4 位小数的浮点格式输出
format long	以 14 位小数的浮点格式输出
format short e	以 4 位小数加 e+000 的浮点格式输出
format long e	以 15 位小数加 e+000 的浮点格式输出
format hex	以 16 进制格式输出
format +	提取数值的符号
format bank	以银行格式输出，即只保留 2 位小数
format rat	以有理数格式输出
more on/off	屏幕显示控制. more on 表示满屏停止，等待键盘输入；more off 表示不考虑窗口一次性输出
more (n)	如果输出多于 n 行，则只显示 n 行

6. 取整命令及相关命令

MATLAB 中有多种取整命令，连同相关命令见表 3-6.

表 3-6　取整命令及相关命令表

命令格式	说　明
round(x)	求最接近 x 的整数. 如果 x 是向量，用于所有分量
fix(x)	求最接近 0 的 x 的整数
floor(x)	求小于等于 x 的最接近的整数
ceil(x)	求大于等于 x 的最接近的整数
rem(x,y)	求整除 x/y 的余数
gcd(x,y)	求整数 x 和 y 的最大公因子
[g,c,d]=gcd(x,y)	求 g,c,d 使之满足 $g=xc+yd$
lcm(x,y)	求正整数 x 和 y 的最小公倍数
[t,n]= rat(x)	求由有理数 t/n 确定的 x 的近似值. 这里 t 和 n 都是整数，相对误差小于 10^{-6}
[t,n]= rat(x,tol)	求由有理数 t/n 确定的 x 的近似值. 这里 t 和 n 都是整数，相对误差小于 tol
rat(x)	求 x 的连续的分数表达式
rat(x,tol)	求带相对误差 tol 的 x 的连续的分数表达式

例 1　采用不同的命令求常数 3.9801 的整数.

```
>> x=3.9801;                                  %输入 x 的数值
>> round(x)                                   %使用 round 函数
ans =
     4
>> fix(x)                                     %使用 fix 函数
ans =
     3
>> floor(x)                                   %使用 floor 函数
ans =
    3
>> ceil(x)                                    %使用 ceil 函数
ans =
     4
```

例 2　$x=36,y=4$，求 x、y 的最大公因子和最小公倍数.

```
>> x=36;y=4;                                  %输入数值 x,y
>> rem(x,y)                                   %求 x/y 整除后的余数
ans =
```

```
    0
>> gcd (x,y)                          %求 x,y 的最大公因子
ans =
    4
>> lcm(x,y)                           %求 x,y 的最小公倍数
ans =
    36
```

三、MATLAB 绘图

1. 二维数据曲线图

(1)绘制单根二维曲线

plot 函数的基本调用格式为:plot(x,y),其中 x 和 y 为长度相同的向量,分别用于存储 x 坐标和 y 坐标数据. MATLAB 会产生一个图形窗口显示图形,x,y 的坐标是由计算机自动绘出的.

例 3 绘制实向量{0.,1.48,0.84,1.,0.51,6.14}的图形.

在编辑器窗口中输入下面程序代码

```
clear
x=[0 1.48 0.84 1 0.51 6.14];
plot(x)
```

结果如图 3-10 所示.

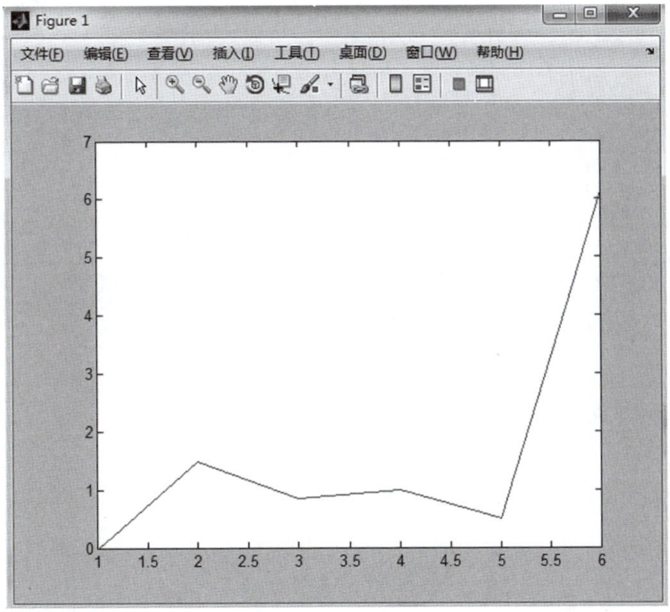

图 3-10 例 3 结果图

(2)绘制多根二维曲线

含多个输入参数的 plot 函数调用格式为：plot(x1,y1,x2,y2,…,xn,yn).

当输入参数都为向量时，x1 和 y1，x2 和 y2，…，xn 和 yn 分别组成一组向量对，每一组向量对的长度可以不同. 每一向量对可以绘制出一条曲线，这样可以在同一坐标内绘制出多条曲线.

例 4 在$[0,2\pi]$内，绘制曲线 $y=2e^{-0.5x}\cos(4\pi x)$.

在编辑器窗口中输入下面程序代码.

```
clear
x=0:2*pi/100:2*pi;                    %输入[0,2π]间 100 个点的 x 坐标
y=2*exp(-0.5*x).*cos(4*pi*x); % 对应的 y 坐标
plot(x,y);
```

结果如图 3-11 所示.

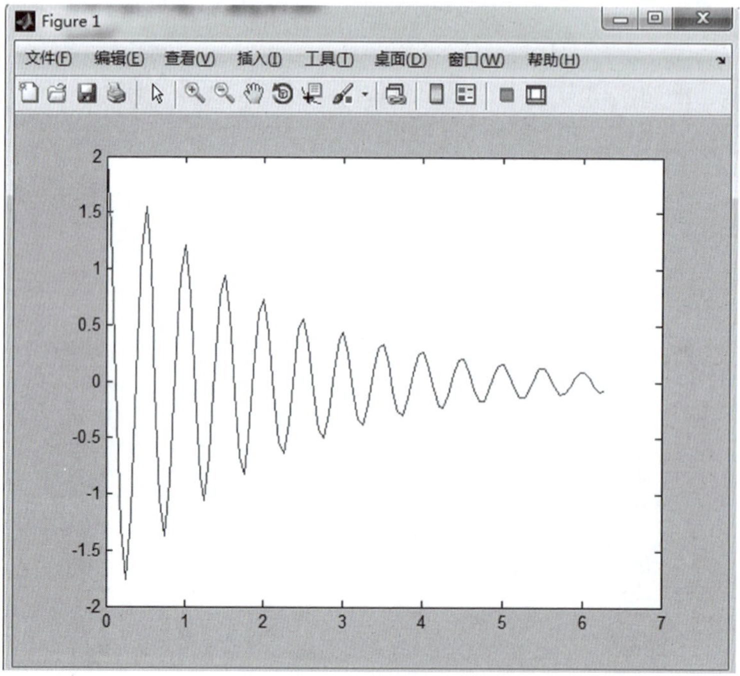

图 3-11 例 4 结果图

plot 函数最简单的调用格式只包含一个输入参数：plot(x).

在这种情况下，当 x 是实向量时，以该向量元素的下标为横坐标，元素值为纵坐标画出一条连续曲线，这实际上是绘制折线图.

例 5 在区间内，绘制 $\sin x$ 和 $\cos x$ 两条曲线.

在编辑器窗口中输入下面程序代码

```
clear
x=linspace(0,2*pi,100);               % 100 个点的 x 坐标
y1=sin(x);                            % 对应的 y1 坐标
```

y2=cos(x);　　　　　　　　　　　% 对应的 y2 坐标

plot(x,y1,x,y2)

结果如图 3-12 所示.

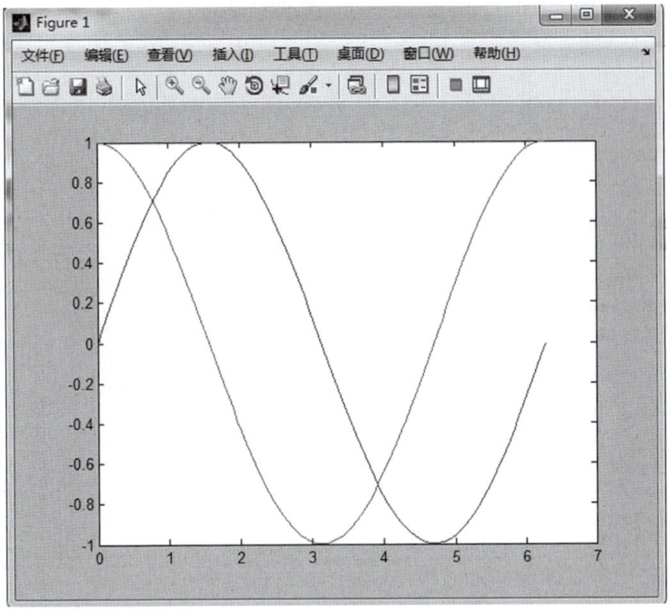

图 3-12　例 5 结果图

(3)设置曲线样式

MATLAB 提供了一些绘图选项,用于确定所绘曲线的线型、颜色和数据点标记符号,绘图函数的常用参数见表 3-7. 当选项省略时,MATLAB 规定,线型一律用实线,颜色根据曲线的先后顺序依次显示. 调用格式为:plot(x1,y1,选项 1,x2,y2,选项 2,…,xn,yn,选项 n)

表 3-7　绘图函数的常用参数

颜色参数	y 黄色,k 黑色,w 白色,c 亮青色, b 蓝色, g 绿色, r 红色,m 锰紫色
图线形态参数	. 点,o 圆,— 实线, • • 点线,—• 点虚线, — —虚线,d 菱形,p 五角形

(4)图形标注

有关图形标注函数的调用格式为:

title(图形名称);xlabel(x 轴说明);ylabel(y 轴说明);

text(x,y,图形说明);

legend(图例 1,图例 2,…)

例 6　在 $0 \leqslant x \leqslant 2\pi$ 区间内,绘制曲线 $y_1=2e^{-0.5x}$ 和 $y_2=\cos(4\pi x)$,并给图形添加图形标注.

在编辑器窗口中输入下面程序代码

```
clear
x=0:2*pi/100:2*pi;
y1=2*exp(-0.5*x);
```

```
y2=cos(4 * pi * x);
plot(x,y1,x,y2)
title('x from 0 to 2{\pi}');               % 加图形标题
xlabel('Variable X');                       % 加 x 轴说明
ylabel('Variable Y');                       % 加 y 轴说明
text(0.8,1.5,'y1=2e^{-0.5x}');             % 在指定位置添加图形 y1 说明
text(2.5,1.1,'y2=cos(4{\pi}x)');           % 在指定位置添加图形 y2 说明
legend('y1','y2')                           % 加图例说明
```

结果如图 3-13 所示.

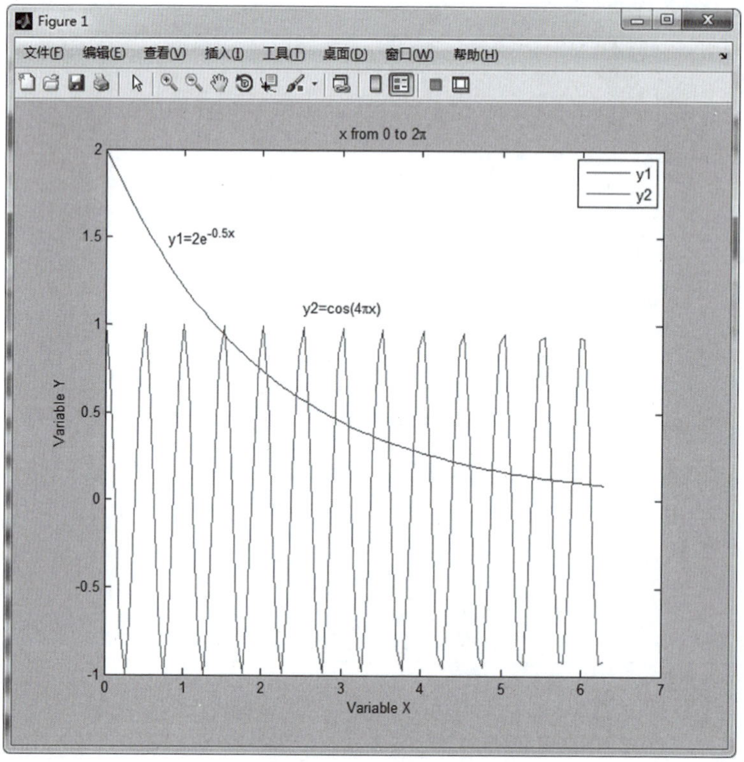

图 3-13 例 6 结果图

(5)图形窗口的分割

subplot 函数将当前图形窗口分成 $m \times n$ 个绘图区,即每行 n 个,共 m 行,区号按行优先编号,且选定第 p 个区为当前活动区.在每一个绘图区允许以不同的坐标系单独绘制图形.调用格式为:subplot(m,n,p).

例 7 用 subplot 同时画出数个小图形于同一个视窗之中.

在编辑器窗口中输入下面程序代码

```
clear
x=linspace(0,2 * pi,100);
y1=sin(x);
```

```
y2=cos(x);
y3=exp(x);
y4=log(x);
subplot(2,2,1)
plot(x,y1)
subplot(2,2,2)
plot(x,y2)
subplot(2,2,3)
plot(x,y3)
subplot(2,2,4)
plot(x,y4)
```

结果如图 3-14 所示.

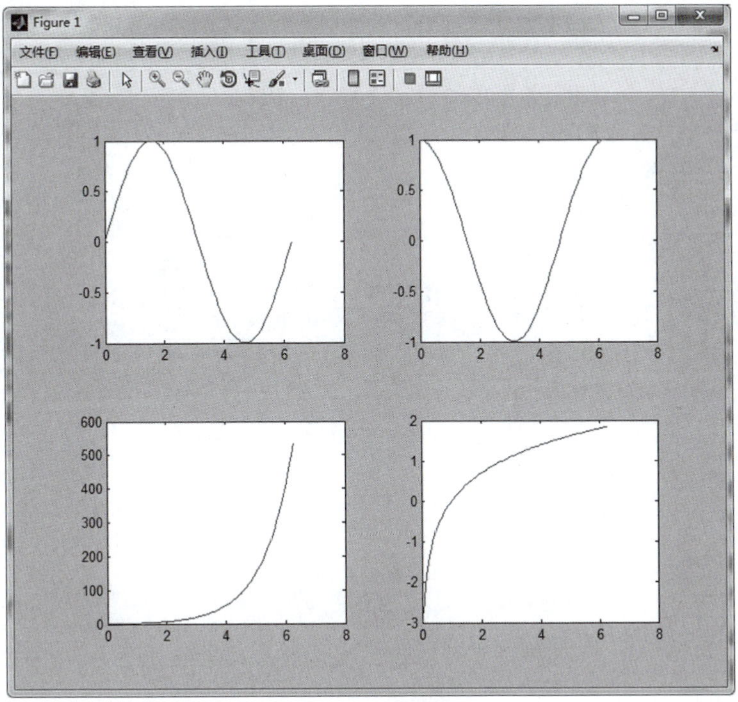

图 3-14 例 7 结果图

2. 其他二维图形

(1)极坐标图

polar 函数用来绘制极坐标图,其调用格式为:polar(theta,rho,选项),其中 theta 为极坐标极角,rho 为极坐标矢径,选项的内容与 plot 函数相似.

例 8 绘制 $r=\sin t\cos t$ 的极坐标图,并标记数据点.

在编辑器窗口中输入下面程序代码

```
clear
```

```
t=0:pi/50:2*pi;
r=sin(t).*cos(t);
polar(t,r,'-*')
```

结果如图 3-15 所示.

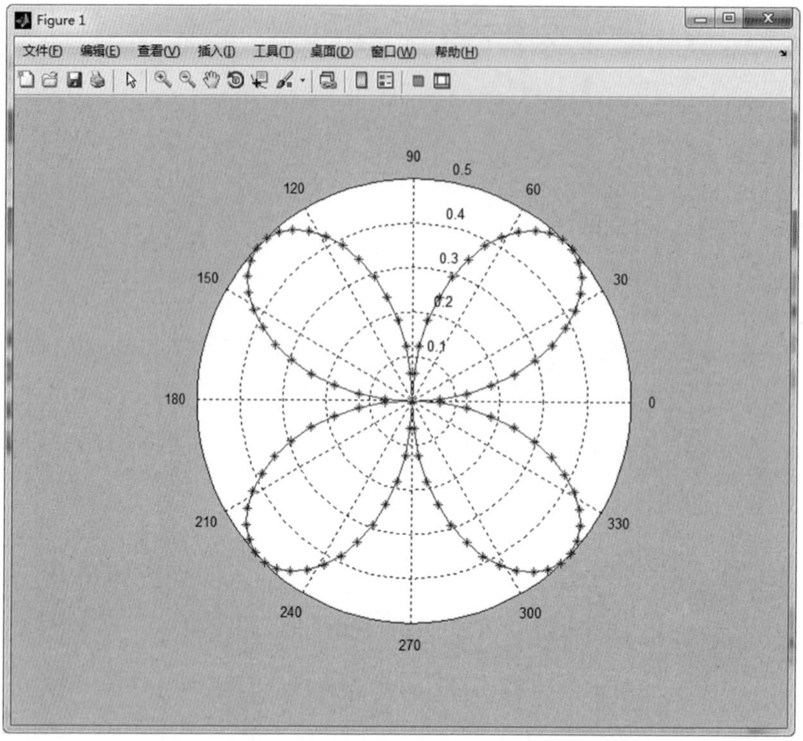

图 3-15 例 8 结果图

(2)二维统计分析图

常用二维统计分析图详见表 3-8.

表 3-8 常用二维统计分析图

函 数	说 明
bar	条形图
errorbar	图形加上误差范围
fplot	较精确的函数图形
hist	直方图
rose	角度直方图
stairs	阶梯图
stem	杆图
fill	填充图
feather	羽毛图
compass	区域图
pie	饼图

3. 绘制三维图形

(1)绘制三维曲线图

plot3 函数用于绘制三维曲线图. 它的指令与 plot 相似,都是 MATLAB 的内部函数,调用格式为 plot3(x,y,z).

在编辑器窗口中输入下面程序代码.

```
clear
t=0:pi/100:20 * pi;
x=sin(t);
y=cos(t);
z=t. * sin(t). * cos(t);
plot3(x,y,z)
title('Line in 3-D Space');
xlabel('X');
ylabel('Y');
zlabel('Z');
grid on;
```

结果如图 3-16 所示.

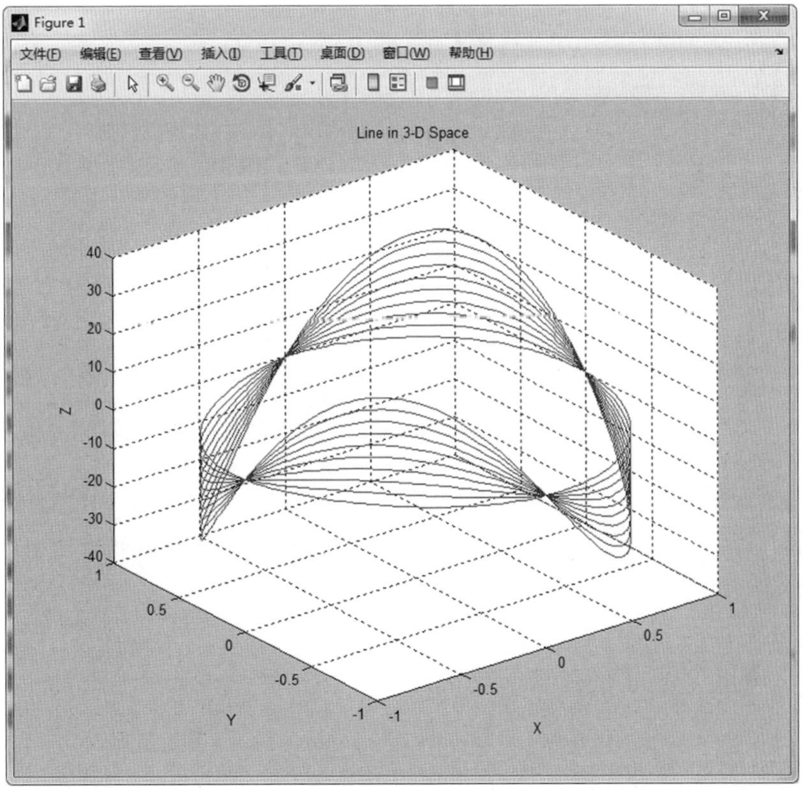

图 3-16 三维曲线图

(2)绘制三维曲面

Ⅰ.产生三维数据

在 MATLAB 中,利用 meshgrid 函数产生平面区域内的网格坐标矩阵.其调用格式为:

x=a:d1:b; y=c:d2:d;[X,Y]=meshgrid(x,y);

语句执行后,矩阵 $\boldsymbol{X}$ 的每一行都是向量 $\boldsymbol{x}$,行数等于向量 $\boldsymbol{y}$ 的元素的个数,矩阵 $\boldsymbol{Y}$ 的每一列都是向量 $\boldsymbol{y}$,列数等于向量 $\boldsymbol{x}$ 的元素的个数.

Ⅱ.绘制三维曲面的函数

surf 函数和 mesh 函数的调用格式为:mesh(x,y,z,c)和 surf(x,y,z,c)

一般情况下,“x,y,z”是维数相同的矩阵.“x,y”是网格坐标矩阵,“z”是网格点上的高度矩阵,“c”用于指定在不同高度下的颜色范围.

任务二 利用 MATLAB 进行矩阵运算

1. 矩阵的输入

输入矩阵最简单的方法是把矩阵的元素直接排列在方括号中,每行内的元素间用空格或逗号隔开,行与行的内容间用分号隔开.

例 1 >> A=[1 2 3;4 5 6;7 8 9]

或>> A=[1,2,3;4,5,6;7,8,9]

都将得到输出结果

```
A=
    1  2  3
    4  5  6
    7  8  9
```

2. 矩阵的转置

矩阵的转置用符号“′”来表示和实现.例如,$\boldsymbol{B}=\boldsymbol{A}'$.

如果 z 是复数矩阵,则 z′为它的复数共轭转置.非共轭转置使用 conj(z′).

3. 矩阵的加减

矩阵的加减运算使用的是“+”“-”运算符号.而矩阵必须具有相同阶数才可进行加、减运算.例如 $\boldsymbol{A}$ 是 3×3 矩阵,$\boldsymbol{X}$ 是 3×1 矩阵,就不能进行 $\boldsymbol{A}+\boldsymbol{X}$ 运算.

例 2 >>A=[1 2 3;4 5 6;7 8 9]

>>B=[1 4 7;2 5 8;3 6 9]

则 $\boldsymbol{C}=\boldsymbol{A}+\boldsymbol{B}$ 是可行的,结果为

```
C=
    2    6    10
    6    10   14
    10   14   18
```

可见矩阵的加减运算是其对应元素的加减运算.

如果运算对象是一个标量,即 1×1 矩阵,它可以和其他不同阶数的矩阵进行加减运算.

例 3

```
>>X=[-1 0 2]'
>>Y=X-1
Y=
    -2
    -1
     1
```

4. 矩阵的乘法

矩阵的乘法用 * 表示. 当两矩阵中前一矩阵的列数和后一矩阵的行数相同时,可以进行乘法运算,这与数学上的形式是一致的. 两个相同维数向量的内积也可用这种乘法来实现.

例 4

```
>>X=[-1 0 2]'
>>Y=[-2 -1 1]'
```

则运算 X′ * Y 和 Y′ * X 都将得到结果:

```
ans=
    4
```

在 MATLAB 中还可进行矩阵和标量相乘,标量可以是乘数也可以是被乘数. 矩阵和标量相乘是矩阵中的每个元素都与此标量相乘的运算.

5. 方阵的乘方

A ^ P 是 **A** 的 P 次方. P 和 **A** 分别是整数或实数和向量或矩阵,A ^ P 具有不同的含义. 最简单的情形是:**A** 是一个方阵,P 是大于 1 的整数,则 A ^ P 表示 **A** 的 P 次幂即 **A** 自乘 P 次. 其他情况比较复杂,这里不作讨论.

例 5 计算一个矩阵的 3 次方:

```
>> [1 2 3;4 5 6;7 8 9] ^ 3
ans=
    468     576     684
    1062    1305    1548
    1656    2034    2412
```

6. 矩阵求逆

非奇异矩阵 **A** 的逆矩阵由 inv(A)给出,如对上面定义的矩阵 **A** 用指令 B=inv(A),则结果为

```
B=
   -1.7778     0.8889    -0.1111
    1.5556    -0.7778     0.2222
   -0.1111     0.2222    -0.1111
```

利用逆矩阵就可求解线性方程组. 关于求解线性方程组,我们下个任务再来研究讨论.

7. 矩阵的行列式

$n \times n$ 矩阵和行列式由 det(A)给出.

例 6 >> A=[1 2 3;4 5 6;7 8 0];

>> d=det(A)

则给出的结果是 d=27

8. 矩阵的除法

在 MATLAB 中有两种矩阵除法符号"/""\",分别表示左除和右除. 在进行一般的标量运算时,$A/B=\frac{A}{B}=B\backslash A$ 在进行矩阵运算时,A\B 是 $\boldsymbol{A}$ 的逆矩阵乘以矩阵 $\boldsymbol{B}$,即 $\boldsymbol{A}^{-1}\boldsymbol{B}$,相当于 MATLAB 命令 inv(A) * B. A/B 是 $\boldsymbol{A}$ 乘以矩阵 $\boldsymbol{B}$ 的逆矩阵,即 $\boldsymbol{AB}^{-1}$,相当于 MATLAB 命令 A * inv(B).

例 7 >> A=[1 2 3];

```
>> B=[1 2 -3;-2 5 6;7 2 1];
>> A/B;                          % 求 AB^-1
ans=
      -0.1818    0.3636    0.2727
>> B/A                           % 求 BA^-1
ans=
      -0.2857
        1.8571
        1.0000
>> B\A'                  % 求 B^-1 A'
ans=
      0.2929
      0.4444
      0.0606
```

MATLAB 的矩阵除法还可以对非方阵进行. 这一点我们就不作过多地介绍了.

任务三 利用 MATLAB 解线性方程组

方便地求解线性方程(组)是 MATLAB 开发的最初目的之一. 针对不同的情况,MATLAB 提供了许多方法.

线性方程组的基本形式为：

$$\boldsymbol{AX}=\boldsymbol{b}$$

其中 $\boldsymbol{A}$ 为 $m\times m$ 阶矩阵，$\boldsymbol{X}$ 和 $\boldsymbol{b}$ 均为 m 阶列向量(也可以为同阶 $m\times n$ 矩阵). 当以上方程组的解确实存在时，有几种求解的方法，如高斯消去法、LU 分解或直接使用 $\boldsymbol{A}^{-1}$ 等. 我们用以下实例来探讨各种求解方法：

$$\begin{pmatrix}1 & 2 & 3\\ 4 & 5 & 6\\ 7 & 8 & 0\end{pmatrix}\begin{pmatrix}x_1\\ x_2\\ x_3\end{pmatrix}=\begin{pmatrix}366\\ 804\\ 351\end{pmatrix}$$

首先，我们输入矩阵 $\boldsymbol{A}$ 和 $\boldsymbol{b}$：

```
>> A=[1 2 3;4 5 6;7 8 0];
>> b=[366;804;351];              %注意 b 为列向量的形式
```

如果 A 的行列式为 0，矩阵奇异，方程无唯一解，所以先求矩阵 A 的行列式：

```
>> det(A)
ans=
     27
```

确定 A 非奇异后，我们可使用直接求逆矩阵的方法，即求 $A^{-1}b$：

```
>> X=inv(A) * b
X=
   25.0000
   22.0000
   99.0000
```

更好的方法是利用矩阵的左除算子.

```
>> X=A\b
X=
   25.0000
   22.0000
   99.0000
```

这种算法使用 LU 分解的方法把结果表达为 $\boldsymbol{A}$ 左除以 $\boldsymbol{b}$. 认为第二种方法比较好的原因是它涉及的乘除运算比较少，因此求解速度较快. 而且，对于大规模的问题，它得到的结果通常更为精确.

当方程数与未知量数目不同时，线性方程组通常不存在唯一解. 在 MATLAB 中，当删除所有冗余方程之后，方程数仍然大于未知数个数时，使用除法算子 “/”或“\”可以自动找到使误差向量 $\boldsymbol{AX}-\boldsymbol{b}$ 的平方和最小化的解. 实际上是求最小二乘解. 考虑以下例子：

```
>> A=[1 2 3;4 5 6;7 8 0;2 5 8];
```

```
>> b=[366 804 351 514]';
>> X=A\b        % 计算最小二乘解
X=
        247.9818
        -173.1091
        114.9273
```

第二篇

概率论与数理统计

概率论与数理统计是一门以概率知识为基础，对数据资料进行收集、整理、分析和推断的数学学科. 随着概率的发展，数理统计的应用涉及自然科学和社会科学的各个领域，成为进行科学研究、科学决策必不可少的有效数学工具.

本篇将介绍概率的基本概念和主要结论以及数理统计的基本方法，带领读者走进一个新的知识领域.

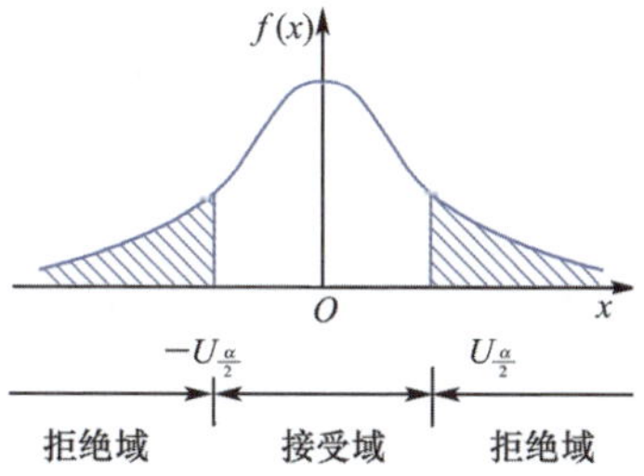

模块四 随机事件的可能性判断

问题引入

概率论已广泛应用于工业、国防、国民经济及工程技术等领域，与我们生活息息相关. 例如人们为了解一只股票未来一定时期内价格的变化，往往会去分析影响股票价格的基本因素，比如国民生产总值、银行利率的变化等. 现假设人们经分析估计利率下调的概率为 0.6，利率不变的概率为 0.4，根据经验，人们估计，在利率下调的情况下，该只股票价格上涨的概率为 0.7，而在利率不变的情况下，其价格上涨的概率为 0.4，那么该只股票上涨的概率是多少？

这里的事件"利率下调""利率不变""股票价格上涨"发生与否都具有不确定性，它们都是我们将要介绍的随机事件.

本模块介绍随机事件的概念、随机事件的关系与运算及随机事件概率的计算方法.

任务一 事件的分类及事件间的关系

一、认识随机事件

在科学研究和工程技术等众多领域中，人们观察到的现象可归结为两类：一类称为确定性现象，即条件完全决定结果的现象. 如在标准大气压下，水被加热到 100℃ 时一定沸腾. 另一类称为随机现象，即条件不能完全决定结果的现象. 如掷一枚均匀硬币，可能出现正面，也可能不出现正面；从一批产品中任取 1 件产品，可能是次品，也可能不是次品. 随机现象都带有不确定性，但这仅仅是随机现象的一个方面，随机现象还有规律性的一面，如在相同条件下，对随机现象进行大量观测，其可能结果就会出现某种规律性. 概率论与数理统计是研究随机现象规律性的一门科学.

在概率论与数理统计中，把对客观事物进行的"实验"" 调查"或"观测"称为试验. 具有以下两个特点的试验称为随机试验.

1. 试验在相同条件下可以重复进行，且每次试验的可能结果不止一个；

2. 不能准确预言每次试验所出现的结果，但可以知道可能出现的全部结果.

随机试验简称试验，常用 $E_1, E_2, \cdots$ 表示. 每次试验的一个可能结果称为基本事件，记作 $\omega_1, \omega_2, \cdots$，全部基本事件的集合称为基本事件空间，也叫样本空间，记作 $\Omega=\{\omega_1, \omega_2, \cdots\}$. 任何一次试验的结果一定是基本事件空间中的一个基本事件.

在试验中，可能出现也可能不出现的现象称为随机事件，简称事件，它是一些基本事件的集合，通常用大写字母 A,B,C 等表示.

在每次试验中，一定发生的事件称为必然事件，显然它是全部基本事件的集合，记作 Ω；在每次试验中，一定不发生的事件称为不可能事件，它相当于空集，记作 $\varnothing$. 必然事件与不可能事件虽然不是随机事件，但为了讨论问题方便，把它们作为随机事件的极端情况处理.

例 1 一个口袋中装有白、黑两个球，从中随机取一球，记下它的颜色，然后放回，再取一球，也记下颜色.

在这个试验中需要考虑取球的顺序，于是样本空间 Ω 由以下 4 个基本事件构成：

$$\omega_1=\{白,白\},\omega_2=\{白,黑\},\omega_3=\{黑,白\},\omega_4=\{黑,黑\}$$

样本空间是

$$\Omega=\{\omega_1,\omega_2,\omega_3,\omega_4\}.$$

例 2 做试验：掷一颗质地均匀的骰子一次. 那么：

(1)这个试验共有 6 个基本事件：设 ω_i 表示出现 i $(i=1,2,\cdots,6)$点，于是基本事件空间

$$\Omega=\{\omega_1,\omega_2,\omega_3,\omega_4,\omega_5,\omega_6\}.$$

(2)设事件 A 表示出现偶数点，它是基本事件 $\omega_2,\omega_4,\omega_6$ 的集合，于是

$$A=\{\omega_2,\omega_4,\omega_6\}.$$

(3)设事件 B 表示出现点数大于 4，它是基本事件 ω_5,ω_6 的集合，于是

$$B=\{\omega_5,\omega_6\}.$$

(4)在每次试验中，由于出现点数一定小于 7，因此出现点数小于 7 这个事件一定发生，它是必然事件 Ω.

(5)在每次试验中，由于出现点数不可能大于 6，因此出现点数大于 6 这个事件一定不发生，它是不可能事件 $\varnothing$.

此例中事件 A,B 这样的由一些基本事件所组成的事件称为复合事件，简称事件.

我们说某事件在试验中发生了，是指该事件中所含的基本事件至少有一个发生了. 例如在一次试验中掷出了“点数 2”，则说事件 A 发生了，而事件 B 没有发生，如果掷出了“点数 6”，则说事件 A,B 都发生了.

随机现象虽然具有某种不确定性，但它也并非没有规律可循. 所谓不可预言，只是对一次或少数几次试验的具体结果而言，而当在相同条件下进行大量重复试验时，随机现象往往呈现出某种规律性. 比如，投掷一枚均匀硬币，当一次投掷时，出现正面与否是偶然的，但当大量重复投掷同一硬币时，就会发现出现正面的次数约占投掷总数的一半. 表 4-1 列出了历史上几位著名学者的试验记录.

表 4-1

试验者	投掷次数 n	出现正面次数 m	频率 $\frac{m}{n}$
蒲丰	4040	2048	0.5069
皮尔逊	12000	6019	0.5016
皮尔逊	24000	12012	0.5005
维尼	30000	14994	0.4998

在大量重复试验中，随机现象所呈现出来的规律性称为随机现象的统计规律性.

二、随机事件间的关系与运算

由前面的讨论可知，随机事件与基本事件空间 Ω 的子集一一对应，因此可以用集合论的观点来解释事件间的关系与运算. 可借助集合论中的文氏图来理解这些内容.

随机事件

1. 包含关系

若事件 B 发生必然导致事件 A 发生，则称事件 A 包含事件 B，记作 $B\subset A$. 如图 4-1 所示.

显然，对任何事件 A，$A\subset\Omega$. 为方便起见，规定对任何事件 A，$\varnothing\subset A$. 不难验证，若 $A\subset B$，$B\subset C$，则 $A\subset C$. 这一性质称为包含关系的传递性.

若事件 A 所包含的基本事件与事件 B 所包含的基本事件完全相同，则称事件 A 与事件 B 相等，记作 $A=B$. 如图 4-2 所示.

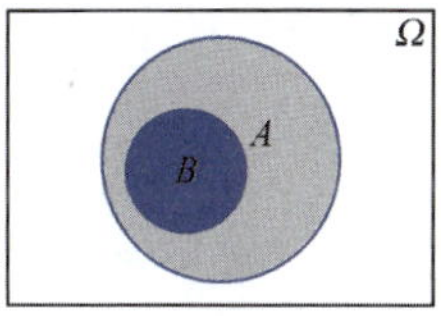

图 4-1

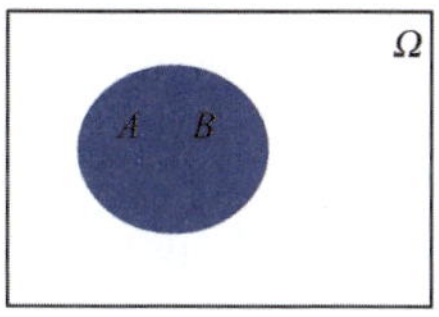

图 4-2

2. 和(并)事件

事件 A 与事件 B 中至少有一个发生，即事件 A 发生或事件 B 发生，这个事件称为事件 A 与事件 B 的和(并)事件，记作 $A+B$(或 $A\cup B$)，如图 4-3 所示.

$A+B$ 由所有属于事件 A 或事件 B 的基本事件组成. $A+B$ 发生当且仅当 A，B 至少有一个发生.

3. 积(交)事件

事件 A 与事件 B 同时发生，即事件 A 发生且事件 B 发生，这个事件称为事件 A 与事件 B 的积(交)事件，记作 AB(或 $A\cap B$). 如图 4-4 所示.

$A\cap B$ 由所有属于事件 A 又属于事件 B 的基本事件组成. $A\cap B$ 发生当且仅当 A 与 B 同时发生.

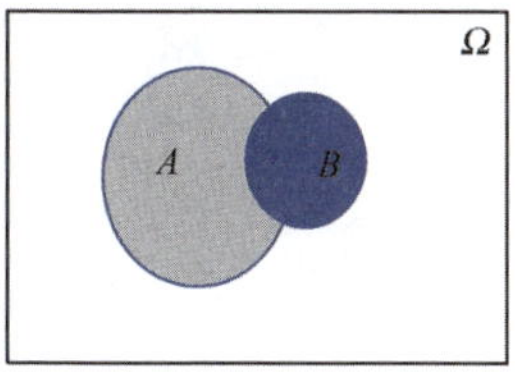

图 4-3

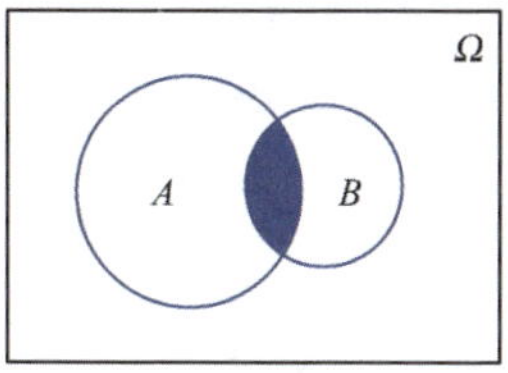

图 4-4

4. 差事件

事件 A 发生且事件 B 不发生，这个事件称为事件 A 与事件 B 的差事件，记作 $A-B$. 如图 4-5 所示.

$A-B$ 由所有属于事件 A 但不属于事件 B 的基本事件组成. $A-B$ 发生当且仅当 A

发生而且 B 不发生.

5. 互斥关系(互不相容)

若事件 A 与事件 B 不可能同时发生,则称事件 A 与事件 B 互斥,或称事件 A 与事件 B 互不相容. 如图 4-6 所示.

互斥的两个事件不含有共同的基本事件,基本事件间是互斥的,不可能事件与任何事件都是互斥的.

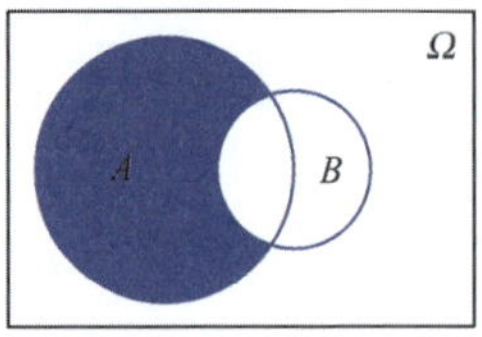

图 4-5

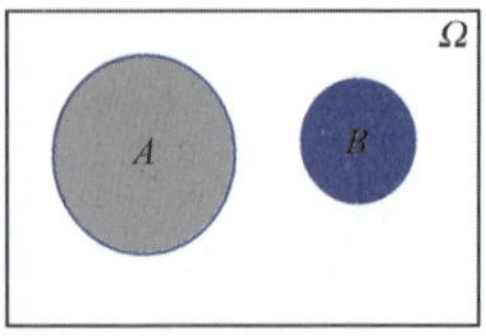

图 4-6

6. 对立(逆)事件

对于事件 A,若事件 $\overline{A}$ 满足 $A\cup\overline{A}=\Omega$,$A\cap\overline{A}=\varnothing$,把事件 $\overline{A}$ 称为事件 A 的对立事件. 如图 4-7 所示

$\overline{A}$ 由 Ω 中所有不属于 A 的基本事件组成,若 A 发生,则 $\overline{A}$ 必不发生,反之亦然. 事件 A,$\overline{A}$ 对立,意味着在任何一次试验中,A,$\overline{A}$ 不可能同时发生且它们中恰好有一个发生.

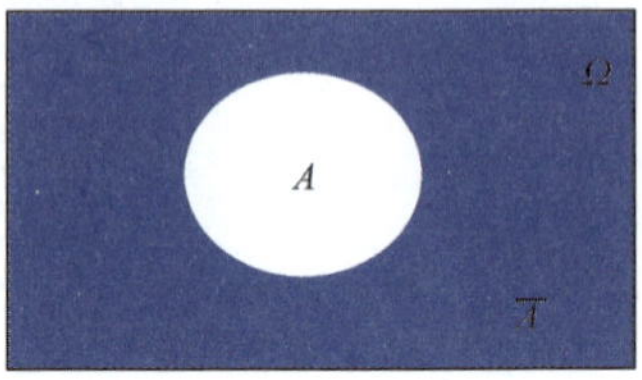

图 4-7

三、随机事件间的运算满足的规律

显然对立事件一定是互斥的,但互斥的事件却不一定是对立的.

根据上述讨论可知,事件之间的包含、相等、互斥关系对应集合之间的包含、相等、互斥关系,事件之间的和、积、差、对立运算对应集合之间的并、交、差、补运算,说明事件之间的关系、运算与集合之间的关系、运算是完全一致的,因此把事件看成集合,用集合的观点研究事件,这样做比较直观,便于理解.

如同集合运算规律一样,事件间的运算满足下列规律:

交换律　$A\cup B=B\cup A$　$A\cap B=B\cap A$

分配律　$A\cap(B\cup C)=(A\cap B)\cup(A\cap C)$

$A\cup(B\cap C)=(A\cup B)\cap(A\cup C)$

反演律　$\overline{A\cup B}=\overline{A}\cap\overline{B}$　$\overline{A\cap B}=\overline{A}\cup\overline{B}$

例 3　考察某工厂三个车间完成任务的情况,设 $A_i\,(i=1,2,3)$ 表示第 i 个车间完成任务,那么:

(1)考察三个车间完成任务的情况,依次经过三个步骤:第一个步骤是考察第 1 车间,有完成任务和不完成任务两种可能;第 2 个步骤是考察第 2 车间,也有完成任务和不完成任务两种可能;第 3 个步骤是考察第 3 车间,也有完成任务和不完成任务两种可能. 根据乘法原理,每次试验的可能结果共有 $2\times2\times2=8$ 个,即共有 8 个基本事件:$A_1A_2A_3$,$A_1A_2\overline{A_3}$,$A_1\overline{A_2}A_3$,$\overline{A_1}A_2A_3$,$A_1\overline{A_2}\,\overline{A_3}$,$\overline{A_1}A_2\overline{A_3}$,$\overline{A_1}\,\overline{A_2}A_3$,$\overline{A_1}\,\overline{A_2}\,\overline{A_3}$.

(2) 三个车间都完成任务可表示为：$A_1A_2A_3$.

(3) 三个车间中恰好有两个车间完成任务，包含 3 个基本事件：$A_1A_2\overline{A}_3$（恰好第 1 车间、第 2 车间完成任务），$A_1\overline{A}_2A_3$（恰好第 1 车间、第 3 车间完成任务），$\overline{A}_1A_2A_3$（恰好第 2 车间、第 3 车间完成任务），因此它可表示为和事件：$A_1A_2\overline{A}_3+A_1\overline{A}_2A_3+\overline{A}_1A_2A_3$.

(4)三个车间中至少有两个车间完成任务，包括三个车间中恰好有两个车间完成任务与三个车间都完成任务这两类情况，包含 4 个基本事件，因此它可表示为和事件 $A_1A_2\overline{A}_3+A_1\overline{A}_2A_3+\overline{A}_1A_2A_3+A_1A_2A_3$.

此外，考虑到 A_1A_2 表示第 1 车间、第 2 车间同时完成任务，至于第 3 车间完成任务与否都包含在内，它包含 2 个基本事件：$A_1A_2A_3$，$A_1A_2\overline{A}_3$，因而它也表示至少第 1 车间、第 2 车间完成任务；A_1A_3 表示至少第 1 车间、第 3 车间完成任务；A_2A_3 表示至少第 2 车间、第 3 车间完成任务. 因此三个车间中至少有两个车间完成任务也可表示为和事件：$A_1A_2+A_1A_3+A_2A_3$.

(5)三个车间中恰好有一个车间完成任务，包含 3 个基本事件；$A_1\overline{A}_2\overline{A}_3$（恰好第 1 车间完成任务），$\overline{A}_1A_2\overline{A}_3$（恰好第 2 车间完成任务），$\overline{A}_1\overline{A}_2A_3$（恰好第 3 车间完成任务），因此它可表示为和事件：$A_1\overline{A}_2\overline{A}_3+\overline{A}_1A_2\overline{A}_3+\overline{A}_1\overline{A}_2A_3$.

(6)三个车间至少有一个车间完成任务，包括三个车间中恰好有一个车间完成任务、恰好有两个车间完成任务以及三个车间都完成任务这三类情况，包含 7 个基本事件，因此它可表示为和事件：

$$A_1\overline{A}_2\overline{A}_3+\overline{A}_1A_2\overline{A}_3+\overline{A}_1\overline{A}_2A_3+A_1A_2\overline{A}_3+A_1\overline{A}_2A_3+\overline{A}_1A_2A_3+A_1A_2A_3$$

还可表示为差事件：$\Omega-\overline{A}_1\overline{A}_2\overline{A}_3$.

此外，考虑到 A_1 表示第 1 车间完成任务，也表示至少第 1 车间完成任务；A_2 表示第 2 车间完成任务，也表示至少第 2 车间完成任务；A_3 表示第 3 车间完成任务，也表示至少第 3 车间完成任务；因此三个车间中至少有一个车间完成任务也可表示为和事件：$A_1+A_2+A_3$.

课堂练习

1. 一个口袋中装有红、白两只球，从中随机取一球，记录下它的颜色，然后放回，再取一球，也记录下颜色. 试写出试验的样本空间 Ω.

2. 掷一颗骰子试验：设 ω_i 表示出现 $i(i=1,2,\cdots,6)$点. 试写出该试验的样本空间 Ω；并用样本空间的子集来表示事件 A："掷得的点数是偶数"、事件 B："掷得的点数小于 3"、事件 C："掷得的点数大于 3 而小于等于 5".

3. 对某工厂出厂的产品进行检查，合格的记上"正品"，不合格的记上"次品"，如连续查出 2 件次品就停止检查，或检查了 4 件产品就停止检查，记录检查的结果. 试写出试验的样本空间 Ω.

4. 设 Ω 为随机试验的样本空间，A，B，C 为随机事件，且 $\Omega=\{1,2,3,\cdots,9,10\}$，$A=$

$\{2,4,6,8,10\}$，$B=\{1,2,3,4,5\}$，$C=\{5,6,7,8,9,10\}$，试求 $A\cup B$，AB，ABC，$\bar{A}C$.

5. 设 Ω 为随机试验的样本空间，A，B 为随机事件，且 $\Omega=\{x\mid 0\leqslant x\leqslant 5\}$，$A=\{x\mid 1\leqslant x\leqslant 2\}$，$B=\{x\mid 0\leqslant x\leqslant 2\}$，试求 $A\cup B$，AB，$B-A$，$\bar{A}$.

6. 请用语言描述下列事件的对立事件：

(1)A 表示"掷两枚硬币，都出现正面"；

(2)B 表示"生产四个零件，至少有一个合格".

7. 某射手向一目标射击三次，A_i 表示"第 i 次射击命中目标"($i=1,2,3$)；B_j 表示"三次射击中恰命中目标 j 次"($j=0,1,2,3$). 试用 A_1，A_2，A_3 的运算表示 B_j($j=0,1,2,3$).

巩固与练习

1. 指出下列事件是必然事件，不可能事件，还是随机事件：

(1)异性电荷相互吸引；

(2)标准大气压下，水在 80℃沸腾；

(3)明天风力至少 3 级；

(4)相似三角形对应角相等；

(5)购买 1 张体育彩票中一等奖.

2. 写出下列随机试验的样本空间：

(1)随机抽取 100 粒大豆进行发芽试验，记录发芽大豆的粒数；

(2)在分别写有 0，1，…，9 的 10 张卡片中随机抽取 2 张，记录上面的数字之和；

(3)测量某一城市某一固定时刻的温度.

3. 掷两枚质地均匀的骰子，记录朝上一面的点数，会出现哪些基本事件？"出现点数 1"这个复合事件由哪些基本事件组成？

4. 掷一枚质地均匀的骰子观察向上一面的点数，若记事件 $A=$"出现奇数点"，$B=$"出现偶数点"，$C=$"点数最大"，$D=$"点数最小".

(1)试讨论事件 A，B，C，D 之间的包含关系；

(2)试写出下列运算结果：$A\cup B$，$A\cap C$，$B\cap C$，$B-D$；

(3)试在 B，C，D 中分别找出 A 的互斥事件及对立事件.

5. 设有三个事件 A，B，C，试用事件间的关系表示下列事件.

(1)至少有 1 个事件发生；

(2)至少有 1 个事件不发生；

(3)恰好有 1 个事件发生；

(4)恰好有 2 个事件发生.

6. 设 A，B，C 表示三个事件，试说明下列各式的意义.

(1)$AB\cup AC\cup BC$；　(2)$\overline{AB\cup AC\cup BC}$；　(3)$\overline{ABC}$.

任务二 随机事件的概率计算

对于随机试验，我们不仅关心它可能出现哪些结果（事件），更重要的是要研究各种结果（事件）发生的可能性大小．在初、高中我们已初步知道，对于随机事件 A，用数值 $P(A)$ 表示其发生的可能性大小，并称数值 $P(A)$ 为随机事件 A 的概率．下面我们给出概率的精确定义，并研究概率的计算与性质．

一、认识概率的定义

定义 1 设 Ω 是某随机试验的样本空间，对于每一随机事件 A 赋予一个实数 $P(A)$，如果实数 $P(A)$ 满足如下三个条件：

（1）非负性：对任何事件 A，$P(A)\geqslant 0$；

（2）规范性：$P(\Omega)=1$；

（3）可加性：对于两两互斥的事件 $A_1,A_2,\cdots$（即 $A_i\cap A_j=\varnothing,i\neq j$），有

$$P(A_1\cup A_2\cup\cdots)=P(A_1)+P(A_2)+\cdots$$

则称 $P(A)$ 为事件 A 的概率．

二、了解概率的性质

利用定义 1 可以得到概率的如下性质（证明略）：

性质 1 $P(\varnothing)=0$．

性质 2 有限可加性：对于两两互斥的事件 $A_1,A_2,\cdots,A_n$（即 $A_i\cap A_j=\varnothing,i\neq j,i,j=1,2,\cdots,n$），有

$$P(A_1\cup A_2\cup\cdots\cup A_n)=P(A_1)+P(A_2)+\cdots+P(A_n)$$

性质 3 对任意事件 A，$P(\overline{A})=1-P(A)$．

性质 4 $P(B-A)=P(B)-P(AB)$；

特别地，若 $A\subset B$，则 $P(B-A)=P(B)-P(A)$ 且 $P(A)\leqslant P(B)$．

性质 5 对任意事件 $P(A)\leqslant 1$．

性质 6 加法公式：对任意事件 A,B，

$$P(A\cup B)=P(A)+P(B)-P(AB)$$

特殊地，若 $AB=\varnothing$，则 $P(A\cup B)=P(A)+P(B)$．

此性质可以推广到多个事件．设 $A_1,A_2,\cdots,A_n$ 是任意 n 个事件，则有

$$\begin{aligned}&P(A_1\cup A_2\cup\cdots\cup A_n)\\=&\sum_{i=1}^{n}P(A_i)-\sum_{1\leqslant i<j\leqslant n}P(A_iA_j)+\sum_{1\leqslant i<j<k\leqslant n}P(A_iA_jA_k)+\cdots+\\&(-1)^{n+1}P(A_1A_2\cdots A_n)\end{aligned}$$

由定义及性质可得 $0\leqslant P(A)\leqslant 1$．

如果一个事件的概率不易求得，而其对立事件的概率相对容易求得时，便可利用性质 3 求出这一事件的概率．

三、讨论概率的统计计算方法

利用统计的方法我们可以得到事件 A 发生的概率.

在 n 次重复试验中,已知事件 A 发生了 m 次($0\leqslant m\leqslant n$),则称 m 为事件 A 发生的频数,$\frac{m}{n}$称为事件 A 发生的频率,记作 $F_n(A)=\frac{m}{n}$.

对于某一事件 A,当试验次数较少时,根据试验的次数不同,其发生的频率往往有明显的差异.但随着试验次数的增加,其频率往往会在某个常数 p 附近波动,并逐渐稳定地接近这个常数 p,即所谓的"频率的稳定性".则 p 便为事件 A 发生的概率.例如投掷一枚均匀硬币,考察出现正面的概率.见表 4-1,当投掷次数 n 很大时,投掷一枚均匀硬币出现正面的频率总在 0.5 附近摆动且稳定地接近 0.5,因此投掷一枚均匀硬币出现正面的概率为 0.5.

当试验次数较大时,往往可用事件 A 发生的频率 $F_n(A)$ 作为概率的近似值.例如往往用甲选手对乙选手的胜率作为甲选手战胜乙选手的可能性大小(概率).

四、讨论古典概型的概率计算

将具有下述特征的随机试验模型称为古典概型:

(1)有限性:基本事件的总数为有限个,即基本事件空间是有限集合;

(2)等可能性:每个基本事件发生的可能性是等同的.

由于古典概型较简单,因此它是概率论初期研究的重要对象.

设古典概型的一个试验共有 n 个基本事件,$\Omega=\{\omega_1,\omega_2,\cdots,\omega_n\}$,而事件 A 包含 m ($m\leqslant n$)个不同的基本事件.则事件 A 发生的概率为

$$P(A)=\frac{A\text{ 中所含基本事件数}}{\Omega\text{ 中基本事件总数}}=\frac{m}{n}$$

例 1 从 0,1,2,…,9 中随机可重复地取出 5 个数,求下列事件的概率:

A_1="5 个数全相同"

A_2="5 个数全不相同"

A_3="5 个数中 0 出现了两次"

解 由于数是可以重复选取的,所以基本事件总数 $n=10^5$.

A_1 中包含的基本事件数 $m=10$,由概率的古典定义有

$$P(A_1)=\frac{m}{n}=\frac{10}{10^5}=10^{-4}$$

A_2 中包含的基本事件数 $m=10\times9\times8\times7\times6$,所以

$$P(A_2)=\frac{10\times9\times8\times7\times6}{10^5}$$

A_3 中包含的基本事件数是 $m=C_5^2\times9^3$,所以

$$P(A_3)=\frac{C_5^2\times9^3}{10^5}$$

例 2 设有 n 个人，每个人都以 $\frac{1}{N}$ 的同样概率被分配到 $N(n\leqslant N)$ 间房中的任一间，求下列事件的概率：

(1)某指定的 n 间房中各有 1 人；

(2)恰有 n 间房，其中各有 1 人；

(3)某指定的一间房中恰有 m 个人.

解 每个人都可分到 N 间房的任一间，n 个人住方式共有 N^n，且这 N^n 种住法是等可能的，现以一种住法为一个样本点，则样本点总数为 N^n.

(1)设 A＝“某指定的 n 间房中各有 1 人”，住法显然有 $n!$ 种，所以概率为

$$P(A)=\frac{n!}{N^n}$$

(2)设 B＝“恰有 n 间房，其中各有 1 人”，在 N 间房中选 n 个，有 C_N^n 种选法，选定 n 间房后各分 1 人住的住法有 $n!$ 种，所以

$$P(B)=\frac{C_N^n\cdot n!}{N^n}=\frac{N!}{N^n(N-n)!}$$

(3)设 C＝“某指定的一间房中恰有 m 个人”，这 m 人可以从 n 个人中任意选出，共有 C_n^m 种选法，其余 $n-m$ 个人可任意分配到其余的 $N-1$ 间房中去，共有 $(N-1)^{n-m}$ 种分法，所以

$$P(C)=\frac{C_n^m\cdot(N-1)^{n-m}}{N^n}=C_n^m\cdot\left(\frac{1}{N}\right)^m\cdot\left(1-\frac{1}{N}\right)^{n-m}$$

在概率问题中常有这种情形：许多表面上提法不同的实际模型，仔细分析都属于同一个数学模型. 比如例 1 中 A_2＝“5 个数全不相同”的概率$\left(P=\frac{P_{10}^5}{10^5}\right)$问题与下列问题同属一个数学模型.

(1)7 位电话号码恰由 7 个不同数组成的概率$\left(P=\frac{P_{10}^7}{10^7}\right)$；

(2)n 个人的生日各不相同的概率$\left(P=\frac{P_{365}^n}{365^n}\right)$，这是著名的“生日问题”，当 $n=40$ 时，可以算出 $P=0.109$，不难想象到它的逆事件“40 人中至少有两人生日相同”的概率为 $1-0.109=0.891$，即接近于 90%.

在求一些较为复杂的事件的概率时，利用概率的性质常常会使问题得以简化.

例 3 设事件 A,B 的概率分别为 $\frac{1}{3}$ 和 $\frac{1}{2}$，求下列条件下事件 $\overline{A}B$ 的概率：

(1)$A\subset B$；　(2)$P(AB)=\frac{1}{4}$；　(3)A,B 互斥.

解 (1)因为 $\overline{A}B=B-A$，且 $A\subset B$，故由概率的性质 3 有

$$P(\overline{A}B)=P(B-A)=P(B)-P(A)=\frac{1}{2}-\frac{1}{3}=\frac{1}{6}$$

(2)因为 $\overline{A}B=B-A=B-AB$，故

$$P(\overline{A}B)=P(B-AB)=P(B)-P(AB)=\frac{1}{2}-\frac{1}{4}=\frac{1}{4}$$

(3)因为 A，B 互斥，故 $B\subset\overline{A}B=B$，于是

$$P(\overline{A}B)=P(B)=\frac{1}{2}$$

例 4 从 1～1000 中任取一数，求所取之数既不能被 6 整除，也不能被 8 整除的概率.

解 以 A 表示"所取之数能被 6 整除"，B 表示"所取之数能被 8 整除"，则所求的事件可表示为 $\overline{A}\,\overline{B}$，从而根据反演律及概率的性质，有

$$\begin{aligned}P(\overline{A}\,\overline{B})&=P(\overline{A\cup B})=1-P(A\cup B)=1-[P(A)+P(B)-P(AB)]\\&=1-\left(\frac{166}{1000}+\frac{125}{1000}-\frac{41}{1000}\right)=\frac{3}{4}\end{aligned}$$

课堂练习

1. 设 A，B 为两个事件，且 $P(A)=0.5$，$P(A\cup B)=0.8$，$P(AB)=0.3$，求 $P(B)$.

2. 设 A，B 为两个事件，且 $P(A)=0.8$，$P(AB)=0.5$，求 $P(A\overline{B})$.

3. 掷一颗均匀骰子，求下列事件的概率：

(1)出现偶数点的事件 A；

(2)出现奇数点的事件 B；

(3)出现点数不超过 4 的事件 C.

4. 一个口袋中装有 5 只红球和 3 只白球，从中随机取 4 只球.

(1)设事件 A 为"取到的都是红球"，求 $P(A)$.

(2)设事件 B 为"恰取到一只白球"，求 $P(B)$.

(3)设事件 C 为"至少取到一只白球"，求 $P(C)$.

巩固与练习

1. 一袋中盛有大小相同的红球、白球和黑球，从中任取 1 个球，摸出红球的概率是 0.54，摸出白球的概率是 0.28，那么摸出黑球的概率是多少？

2. 在 10000 张彩票中设有 1 个一等奖，5 个二等奖，10 个三等奖. 从中买 1 张彩票，试求：(1)获各等奖的概率；(2)获奖的概率.

3. 甲、乙两人下棋，甲获胜的概率是 40%，两人和棋的概率是 50%，那么甲不输棋的概率是多少？

4. 已知 100 件产品中有 95 件合格品，5 件次品，从中任取 2 件，计算：

(1)2 件都是合格品的概率；

(2)2 件都是次品的概率；

(3)1 件是合格品，1 件是次品的概率.

5. 设事件 A，B 的概率分别为 $\frac{1}{3}$，$\frac{1}{2}$．在下列三种情况下分别求 $P(B\overline{A})$ 的值：

(1)A 与 B 互斥；

(2)$A \subset B$；

(3)$P(AB)=\frac{1}{8}$.

6. 掷两颗均匀骰子，求出现的点数之和等于 7 的概率.

7. 口袋中有 10 个球，分别标有号码 1 到 10，现从中任选 3 个，记下取出的球的号码，求：

(1)最小号码为 5 的概率；(2)最大号码为 5 的概率.

揭穿骗术

有段时间，街头经常有这样的场景出现，摊主面前摆放着一个箱子，他告诉观众里面有三种颜色的乒乓球，每种颜色的球各有 8 个，总共 24 个. 观众有兴趣的话可以上前伸手摸出一半，也就是 12 个球，如果三种颜色的乒乓球的个数均为 4 个，摊主奖励 5 元现金. 如果摸出一种颜色 8 个且另一种颜色 4 个，剩下颜色的乒乓球一个也没有，那么恭喜你中大奖了，摊主奖励 100 元现金. 当你摸到三种颜色的乒乓球个数比例为 5∶4∶3 的话，那么您只需象征性地付给摊主 2 元钱再摸一次. 出现其他乒乓球个数的都可以免费继续参与. 一时间参与者云集，争先恐后一试身手. 但结果往往不尽人意，摊主总是赢家！是摊主的道具事先做过手脚，还是摊主有神奇的魔力控制小球，又或是玩家运气太背？其实摊主只是一位懂得利用数学原理忽悠人的“聪明人”.

我们只需要计算出中大奖的概率就可以揭穿这场骗局.

摸出一种颜色 8 个且另一种颜色 4 个的概率 $P=\frac{C_8^8 C_8^4 C_8^0 A_3^3}{C_{24}^{12}}=0.016\%$.

可以看到，这种情况出现的概率非常小，大概 10000 人中只有 1 到 2 人能摸到这种情况.

三种颜色的乒乓球的个数均为 4 个，即 4∶4∶4 的概率 $P=\frac{C_8^4 C_8^4 C_8^4}{C_{24}^{12}}=12.7\%$.

这种情况出现的概率相对来说是比较高的，所以偶尔会有观众中奖 5 元，作为一个诱饵，就会有观众愿意不断尝试.

摸到三种颜色的乒乓球个数比例为 5∶4∶3 的概率 $P=\frac{C_8^5 C_8^4 C_8^3 A_3^3}{C_{24}^{12}}=48.7\%$.

这种情况出现的概率几乎是 50%. 我们是不是可以这样理解，平均摸两次就需要给一次钱. 如果参与者事先知道这个事实，还会积极参与被愚弄吗？

任务三 某种条件下随机事件的概率计算

一、认识条件概率

先看下面的问题：

考虑有两个孩子的家庭，假定男女出生率一样，则两个孩子(依大小排列)的性别分别是(男，男)，(男，女)，(女，男)，(女，女)的可能性是一样的.

若记事件 A＝“随机抽取一个这样的家庭中有一男一女”，

若记事件 B＝“这个家庭中至少有一个女孩”，

那么，事件 A 的概率 $P(A)=\frac{2}{4}=\frac{1}{2}$. 如果在已知这个家庭中至少有一个女孩的情况下，则事件 A 的概率 $P(A)=\frac{2}{3}$.

这两种情况下算出的事件 A 的概率不同，这也容易理解，因为在第二种情况下我们多知道了一个条件. 我们算的概率 $\frac{2}{3}$ 是“在已知事件 B 发生的条件下，事件 A 发生”的概率，这个概率称为条件概率，记为 $P(A|B)$.

条件概率

而且显然有 $P(A|B)=\frac{2}{3}=\frac{\frac{2}{4}}{\frac{3}{4}}=\frac{P(AB)}{P(B)}$.

这虽然是一个特殊的例子，但是容易验证对一般的古典概型，只要 $P(B)>0$，上述关系总是成立的.

二、条件概率 乘法公式

定义 1 设 A，B 两个事件，$P(A)>0$，称已知 A 发生条件下 B 发生的概率为 B 的条件概率，记为 $P(B|A)$.

例 1 设有两个口袋，第一个口袋装有 3 个黑球 2 个白球；第二个口袋装有 2 个黑球 4 个白球. 今从第一个口袋任取一球放到第二个口袋，再从第二个口袋任取一球. 求：已知从第一个口袋取出的是白球的条件下从第二个口袋取出白球的条件概率.

解 记 A＝{从第一个口袋取出白球}，B＝{从第二个口袋取出白球}

注意到在 A 发生的条件下，第二个口袋有 5 个白球 2 个黑球，因此一共有 7 个样本点，而事件 B 的样本点有 5 个，由古典概型的概率计算公式可得

$$P(B|A)=\frac{5}{7}$$

为得到条件概率计算公式，我们对例 1 再求 $P(A)$ 及 $P(AB)$，此时从两个口袋取球，看成一次试验，一共有 5×7 个样本点，于是

$$P(A)=\frac{2\times7}{5\times7}=\frac{2}{5},\quad P(AB)=\frac{2\times5}{5\times7}=\frac{2}{7}$$

因此有

$$P(B|A)=\frac{P(AB)}{P(A)} \tag{4-3-1}$$

这一公式对一般情形也成立(只要 $P(A)>0$),因此式(4-3-1)可作为条件概率的计算公式,并且式(4-3-1)也可作为条件概率定义.类似地,如 $P(B)>0$,也可定义给定 B 已发生的条件下 A 发生的条件概率为

$$P(A|B)=\frac{P(AB)}{P(B)} \tag{4-3-2}$$

例 2 某种机器按设计要求,使用寿命 30 年的概率为 0.8,超过 40 年的概率为 0.5,试求该机器在使用 30 年后在 10 年内损坏的概率.

解 设事件 $A=\{$使用寿命超过 30 年$\}$,事件 $B=\{$使用寿命超过 40 年$\}$,由题意知,$P(A)=0.8$,$P(B)=0.5$,又因为 $B\subset A$,则 $P(AB)=P(B)=0.5$,则所求的该机器使用 30 年后在 10 年内损坏的概率为

$$P(\bar{B}|A)=1-P(B|A)=1-\frac{P(AB)}{P(A)}=1-\frac{0.5}{0.8}=\frac{3}{8}$$

三、讨论独立事件的概率计算

式(4-3-1)的等价形式

$$P(AB)=P(A)P(B|A) \tag{4-3-3}$$

式(4-3-2)的等价形式

$$P(AB)=P(B)P(A|B) \tag{4-3-4}$$

称式(4-3-3)或式(4-3-4)为概率的乘法公式.

概率的乘法公式可推广到任意 n 个事件 $A_1,A_2,\cdots,A_n$ 的情况.设对于任意 $n>1$,

$$P(A_1A_2\cdots A_n)>0$$

则有

$$P(A_1A_2\cdots A_n)=P(A_1)P(A_2|A_1)\cdots P(A_n|A_1A_2\cdots A_{n-1}) \tag{4-3-5}$$

例 3 已知某厂产品的合格品率为 98%,而合格品中的一等品率为 75%,试求该厂产品的一等品率.

解 设 $A=$“产品是合格品”,$B=$“产品是一等品”,因为一等品必然是合格品,所以 $AB=B$.由题意知,$P(A)=0.98$,$P(B|A)=0.75$,由乘法公式有

$$\begin{aligned}P(B)=P(AB)&=P(A)P(B|A)\\&=0.98\times0.75=73.5\%\end{aligned}$$

即一等品率约为 73.5%.

例 4 某班有 30 名同学,现通过抓阄的方法决定一人代表全班去参加某项活动,有的想先抓,有的不愿先抓,试问,每人被确定为代表的机会是否均等?

解 设事件 $A_i=\{第\ i\ 个人被确定为代表\}$，$i=1,2,\cdots,30$，则

第一个人首先被确定的概率为：$P(A_1)=\frac{1}{30}$，因为只能有一人被确定，所以

第二个人被确定的概率为

$$P(A_2)=P(A_2\bar{A}_1)=P(\bar{A}_1)P(A_2|\bar{A}_1)=\frac{29}{30}\cdot\frac{1}{29}=\frac{1}{30}$$

第三个人被确定的概率为

$$P(A_3)=P(\bar{A}_1\bar{A}_2A_3)=P(\bar{A}_1)\cdot P(\bar{A}_2|\bar{A}_1)\cdot P(A_3|\bar{A}_1\bar{A}_2)=\frac{29}{30}\cdot\frac{28}{29}\cdot\frac{1}{28}=\frac{1}{30},$$

同理有

$$\begin{aligned}P(A_i)&=P(\bar{A}_1\bar{A}_2\cdots\bar{A}_{i-1}A_i)=P(\bar{A}_1)\cdot P(\bar{A}_2|\bar{A}_1)\cdots P(A_i|\bar{A}_1\bar{A}_2\cdots\bar{A}_{i-1})\\&=\frac{29}{30}\cdot\frac{28}{29}\cdots\frac{1}{30-(i-1)}=\frac{1}{30}.\end{aligned}$$

故每个人被确定为代表的概率都是$\frac{1}{30}$，即机会均等.

例 5 掷两枚硬币（一枚 5 角，一枚 1 角），记 $A=$“5 角硬币出正面”，$B=$“1 角硬币出正面”，$C=$“两枚硬币都出正面”，求 $P(A)$，$P(B)$，$P(C)$.

解 掷两枚硬币（一枚 5 角，一枚 1 角）的可能结果共有 4 种，而事件 A 包含（5 角正面，1 角正面）和（5 角正面，1 角反面）两种情形，由古典概型计算公式可知

$$P(A)=\frac{2}{4}=\frac{1}{2}$$

同理可求

$$P(B)=\frac{2}{4}=\frac{1}{2},P(C)=\frac{1}{4}$$

这一例子中，事件 $C=A\cap B$，由计算结果知

$$P(AB)=P(C)=\frac{1}{4}=P(A)P(B)$$

由此引入定义 2.

定义 2 对随机事件 A 与 B，若有

$$P(AB)=P(A)P(B) \tag{4-3-6}$$

则称 A 与 B 相互独立.

如果事件 A 与事件 B 相互独立，若 $P(A)>0$，式(4-3-6)与式(4-3-3)联立可得

$$P(B)=P(B|A)$$

这意味着事件 B 发生的可能性不受事件 A 发生与否的影响.

如果事件 A 与事件 B 相互独立，若 $P(B)>0$，式(4-3-6)与式(4-3-4)联立可得

$$P(A)=P(A|B)$$

这意味着事件 A 发生的可能性不受事件 B 发生与否的影响.

显然例 5 中 A 与 B 是相互独立的，因为事件 $A=$“5 角硬币出正面”的发生与否并不影响事件 $B=$“1 角硬币出正面”的发生；同样，事件 $B=$“1 角硬币出正面”的发生与否也

不影响事件 A="5 角硬币出正面"的发生.

事件的独立性具有以下性质:

(1)必然事件及不可能事件与任意事件相互独立;

(2)在四组事件 A 与 B;A 与 $\overline{B}$;$\overline{A}$ 与 B;$\overline{A}$ 与 $\overline{B}$ 中,如果有一组事件相互独立,则其余三组也相互独立.

在解决实际问题中,往往是凭借经验或试验结果来判断事件的独立性的,然后反过来应用定义中的式子去求事件的概率.当然,并非任意两个事件都是独立的.

例 6 分别标号 1,2,…,10 的十个球装在一个盒子里,从盒中任取一球,记

A="取出的号码为偶数"

B="取出的号码为 3 的倍数"

C="取出的号码为 6"

求 $P(A)$,$P(B)$,$P(C)$.

解 依题意有 $A=\{2,4,6,8,10\}$,$B=\{3,6,9\}$,$C=\{6\}$,所以

$$P(A)=\frac{5}{10}=\frac{1}{2},P(B)=\frac{3}{10},P(C)=\frac{1}{10}$$

此例中,仍然有 $C=A\cap B$,但

$$P(AB)=P(C)=\frac{1}{10},P(A)P(B)=\frac{3}{20}$$

$$P(AB)\neq P(A)P(B)$$

这表明 A 与 B 两事件不是相互独立的.

由上面事件能推广到多个事件的相互独立.

定义 3 设 $A_1,A_2,\cdots,A_n$ 是 n 个随机事件,如果对其中的任何 k 个事件 $A_{i_1},A_{i_2},\cdots,A_{i_k}(1\leqslant i_1<i_2<\cdots<i_k\leqslant n)$,均有

$$P(A_{i_1}A_{i_2}\cdots A_{i_k})=P(A_{i_1})P(A_{i_2})\cdots P(A_{i_k})$$

则称 $A_{i_1},A_{i_2},\cdots,A_{i_n}$ 相互独立.

例 7 设三台机床正常工作的概率分别为 0.95、0.90、0.85,求在任一时刻:

(1)三台机床都正常工作的概率;(2)三台机床中至少有一台正常工作的概率.

解 我们可以认为三台机床工作正常与否是相互独立的,用 A_i 表示事件"第 i 台机床正常工作",则

(1)所求事件的概率为

$$P(A_1A_2A_3)=P(A_1)P(A_2)P(A_3)=0.95\times0.90\times0.85\approx0.727$$

(2)所求事件的概率为

$$\begin{aligned}P(A_1\cup A_2\cup A_3)&=1-P(\overline{A_1\cup A_2\cup A_3})=1-P(\overline{A}_1\overline{A}_2\overline{A}_3)\\&=1-P(\overline{A}_1)P(\overline{A}_2)P(\overline{A}_3)\\&=1-0.05\times0.10\times0.15\approx0.999\end{aligned}$$

四、讨论 n 重贝努里试验的概率计算

有时为了研究某些随机现象的全过程,常常要做一系列试验,例如连续多次投掷同一

枚硬币；在一批灯泡中随机抽取若干个测试它们的使用寿命等等. 这样的试验序列，是由某个随机试验的多次重复所组成的，且各次试验的结果相互独立. 称这样的试验序列为独立重复试验，称重复试验的次数为重数. 特别地，在 n 次独立重复试验中，若每次试验只有两种结果 A 或 $\overline{A}$，且 A 在每次试验中发生的概率均为 p（p 与试验次数无关），则称其为 n 重贝努里试验.

例 8 设一袋中有 3 个红球，7 个白球，从中任取一球，有放回地共取 5 次，试求事件 $A=\{4$ 次取到红球$\}$的概率.

解 设 $A_i=\{$第 i 次取到红球$\}$，$\overline{A}_i=\{$第 i 次取到白球$\}$，$i=1,2,\cdots,5$. 则

$$A=A_1A_2A_3A_4\overline{A}_5+A_1A_2A_3\overline{A}_4A_5+A_1A_2\overline{A}_3A_4A_5+A_1\overline{A}_2A_3A_4A_5+\overline{A}_1A_2A_3A_4A_5$$

即事件 A 是 C_5^4 个互不相容的事件的和，其中

$$P(A_i)=\frac{3}{10},P(\overline{A}_i)=\frac{7}{10},i=1,2,\cdots,5$$

由于每次试验是相互独立的，故

$$P(A_1A_2A_3A_4\overline{A}_5)=P(A_1)\cdot P(A_2)\cdot P(A_3)\cdot P(A_4)\cdot P(\overline{A}_5)=\left(\frac{3}{10}\right)^4\cdot\frac{7}{10}$$

由加法定理，有 $P(A)=C_5^4\cdot\left(\frac{3}{10}\right)^4\cdot\frac{7}{10}$.

一般地有如下定理：

定理 1 设每次试验中，事件 A 发生的概率均为 p，则在 n 重贝努里试验中事件 A 恰好发生 k 次的概率为

$$P_n(k)=C_n^kp^k(1-p)^{n-k}\quad(k=0,1,2,\cdots,n)\tag{4-3-7}$$

例 9 某织布车间有 30 台自动织布机，由于各种原因，每台织布机时常停车. 设各织布机的停或开相互独立，如果每台织布机在任一时刻停车的概率为 $\frac{1}{3}$，试求在任一指定时刻里 10 台织布机停开的概率.

解 本例为 30 重贝努里试验，故所求概率为

$$P_{30}(10)=C_{30}^{10}\left(\frac{1}{3}\right)^{10}\left(\frac{2}{3}\right)^{20}\approx 0.153$$

由定理 1 知，在 n 重贝努里试验中事件 A 至少发生 i 次的概率为

$$P_n(\text{至少发生 } i \text{ 次})=\sum_{k=i}^{n}C_n^kp^k(1-p)^{n-k}=1-\sum_{k=0}^{i-1}C_n^kp^k(1-p)^{n-k}$$

那么，在 n 重贝努里试验中事件 A 至多发生 i 次的概率为

$$P_n(\text{至多发生 } i \text{ 次})=\sum_{k=0}^{i}C_n^kp^k(1-p)^{n-k}=1-\sum_{k=i+1}^{n}C_n^kp^k(1-p)^{n-k}$$

例 10 一批电子管 1000 只，其中寿命在 400 h 以下的有 100 只，400～500 h 有 200 只，500～600 h 有 400 只，其余为 600 h 以上. 按有关规定，电子管寿命达到 500 h 的

才为合格品,现任取 50 只,试问这 50 只中至少有 2 只是合格品的概率是多少?

解 此例可视为 50 重贝努里试验,且

$$P\{从1000只电子管中任抽一只恰为合格品\}=p=\frac{400}{1000}+\frac{300}{1000}=0.7$$

$$P\{50只电子管中至少有2只是合格品\}$$
$$=1-P\{没有合格品\}-P\{恰有一只合格品\}$$
$$=1-C_{50}^{0}(0.7)^{0}(0.3)^{50}-C_{50}^{1}(0.7)^{1}(0.3)^{49}$$
$$=1-7.18\times10^{-27}-8.38\times10^{-25}\approx1$$

课堂练习

1. 甲、乙两市都位于长江下游,据一百多年来的气象记录,知道在一年中的雨天的比例甲市占 20%,乙市占 18%,两地同时下雨占 12%.

记 $A=\{甲市出现雨天\}$,$B=\{乙市出现雨天\}$

求:(1)两市至少有一市是雨天的概率;

(2)在乙市出现雨天的条件下,甲市也出现雨天的概率;

(3)在甲市出现雨天的条件下,乙市也出现雨天的概率.

2. 已知 $P(A)=\frac{1}{4}$,$P(B|A)=\frac{1}{3}$,$P(A|B)=\frac{1}{2}$,求 $P(A\cup B)$.

3. 设有甲、乙两名射手,他们每次射击命中目标的概率分别是 0.8 和 0.7,现两人同时向一目标射击一次,试求:

(1)目标被命中的概率;

(2)若已知目标被命中,则它是由甲命中的概率是多少?

4. 一张英语试卷,有 10 个选择填空题,每题有 4 个备选答案,且其中只有 1 个是正确答案.某同学投机取巧,随意填空,试问他至少填对 6 个的概率是多少?

巩固与练习

1. 某产品的合格率为 96%,且合格品中一等品占 80%,求该产品的一等品率.

2. 一个口袋中装有 5 个白球 5 个黑球,若把"从中任意摸出 1 个球,得到白球"记作事件 A,(1)求事件 A 的概率 $P(A)$;(2)试用条件概率公式求在先摸出 1 个白球后(不放回),第二次再摸出白球的概率.

3. 生产一种零件,甲车间的合格率是 96%,乙车间的合格率是 95%,从它们生产的零件中各抽取一件,都抽到合格品的概率是多少?

4. 在数学选择题的 4 个答案中恰有 1 个是正确的,某同学在答卷时 5 道选择题均随意地选择了一个答案,试计算他 5 个小题全部答对的概率是多少?

5. 从次品率为 $p=0.2$ 的一批产品中,有放回地抽取 5 次,每次取 1 件,分别求抽到的 5 件中恰好有 3 件次品以及至多有 3 件次品这两个事件的概率.

*任务四　介绍事件概率计算中的两个重要公式

一、认识全概率公式

例 1　求任务三中例 1 的 $P(B)$.

解　直接求 $P(B)$ 较为复杂，注意到事件 B 有如下分解：

$$B=AB\cup\overline{A}B$$

其中右端两个事件 AB 与 $\overline{A}B$ 互斥，

$$P(B)=P(AB)+P(\overline{A}B)=P(A)P(B|A)+P(\overline{A})P(B|\overline{A})$$

$$=\frac{2}{5}\times\frac{5}{7}+\frac{3}{5}\times\frac{4}{7}=\frac{22}{35}\approx0.629$$

一般地，设事件组 $A_1,A_2,\cdots,A_n$ 满足：

(1)$A_1,A_2,\cdots,A_n$ 两两互不相容，且 $P(A_i)>0(i=1,2,\cdots,n)$；

(2)$A_1+A_2+\cdots+A_n=\Omega$.

则 $A_1,A_2,\cdots,A_n$ 叫作 Ω 的一个划分. 这样的事件组称为完备的事件组.

对于事件 B 有

$$P(B)=P(A_1)P(B|A_1)+P(A_2)P(B|A_2)+\cdots+P(A_n)P(B|A_n)\quad(4\text{-}4\text{-}1)$$

式(4-4-1)称为全概率公式，这是因为

$$P(B)=P(B\Omega)=P[B\cap(A_1\cup A_2\cup\cdots\cup A_n)]$$

$$=P(BA_1+BA_2+\cdots+BA_n)$$

$$=P(A_1)P(B|A_1)+P(A_2)P(B|A_2)+\cdots+P(A_n)P(B|A_n)$$

特别地，当 $n=2$ 时，A 与 $\overline{A}$ 便是 Ω 的一个划分，于是全概率公式变为

$$P(B)=P(A)P(B|A)+P(\overline{A})P(B|\overline{A})\quad(4\text{-}4\text{-}2)$$

例 2　有一批产品，其中甲车间产品占 60%，乙车间产品占 40%，甲车间产品的合格率是 95%，乙车间产品的合格率是 90%，求从这批产品中随机抽取一件为合格品的概率.

解　设 A＝“抽取的一件是甲车间产品”，则 $\overline{A}$＝“抽取的一件是乙车间产品”. 又设 B＝“抽取的一件是合格品”，依题意有

$$P(A)=60\%,P(\overline{A})=40\%,P(B|A)=95\%,P(B|\overline{A})=90\%$$

由全概率公式得

$$P(B)=P(A)P(B|A)+P(\overline{A})P(B|\overline{A})$$

$$=0.6\times0.95+0.4\times0.90=0.93$$

二、认识贝叶斯公式

设 B 为任一事件，$P(B)>0$，$A_1,A_2,\cdots,A_n$ 是完备事件组，则由条件概率、乘法公式

及全概率公式可得

$$P(A_j|B)=\frac{P(A_jB)}{P(B)}=\frac{P(A_j)P(B|A_j)}{\sum\limits_{i=1}^{n}P(A_i)P(B|A_i)}\quad (j=1,2,\cdots,n) \tag{4-4-3}$$

式(4-4-3)叫作贝叶斯公式.

贝叶斯公式也被称为后验概率公式或逆概率公式,它实际上是条件概率——在已知结果发生的情况下,求导致这一结果的某种原因的可能性的大小.

例 3 在例 2 中,如果从这批产品中随机抽取一件发现是合格品,求这件合格品是甲车间生产的概率.

解 若所设事件同例 2,则要求的概率为 $P(A|B)$,由贝叶斯公式(4-4-3)得

$$P(A|B)=\frac{P(A)P(B|A)}{P(A)P(B|A)+P(\overline{A})P(B|\overline{A})}$$

$$=\frac{0.6\times0.95}{0.6\times0.95+0.4\times0.90}\approx0.613$$

例 4 四位工人生产同一种零件,产量分别占总产量的 35%、30%、20% 和 15%,且四个人生产产品的不合格率分别为 2%、3%、4% 和 5%. 今从这批产品中任取一件,问:(1)它是不合格品的概率;(2)发现是不合格品,它是由第一个人生产的概率.

解 设 B=“任取一件产品为不合格品”,A_i=“任取一件产品是第 i 个人生产的产品”($i=1,2,3,4$),则

$$P(A_1)=0.35,P(A_2)=0.30,P(A_3)=0.20,P(A_4)=0.15,P(B|A_1)=0.02$$

$$P(B|A_2)=0.03,P(B|A_3)=0.04,P(B|A_4)=0.05$$

于是

(1)由全概率公式(4-4-1)得

$$P(B)=\sum_{i=1}^{4}P(A_i)P(B|A_i)$$

$$=0.35\times0.02+0.30\times0.03+0.20\times0.04+0.15\times0.05$$

$$=0.0315$$

(2) 由贝叶斯公式(4-4-3) 得

$$P(A_1|B)=\frac{P(A_1)P(B|A_1)}{\sum\limits_{i=1}^{4}P(A_i)P(B|A_i)}=\frac{0.35\times0.02}{0.0315}\approx0.222$$

课堂练习

1. 同一种产品由甲、乙、丙三个厂家供应,由经验知,三家产品的正品率分别为 0.95,0.90,0.80,三家产品数所占比例为 2:3:5,全部产品混在一起,现从中任取一件,求此产

品为正品的概率.

2.设甲袋中有 a 个白球,b 个黑球,乙袋中有 c 个白球,d 个黑球.现从甲袋中任取一球放入乙袋,然后从乙袋中任取一球,问取到白球的概率是多少?

巩固与练习

1.某班级有 20 名男生和 16 名女生.某次英语考试男生的及格率是 80%,女生的及格率是 87.5%,求全班的及格率.

2.甲袋中装有 3 个白球 2 个黑球,乙袋中装有 2 个白球 5 个黑球,从两袋中任选一袋,再从该袋中任选 1 球,求此球为白球的概率.

3.调查表明,有 5%的男性和 0.25%的女性是色盲患者.今随机选取一人,此人恰为色盲患者,问此人是男性的概率是多少?(假设男女比例为 1∶1)

本模块学习指导

一、教学要求

1.理解随机事件和样本空间的概念,掌握随机事件之间的关系与运算.

2.理解概率、条件概率的定义,掌握概率的性质,会解简单的和典型的古典概型概率问题.

3.掌握概率的加法公式和乘法公式,理解事件独立性的概念,掌握应用事件独立性进行概率计算.

4.了解全概率公式和贝叶斯公式,会使用两个公式求解比较简单的“全概”问题.

二、考点提示

1.能找到随机事件与样本空间,会判断事件的关系与运算.

2.应用概率的基本性质、概率的加法公式、乘法公式、事件的独立性、全概率公式和贝叶斯公式求概率.

三、疑难解析

1.事件 A,B 互斥(互不相容)与事件 A,B 对立有何区别?

答 对立是比互斥更强的条件.互斥只是说两个事件不能同时发生,而对立指若 A 发生,则 B 一定不发生;若 A 不发生,则 B 一定发生.显然,如果事件 A,B 对立,则必有事件 A,B 互斥,但事件 A,B 互斥,不能得出 A,B 对立.

2.条件概率 $P(B|A)$ 与积事件的概率 $P(AB)$ 有何区别?

答 $P(AB)$ 表示在样本空间 Ω 中,计算 AB 发生的概率,而 $P(B|A)$ 表示在已知 A 发生的前提下,在缩减的样本空间 Ω_1 中计算 B 发生的概率.条件概率求的是某一条件已经发生的前提下,另一事件发生的概率,而求积事件的概率不要求任何“全体条件”.一般情况下,$P(B|A)$ 比 $P(AB)$ 大.

3. 事件 A,B 互不相容与事件 A,B 相互独立有何区别？

答 事件 A,B 互不相容与事件 A,B 相互独立是完全不同的两个概念. 事件 A,B 相互独立说的是其中一个事件发生与否对另一个事件是否发生没有影响；而事件 A,B 互不相容，说的是如果其中一个事件发生则另一个事件必不发生，从而 A 是否发生对 B 发生的概率有直接的影响，认为“两事件相互独立必定互不相容”是错误的. 事实上，在 $P(A)>0$，$P(B)>0$ 时，如果 A,B 相互独立，则 A,B 必定相容. 这是因为，若 A,B 互不相容，即 $AB=\varnothing$，则 $P(AB)=0$，而 A,B 相互独立，故 $P(AB)=P(A)P(B)>0$，两者矛盾.

4. 在实际应用中，如何判断两事件的独立性？

答 在实际应用中，对事件的独立性，我们常常不是用定义来判断，而是根据问题的实质，直观上看一个事件发生与否是否影响另一事件发生的概率. 比如两名射手在相同条件下进行射击，则可以认为“甲击中目标”与“乙击中目标”两事件是相互独立的. 如果直观上不能判断出两事件是否独立，有时可以利用统计资料进行分析，再来判断事件是否相互独立. 这涉及试验设计问题，在此不做详细阐述.

四、本章知识结构图

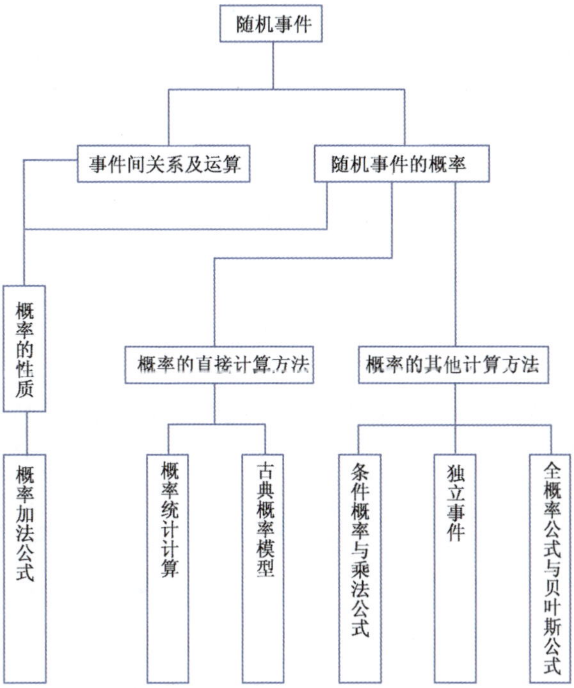

复习题四

一、填空题

1. 从 0,1,2,…,9 中任取四个数，则所取的四个数能排成一个四位偶数的概率为

________.

2. 设 A,B 是两个事件，$P(A)=p$，$P(B)=q$，且 $B\Leftrightarrow A$，则 $P(A\cap B)=$________.

3. 已知 $P(A)=\frac{1}{2}$，$P(B|A)=\frac{1}{3}$，$P(A|B)=\frac{1}{2}$，则 $P(A\cup B)=$________.

4. 从一副扑克牌(52 张，无大小王)中任意抽取 3 张，抽取的 3 张中至少有两张花色相同的概率是________.

5. 有一批棉花种子，出苗率为 0.67，现每穴种 6 粒，则有 4 粒出苗的概率为________.

6. 设事件 A,B 相互独立 $P(A)=0.3$，$P(B)=0.4$，则 $P(A\cup B)=$________.

二、选择题

1. 设随机事件 A,B 及其和事件 $A\cup B$ 的概率分别是 0.4、0.3 和 0.6，若 $\overline{B}$ 表示 B 的对立事件，那么积事件 $A\overline{B}$ 的概率 $P(A\overline{B})$ 等于(　　).

A. 0.2　　B. 0.3　　C. 0.4　　D. 0.6

2. A,B 为两随机事件，且 $B\subset A$，则下列式子正确的是(　　).

A. $P(A+B)=P(A)$　　B. $P(AB)=P(A)$

C. $P(B|A)=P(B)$　　D. $P(B-A)=P(B)-P(A)$

3. 设 A,B,C 是三个相互独立的事件，且 $0<P(C)<1$，则在下列给定的四对事件中不相互独立的是(　　).

A. $\overline{A+B}$ 和 C　　B. $\overline{AC}$ 和 $\overline{C}$　　C. $\overline{A-B}$ 和 $\overline{C}$　　D. $\overline{AB}$ 和 $\overline{C}$

4. 设 A,B 为两事件，则 $P(A-B)$ 等于(　　).

A. $P(A)-P(B)$　　B. $P(A)-P(B)+P(AB)$

C. $P(A)-P(AB)$　　D. $P(A)+P(B)-P(AB)$

三、解答题

1. 设试验 E：“将一枚均匀硬币连抛三次，观察正、反面出现的情况”.

(1)写出 E 的样本空间；

(2)恰好出现一次正面的概率；

(3)至少出现一次正面的概率.

2. 设有 m 件产品，其中有 n 件次品，若从中任取 k 件产品，试求其中恰有 l 件次品的概率.($l\leqslant n$)

3. 袋中有白球 4 个，黑球 2 个，连取两球，取出不放回，如果已知第一个球是白球，问第二个球是白球的概率是多少？

4. 为了防止意外，在矿内同时设有两种报警系统 A 与 B，每种系统单独用时，其有效概率 A 为 0.92，B 为 0.93，在 A 失灵条件下，B 有效的概率为 0.85，求在 B 失灵的条件下，A 有效的概率.

5. 一医生对某种疾病能正确诊断的概率为 0.3，当诊断正确时，病人痊愈的概率为

0.8,若未被确诊,病人痊愈的概率为0.1,现任选一病人,已知他痊愈,问他被医生确诊的概率是多少?

6.若发报机分别以0.7与0.3的概率发出信号“0”与“1”,由于随机干扰,当发出信号“0”时,接收机收到的信号“0”与“1”的概率分别是0.8与0.2;当发出信号“1”时,接收机收到的信号“1”与“0”的概率分别是0.9与0.1,试问:

(1)收到信号“0”的概率是多少?

(2)假定已收到信号“0”,发报机恰好发出信号“0”的概率是多少?

模块五 随机变量的概率变化规律

问题引入

一个随机试验可能结果(称为基本事件)的全体组成一个基本空间 Ω. 我们是否可以把一个随机试验的所有可能结果用实数表示呢? 例如,随机投掷一枚硬币,可能的结果有正面朝上,反面朝上两种. 若定义 X 为投掷一枚硬币时朝上的面,则 X 为一随机变量,当正面朝上时,X 取值 1;当反面朝上时,X 取值 0. 又如,掷一颗骰子,它的所有可能结果是出现 1 点、2 点、3 点、4 点、5 点和 6 点,若定义 X 为掷一颗骰子时出现的点数,则 X 为一随机变量,出现 1,2,3,4,5,6 点时 X 分别取值 1,2,3,4,5,6. 随机变量 X 是定义在基本空间 Ω 上的取值为实数的函数,即基本空间 Ω 中每一个点,也就是每个基本事件都有实轴上的点与之对应. 为此,我们可以利用现代数学的工具来研究随机现象.

本模块要研究的问题是:如何将随机事件用变量进行表示以及将事件与其概率的关系函数化,以便我们对随机现象能从总体上进行把握,这便是本章要研究的随机变量及其概率分布.

任务一 讨论离散型随机变量的概率变化规律

一、认识随机变量

随机变量的概念

在讨论随机事件及其概率时我们发现,随机试验的结果与数值有密切的关联——许多随机试验的结果本身就是一个数值;虽然有些随机试验的结果不直接表现为数值,但却可以将其数量化. 看下面的例子.

例 1 掷一质地均匀的骰子,向上一面的点数用 X 表示,则 X 的所有可能取值为 1,2,…,6,即

$$X=\begin{cases}1,\text{出现 1 点}\\2,\text{出现 2 点}\\3,\text{出现 3 点}\\4,\text{出现 4 点}\\5,\text{出现 5 点}\\6,\text{出现 6 点}\end{cases}$$

显然,X 是一个变量,它取不同的数值表示试验的不同结果. 例如 $\{X=2\}$ 就表示事件"出现 2 点". 这里 X 取 1,2,…,6 的概率相等,均为 1/6.

例 2 设袋中有 10 只同样大小的球，其中 3 只黑球 7 只白球. 现从中任意摸出 2 球，如果用 X 表示摸到黑球的数量，则 X 的可能取值为 0，1，2，即

$$X=\begin{cases}0 & \text{没有摸到黑球}\\1 & \text{摸到 1 只黑球}\\2 & \text{摸到 2 只黑球}\end{cases}$$

显然 X 也是一个变量，它取不同的数值表示摸取的不同结果，且 X 是以一定概率取值的. 例如 $\{X=2\}$ 就表示事件"摸到 2 个黑球"，且

$$P\{X=2\}=\frac{C_3^2}{C_{10}^2}=\frac{1}{15}$$

例 3 抛一枚 1 角硬币，结果有两种：国徽向上或国徽向下. 此结果不是直接由数量表示的，但如果我们令 $\{X=1\}$ 表示事件"国徽向上"，$\{X=0\}$ 表示事件"国徽向下"，即

$$X=\begin{cases}0 & \text{国徽向下}\\1 & \text{国徽向上}\end{cases}$$

则试验结果就与数值 0，1 相对应.

例 4 测试某批灯泡的寿命（单位：h），若用 X 表示其寿命，则可为区间 $[0,+\infty)$ 上的任意一个实数. 显然 X 是一个变量，它取不同的数值表示测得寿命的不同结果. 例如 $\{50\leqslant X\leqslant 100\}$ 表示事件"被测试的灯泡寿命在 50 h 到 100 h 之间".

从以上的例子可以看出，变量 X 的取值总是与随机试验的结果相对应，即 X 的取值随试验结果的不同而不同. 由于试验的各种结果具有随机性，因此 X 的取值也具有一定的随机性. 我们称这样的变量 X 为随机变量（其实质是一个定义在样本空间 Ω 上的单值实函数）.

通常用大写拉丁字母 X，Y 或希腊字母 ξ，η 等表示随机变量，而用小写的 x，y，z 等表示随机变量相应于某个试验结果所取的值. 随机试验中各种事件都可以通过随机变量的取值表示出来. 如在例 2 中，事件"至少摸到 1 个黑球"可用 $\{X\geqslant 1\}$ 或 $\{X=1\}\cup\{X=2\}$ 来表示；在例 4 中事件"被测试的灯泡寿命不低于 1000 h"可用 $\{X\geqslant 1000\}$ 来表示.

二、离散型随机变量及其分布律

定义 1 如果随机变量 X 只能取有限个或可列无穷多个数值，则称 X 为离散型随机变量.

要掌握一个随机变量的变化规律，不但要知道它都可能取什么值，更重要的是知道它取每一个值的概率是多少.

定义 2 设 $x_k(k=1,2,\cdots)$ 为离散型随机变量 X 所有可能取值，$p_k(k=1,2,\cdots)$ 是 X 取值 x_k 时相应的概率，即

$$P\{X=x_k\}=p_k,\quad (k=1,2,\cdots) \tag{5-1-1}$$

则式(5-1-1) 叫作离散型随机变量 X 的概率分布，其中 $p_k\geqslant 0$ 且 $\sum p_k=1$.

离散型随机变量 X 的概率分布也可以用表 5-1 的形式来表示，称其为离散型随机变量 X 的分布律.

表 5-1　离散型随机变量 X 的分布律

X	x_1	x_2	…	x_k	…
P	p_1	p_2	…	p_k	…

例 1、例 2、例 3 中的 X 都是离散型随机变量.

以后说给定一个离散型随机变量，就意味着式(5-1-1)或表 5-1 是已知的.

例 5　某男生投篮的命中率为 0.7，现在他不停地投篮，直到投中为止，求投篮次数 X 的概率分布.

解　显然当 $X=1$ 时，$p_1=0.7$.

当 $X=2$ 时，意味着第一次投篮未中，而第二次命中. 由于两次投篮是相互独立的，故

$$p_2=0.3\times0.7=0.21$$

当 $X=k$ 时，则前 $k-1$ 次均未投中，所以

$$p_k=(0.3)^{k-1}\times0.7$$

于是 X 的概率分布为

$$P\{X=k\}=p_k=(0.3)^{k-1}\times0.7,k=1,2,\cdots$$

例 6　求例 2 中随机变量 X 的分布律.

解　因为 X 的可能取值为 0,1,2，且

$$P\{X=0\}=C_7^2/C_{10}^2=\frac{7}{15}$$

$$P\{X=1\}=C_3^1C_7^1/C_{10}^2=\frac{7}{15}$$

$$P\{X=2\}=C_3^2/C_{10}^2=\frac{1}{15}$$

所以 X 的概率分布律为

X	0	1	2
P	7/15	7/15	1/15

三、几种常见的离散型随机变量的概率分布

1. 二点分布(0-1 分布)

三个主要的离散型随机变量

如果随机变量 X 只取 0,1 两个值，即

$$X=\begin{cases}0 & 事件\ A\ 不发生\\ 1 & 事件\ A\ 发生\end{cases}$$

其分布律为

X	0	1
P	q	p

其中 $0<p<1,q=1-p$，则称 X 服从参数为 p 的二点分布或(0-1)分布，记为 $X\sim$

(0-1)分布.

例 7 一批产品共 100 件，其中有 3 件次品. 从这批产品中任取一件，以 X 表示“取到的次品数”，即

$$X=\begin{cases}0 & \text{取到正品}\\ 1 & \text{取到次品}\end{cases}$$

求 X 的分布律.

解 因为

$$P\{X=0\}=\frac{C_{97}^{1}}{C_{100}^{1}}=\frac{97}{100}$$

$$P\{X=1\}=\frac{C_{3}^{1}}{C_{100}^{1}}=\frac{3}{100}$$

故 X 的分布律为

X	0	1
P	97/100	3/100

二点分布是简单且又经常遇到的一种分布，一次试验只可能出现两种结果时，便确定一个服从二点分布的随机变量. 如检验产品是否合格、电路是通路还是断路、新生儿的性别、系统运行是否正常等等，相应的结果均服从二点分布.

2. 二项分布（$X\sim B(n,p)$）

如果随机变量 X 为 n 重贝努利试验中事件 A 发生的次数，则 X 的可能取值为 0，1，…，n，在 n 次试验中 A 发生 k 次的概率为

$$p_k=P\{X=k\}=C_n^k p^k q^{n-k}.$$

显然 $p_k\geqslant 0$，且 $\sum\limits_{k=1}^{n}p_k=\sum\limits_{k=1}^{n}C_n^k p^k q^{n-k}=(p+q)^n=1$.

如果随机变量 X 的概率分布为

$$P\{X=k\}=C_n^k p^k q^{n-k}\quad (k=0,1,2,\cdots,n) \tag{5-1-2}$$

其中 $0<p<1$，$q=1-p$，则称 X 服从参数为 n，p 的二项分布，记作 $X\sim B(n,p)$.

特别地，当 $n=1$ 时的二项分布就是(0-1)分布.

例 8 某大楼有两部电梯，每部电梯因故障不能使用的概率均为 0.02. 设某时不能使用的电梯数为 X，求 X 的分布律.

解 因为 $X\sim B(2,0.02)$，所以

$$P\{X=k\}=C_2^k(0.02)^k(1-0.02)^{2-k}\quad (k=0,1,2)$$

于是 X 的分布律为

X	0	1	2
P	0.9604	0.0392	0.0004

例 9 某工厂生产的圆规的二等品率为 0.02(其余为一等品)，设每支圆规是否为二等品是相互独立的. 这个工厂将 10 支圆规包成一包出售，并保证一包中的二等品数

多于一个即可退货，求一包圆规中二等品个数 X 的分布律和售出产品的退货率.

解 显然 $X \sim B(10, 0.02)$，其分布律为

$$P\{X=k\}=C_{10}^{k}(0.02)^{k}(1-0.02)^{10-k} \quad (k=0,1,\cdots,10)$$

设 A="该包圆规被退货"，则

$$P(A)=P\{X>1\}=1-P\{X\leqslant 1\}=1-\sum_{k=0}^{1}P\{X=k\}$$

$$=1-\sum_{k=0}^{1}C_{10}^{k}(0.02)^{k}0.98^{10-k}\approx 0.016$$

即退货率约为 1.6%.

3. 泊松(Poisson)分布($X\sim P(\lambda)$)

如果随机变量 X 的概率分布为

$$P\{X=k\}=\frac{\lambda^{k}}{k!}e^{-\lambda} \quad (k=0,1,2,\cdots) \tag{5-1-3}$$

其中 $\lambda>0$，则称 X 服从参数为 λ 的泊松分布，记为 $X\sim P(\lambda)$.

泊松分布是概率论中的又一重要分布. 一方面，许多随机变量服从泊松分布，比如一定时间间隔内某电话交换台收到的呼唤次数，一匹布上的疵点数，一定时间间隔内某路段发生的交通事故数等，都服从泊松分布. 另一方面，泊松分布可以近似代替二项分布. 这是因为，求二项分布概率的计算量往往很大，但当试验次数 n 较大，概率 p 较小时，可以证明

$$C_{n}^{k}p^{k}q^{n-k}\approx\frac{\lambda^{k}}{k!}e^{-\lambda} \tag{5-1-4}$$

其中 $\lambda=np$，$q=1-p(0<p<1)$. 于是在满足上述条件下，可以用泊松分布近似代替二项分布，它比起按二项分布直接计算要简便得多，而且也能保证一定的精确度. 这一结论是法国数学家泊松于 1837 年给出的.

在实际计算中，当 $n\geqslant 10$，$p\leqslant 0.1$ 时就可以用泊松分布近似代替二项分布. 为便于计算泊松分布的概率问题，附表中提供泊松分布表供查阅.

例 10 电话交换机每分钟转接的电话次数服从 $\lambda=4$ 的泊松分布，试求每分钟正好转接 6 次电话的概率和每分钟转接电话次数不超过 3 次的概率.

解 设每分钟转接的电话次数为 X，由题意 $X\sim P(4)$，于是

$$P(X=k)=\frac{4^{k}}{k!}e^{-4}, k=0,1,2,\cdots$$

每分钟正好转接 6 次电话的概率为

$$P(X=6)=\frac{4^{6}}{6!}e^{-4}\approx 0.1042$$

每分钟转接电话次数不超过 3 次的概率为

$$P(X\leqslant 3)=P\{(X=0)\cup(X=1)\cup(X=2)\cup(X=3)\}$$

$$=\sum_{k=0}^{3}P(X=k)=1-P(X>3)$$

$$=1-\sum_{k=4}^{\infty}\frac{4^k}{k!}e^{-4}=1-0.56653\approx 0.4335$$

例 11 某网吧有一批计算机，假设机器间的工作状况是相互独立的，且发生故障的概率都是 0.01，若

(1)由 1 人负责维修 40 台计算机；

(2)由 3 人负责维修 140 台计算机.

试分别求计算机发生故障而需要等待维修的概率(假定一台计算机的故障可由 1 人来处理)，并比较两种方案的优劣.

解 观察计算机是否发生故障可视为贝努利试验. 设 X 表示同一时间内发生故障的计算机的台数，则 X 服从二项分布，于是

(1)$X\sim B(40,0.01)$.

此时 $n=40>10$，$p=0.01<0.1$，$\lambda=np=0.4$，可用泊松分布近似代替二项分布，故所求概率为

$$P\{X\geqslant 2\}=\sum_{k=2}^{+\infty}C_{40}^{k}(0.01)^k(0.99)^{40-k}\approx\sum_{k=2}^{+\infty}\frac{\lambda^k}{k!}e^{-\lambda}$$

查泊松分布表，可得当 $\lambda=0.4$，$x=2$ 时，$p\approx 0.0616$.

(2)$X\sim B(140,0.01)$.

此时 $n=140>10$，$p=0.01<0.1$，$\lambda=np=1.4$，可用泊松分布近似代替二项分布.

所求概率为

$$P\{X\geqslant 4\}=\sum_{k=4}^{+\infty}C_{140}^{k}(0.01)^k(0.99)^{140-k}\approx\sum_{k=4}^{+\infty}\frac{\lambda^k}{k!}e^{-\lambda}$$

查泊松分布表，可得当 $\lambda=1.4$，$x=4$ 时，$p\approx 0.053\,7$.

由 $0.0537<0.061\,6$ 可见，第二种方案不仅每人平均维修的计算机数量有所增加，而且计算机发生故障需要等待维修的概率还大大降低，因此它要优于第一种方案.

课堂练习

1. 设随机变量 X 可能取值为 $-1,0,1$，且取这 3 个值的概率之比为 1∶2∶3，试写出 X 的分布律.

2. 某射手连续向同一目标进行射击，直到第一次射中为止. 若该射手射中目标的概率为 p，试求射击次数的概率分布.

3. 4 张卡片上分别标有号码 1、2、3、4，从中任取 2 张，记较小的号码数为 X，试写出 X 的分布律.

4. 某次考试出有 10 道判断正误题，某考生随意做出了正误判断. 若记其答对的题数为 X，求 X 的分布律.

巩固与练习

1. 建立下列随机试验的随机变量，并指出随机变量的相应的取值范围.

(1)对某目标不停地射击，直到击中一次为止，观察总射击次数；

(2)从一批含有一、二、三等品的产品中，任意取出一件，观察其产品等级；

(3)同时掷两颗骰子，记录其点数之和.

2. 给青蛙按每单位体重注射一定剂量的洋地黄，由以往的经验获知，致死的概率为 0.6，存活的概率为 0.4，今给 2 只青蛙注射，用随机变量表示死亡只数并求出分布律.

3. 袋中装有大小相等的 5 个小球，编号分别为 1,2,3,4,5，从中任取 3 个，记 X 为取出的 3 个球中的最大号码，试写出 X 的分布律.

4. 掷一颗均匀骰子，试写出点数 X 的分布律，并求 $P\{X>1\}$，$P\{2<X<5\}$.

5. 设在 15 只同类型的产品中有 2 只是次品，在其中任取 3 次，每次任取一只，做不放回抽样，以 X 表示取出次品的个数；做放回抽样，以 Y 表示取出次品的个数，分别求 X，Y 的分布律.

6. 一电话每小时收到呼叫的次数服从参数为 4 的泊松分布，求：

(1)某小时恰有 8 次呼叫的概率；

(2)某小时的呼叫次数大于 3 的概率.

任务二 讨论连续型随机变量的概率变化规律

离散型随机变量的取值只限于有限个或可列无穷多个的情形，而在许多随机试验中，如测量某批螺纹钢的单位长度、检测某品牌方便面每包的重量等，它们的可能取值不再只限于有限个或可列无穷多个点上，而是充满了某个区间. 显然这些随机变量已不再是离散型随机变量，我们称其为非离散型随机变量. 对于为非离散型随机变量，我们只研究连续型随机变量.

一、连续型随机变量及其密度函数

定义 1 对于随机变量 X，如果存在非负可积函数 $f(x)(-\infty<x<+\infty)$，对于任意的实数 a，$b(a<b)$，都有

$$P\{a<X\leqslant b\}=\int_a^b f(x)\mathrm{d}x \tag{5-2-1}$$

连续型随机变量

则称 X 为连续型随机变量，$f(x)$称为 X 的概率密度函数，简称概率密度或密度函数. 有时也可用其他函数符号如 $p(x)$等表示.

如果 $f(x)$是随机变量 X 的密度函数，则必有如下性质：

(1) $f(x)\geqslant 0(-\infty<x<+\infty)$；

(2) $\int_{-\infty}^{+\infty}f(x)\mathrm{d}x=P\{-\infty<X<+\infty\}=1$.

如果给出了随机变量的概率密度，那么它在任何区间取值的概率就等于概率密度在

这个区间上的定积分.在直角坐标系中画出的密度函数的图像,称为密度曲线.如图 5-1 所示,密度曲线位于 x 轴的上方,且密度曲线与 x 轴之间的面积恒为 1;X 落在任一区间 (a,b) 内取值的概率等于以该区间为底,以密度曲线为顶的曲边梯形的面积.

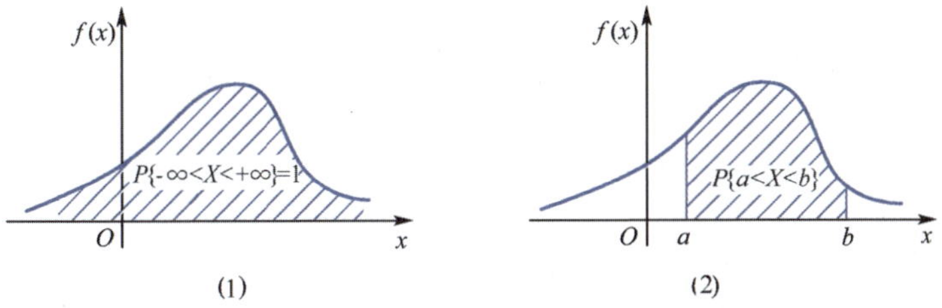

图 5-1

由式(5-2-1)及概率的性质可以推出 $P\{X=a\}=0$(a 为任一常数),即连续型随机变量在某一点取值的概率为零,从而有

$$\begin{aligned}P\{a<X<b\}&=P\{a<X\leqslant b\}=P\{a\leqslant X<b\}\\&=P\{a\leqslant X\leqslant b\}=\int_a^b f(x)\,\mathrm{d}x\end{aligned}$$

即区间端点对求连续型随机变量的概率没有影响.

概率密度 $f(x)$ 不表示随机变量 X 取值为 x 的概率,而是表示随机变量 X 在点 x 附近取值的密集程度,就像线密度一样,某一点的线密度并不代表物质在这一点的质量.

例 1 设某连续型随机变量的概率密度为

$$f(x)=\begin{cases}k(4x-2x^2) & 0<x<2\\ 0 & \text{其他}\end{cases}$$

求:(1)常数 k;(2)$P\{1<X<2\}$;(3)$P\{X>1\}$.

解 (1)根据密度函数性质有

$$\int_{-\infty}^{+\infty}f(x)\,\mathrm{d}x=\int_0^2 k(4x-2x^2)\,\mathrm{d}x=k\left(2x^2-\frac{2}{3}x^3\right)\Big|_0^2=\frac{8}{3}k=1$$

解得

$$k=\frac{3}{8}$$

(2)$P\{1<X<2\}=\int_1^2\frac{3}{8}(4x-2x^2)\,\mathrm{d}x=\frac{3}{8}\left(2x^2-\frac{2}{3}x^3\right)\Big|_1^2=\frac{1}{2}$

(3)$P\{X>1\}=\int_1^{+\infty}\frac{3}{8}(4x-2x^2)\,\mathrm{d}x=\int_1^2\frac{3}{8}(4x-2x^2)\,\mathrm{d}x+\int_2^{+\infty}0\,\mathrm{d}x=\frac{1}{2}$

二、几种常用的连续型随机变量的分布

1. 均匀分布

如果随机变量 X 的概率密度为

$$f(x)=\begin{cases}k & a\leqslant x\leqslant b\\ 0 & \text{其他}\end{cases}$$

则称 X 在区间 (a,b) 上服从均匀分布或等概率分布，简记为 $X \sim U(a,b)$.

由分布密度的性质可知

$$1=\int_{-\infty}^{+\infty} f(x)\mathrm{d}x=\int_{a}^{b} k\,\mathrm{d}x=k(b-a)$$

故 $k=\dfrac{1}{b-a}$. 由此表明，当 $(c,d)\subset[a,b]$，则

$$P\{c \leqslant X \leqslant d\}=\int_{c}^{d} \frac{1}{b-a}\mathrm{d}x=\frac{c-d}{b-a}$$

X 落在任一区间 (c,d) 的概率只与该区间长度有关，而与 (c,d) 在 $[a,b]$ 内的位置无关.

例 2 设某一时间段内的任意时刻，乘客到达公共汽车站是等可能的. 若每隔 5 min 来一趟车，则乘客等车时间 X 服从均匀分布. 试求 X 的概率密度及等车时间不超过 3 min 的概率.

解 因为 $X \sim U(0,5)$，所以 X 的密度函数为

$$f(x)=\begin{cases}\dfrac{1}{5} & 0 \leqslant x \leqslant 5 \\ 0 & \text{其他}\end{cases}$$

等车时间不超过 3 min 的概率为

$$P\{0 \leqslant X \leqslant 3\}=\int_{0}^{3} \frac{1}{5}\mathrm{d}x=\frac{3}{5}$$

2. 指数分布

如果随机变量 X 的密度函数为

$$f(x)=\begin{cases}\lambda \mathrm{e}^{-\lambda x} & x \geqslant 0 \\ 0 & x<0\end{cases} \quad (\lambda>0)$$

则称 X 服从参数为 λ 的指数分布，记作 $X \sim E(\lambda)$.

例如某电子器件已经使用了 t 小时，它在以后的 Δt 小时内是否损坏与过去使用的 t 小时无关，那么它在今后的 Δt 小时内的寿命就服从指数分布. 像保险丝、宝石轴承、玻璃器具等，它们的寿命都服从指数分布. 指数分布在可靠性理论中有着广泛的应用.

3. 正态分布

如果随机变量 X 有分布密度

$$f(x)=\frac{1}{\sigma\sqrt{2\pi}}\mathrm{e}^{-\frac{(x-\mu)^2}{2\sigma^2}} \quad (-\infty<x<+\infty,-\infty<\mu<+\infty)$$

其中 $\sigma>0$ 为常数，则称 X 服从以 μ,σ^2 为参数的正态分布，简记为 $X \sim N(\mu,\sigma^2)$.

正态分布

正态分布是概率论中极为重要的分布，因高斯(Gauss)首先将它应用于误差研究，故亦称为高斯分布或误差分析.

依据函数作图方法，可作出分布密度 $f(x)$ 的图形如图 5-2 所示. 由图可知正态分布密度函数曲线(简称正态曲线) $y=f(x)$ 有下述特点：正态曲线 $y=f(x)$ 关于直线 $x=\mu$ 对称，且以 x 轴为水平渐近线. 当 $x=\mu$ 时 $f(x)$ 达到最大值 $1/(\sigma\sqrt{2\pi})$，曲线 $f(x)$ 在 $x=\mu\pm\sigma$ 处为拐点的横坐标. 设想让 σ 固

定(不妨令 $\sigma=1$),于是整个曲线在保持原有形状的前提下,沿 x 轴往左($\mu<0$)或往右($\mu>0$)平移(如图 5-3).可见,正态分布曲线位置由 μ 的正负确定,故称 μ 为位置参数;

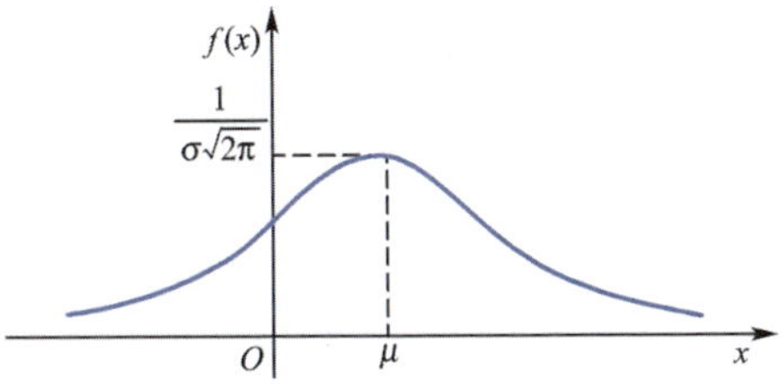

图 5-2

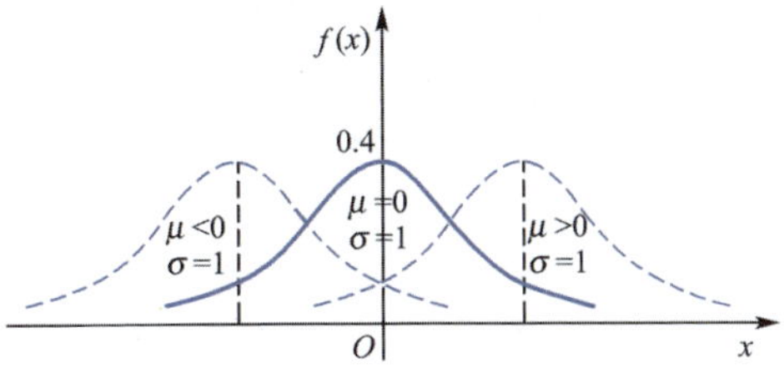

图 5-3

设想让 μ 固定(不妨令 $\mu=0$),于是整个曲线保持在关于 $x=\mu$ 对称的前提下:当 σ 变小时最大值点将随之上升,此时曲线趋于陡峭;当 σ 变大时最大值点将随之下降,此时曲线趋于扁平(如图 5-4).

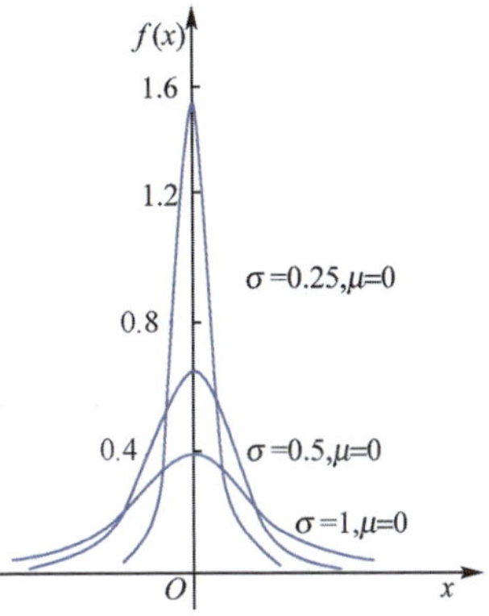

图 5-4

可见,正态曲线形状的扁或陡将由 σ 的大小来确定.

特别地,当 $\mu=0,\sigma=1$ 时,有

$$\varphi(x)=\frac{1}{\sqrt{2\pi}}e^{-\frac{x^2}{2}},-\infty<x<+\infty$$

此时称 X 服从标准正态分布,称 X 为标准正态分布随机变量,简记为 $X\sim N(0,1)$.

正态分布在理论研讨和实践应用中都占据重要的地位.在理论方面它为数理统计及其相关学科的基石,在科技和工程领域中遇到的大量独立随机变量都可以近似地按正态分布去处理.

课堂练习

1. 设随机变量 X 的概率密度为

$$f(x)=\begin{cases} kx & 0\leqslant x<3 \\ 2-\frac{x}{2} & 3\leqslant x\leqslant 4 \\ 0 & 其他 \end{cases}$$

求:(1)常数 k;(2)$P\{2\leqslant X<5\}$.

2. 设随机变量 $X\sim U(0,5)$,试写出 X 的概率密度函数,并求 $P\{2\leqslant X<5\}$.

3. 指数分布的密度函数也可以写成 $f(x)=\begin{cases} \frac{1}{\theta}e^{-\frac{x}{\theta}} & x\geqslant 0 \\ 0 & x<0 \end{cases}$ $(\theta>0)$ 的形式.试证明 $f(x)$ 满足密度函数的基本性质,即对任意的 $\theta>0$,$f(x)\geqslant 0$ 且 $\int_{-\infty}^{+\infty}f(x)\mathrm{d}x=1$.

巩固与练习

1. 设随机变量 X 的密度函数为

$$f(x)=\begin{cases}ax, & 0<x<1\\ \dfrac{1}{x^2}, & 1\leqslant x<2\\ 0, & \text{其他}\end{cases}$$

求其中的参数 a.

2. 设随机变量 X 的密度函数为

$$f(x)=\begin{cases}x, & 0<x\leqslant 1\\ 2-x, & 1<x\leqslant 2\\ 0, & \text{其他}\end{cases}$$

(1)求概率 $P\{0.2<X<1.2\}$;

(2)求概率 $P\{X<0.5\}$,$P\{X>1.3\}$.

3. 设随机变量 X 在[2,5]上服从均匀分布,现对 X 进行两次独立观测,试求至少有一次观测值大于 3 的概率.

4. 设 $X\sim N(0,1)$,求 $p\{0<x<1.9\}$和 $p\{-2<x<2\}$

5. 设 $X\sim N(3,2^2)$,求:

(1)$P\{-4<X\leqslant 10\}$,$P\{|X|>2\}$;

(2) 确定 C 使 $P\{X>C\}=P\{X\leqslant C\}$;

(3) 设 d 满足 $P\{X>d\}\geqslant 0.9$,问 d 至多是多少?

任务三 讨论随机变量的分布函数

一、认识分布函数

离散型随机变量的概率规律是用分布列描述的,而连续型随机变量的概率规律是用分布密度描述的.能否给出一种统一的方法刻画随机变量取值的概率规律呢?回答是肯定的.适合于所有随机变量的描述方法便是本节要讨论的分布函数.

定义 1 设 X 为随机变量,函数

$$F(x)=P\{X\leqslant x\}$$

称为随机变量 X 的分布函数,其中 x 为任意实数.

对于离散型随机变量,因为 X 只在 $x_k(k=1,2,\cdots)$处取离散的值,且 $P\{X=x_k\}=p_k$,所以

$$F(x)=P\{X\leqslant x\}=\sum_{x_k\leqslant x}p_k \tag{5-3-1}$$

而对于密度函数为 $f(x)$连续型随机变量 X,则有

$$F(x)=P\{X\leqslant x\}=\int_{-\infty}^{x}f(t)\,\mathrm{d}t \tag{5-3-2}$$

注意 $F(x)$的值不是 X 取值于 x 时的概率，而是 X 在$(-\infty,x)$区间上取值的“概率累加”.

分布函数具有如下性质：

(1)$0\leqslant F(x)\leqslant 1, x\in(-\infty,+\infty)$；

(2)$F(x)$是 x 的单调不减函数；

(3)$F(-\infty)=\lim\limits_{x\to-\infty}F(x)=0, F(+\infty)=\lim\limits_{x\to+\infty}F(x)=1$；

(4)对于任意实数 a,b 有，$P\{a<X\leqslant b\}=P\{X\leqslant b\}-P\{X\leqslant a\}=F(b)-F(a)$.

随机变量的分布函数

特别地，$P\{X>a\}=1-P\{X\leqslant a\}=1-F(a)$.

这样，随机变量 X 落入任一区间的概率都可用分布函数来表达. 从这个意义上讲，分布函数完整地描述了各类随机变量的概率规律.

分布函数的引入，使得某些概率论方面的问题有可能得到简化而转为普通函数的运算，从而高等数学中的许多结果可以作为讨论随机变量概率规律性的有力工具.

例 1 设 X 的分布律为

X	0	1	2
P	0.5	0.3	0.2

(1)求 X 的分布函数；

(2)作出分布函数 $F(x)$的图形；

(3)求 $P\{0<X\leqslant 1\}, P\{0<X<1\}, P\{0\leqslant X\leqslant 1\}$.

解 (1)X 只在三个点 0,1,2 处取值，由概率分布律可知分布函数

$$F(x)=\sum_{x_k\leqslant x}p_k=\begin{cases}0 & x<0\\ p_1 & 0\leqslant x<1\\ p_1+p_2 & 1\leqslant x<2\\ p_1+p_2+p_3 & x\geqslant 2\end{cases}=\begin{cases}0 & x<0\\ 0.5 & 0\leqslant x<1\\ 0.8 & 1\leqslant x<2\\ 1 & x\geqslant 2\end{cases}$$

(2) 分布函数的图形如图 5-5 所示

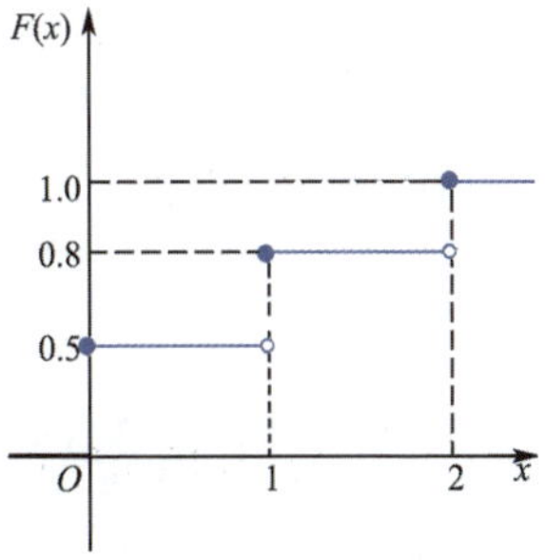

图 5-5

(3)$P\{0<X\leqslant 1\}=F(1)-F(0)$

$=0.8-0.5=0.3$

$P\{0<X<1\}=P\{0<X\leqslant 1\}-P\{X=1\}$

$=0.3-0.3=0$

$P\{0\leqslant X\leqslant 1\}=P\{0<X\leqslant 1\}+P\{X=0\}$

$=0.3+0.5=0.8$

一般情况下离散型随机变量 X 的分布函数是一个跳跃函数，x 每增大到一个 x_k，$F(x)$ 就相应地提升到一个高度 p_k，当 x 达到最大值时，概率累加达到 1.

例 2 已知随机变量 X 在(a,b)上服从均匀分布，其分布密度为

$$f(x)=\begin{cases}\dfrac{1}{b-a} & a\leqslant x\leqslant b\\ 0 & \text{其他}\end{cases}$$

求:(1) 分布函数 $F(x)$;(2) 作出 $f(x)$ 及 $F(x)$ 的图形;(3)$P\{a<X\leqslant 2\}(a<2<b)$.

解 (1) 为求分布函数,对不同的 x 实施逐段积分

当 $x<a$ 时,有

$$F(x)=\int_{-\infty}^{x}f(t)\mathrm{d}t=0$$

当 $a\leqslant x<b$ 时,有

$$F(x)=\int_{-\infty}^{x}f(t)\mathrm{d}t=\int_{a}^{x}\frac{1}{b-a}\mathrm{d}t=\frac{x-a}{b-a}$$

随机变量的函数分布

当 $x\geqslant b$ 时,有

$$F(x)=\int_{-\infty}^{x}f(t)\mathrm{d}t=\int_{a}^{b}\frac{1}{b-a}\mathrm{d}t=1$$

综上,便可得分布函数

$$F(x)=\int_{-\infty}^{x}f(t)\mathrm{d}t=\begin{cases}0 & x<a\\ \dfrac{x-a}{b-a} & a\leqslant x<b\\ 1 & x\geqslant b\end{cases}$$

(2)$f(x)$ 及 $F(x)$ 的图形如图 5-6 所示.

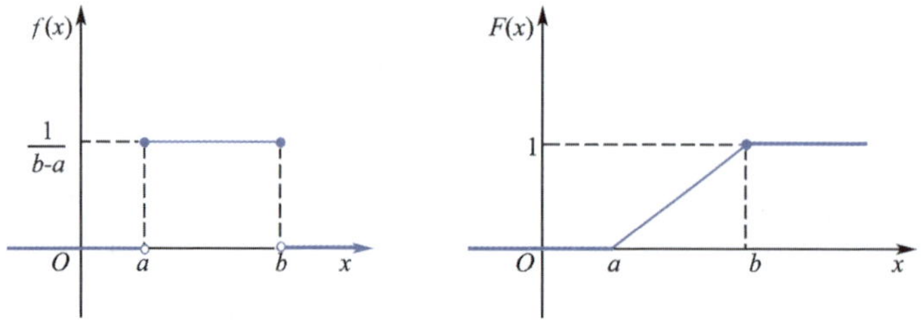

图 5-6

(3)$P\{a<X\leqslant 2\}=\displaystyle\int_{a}^{2}\frac{\mathrm{d}x}{b-a}=\frac{2-a}{b-a}$

或由分布函数的性质

$$P\{a<X\leqslant 2\}=F(2)-F(a)=\frac{2-a}{b-a}-\frac{a-a}{b-a}=\frac{2-a}{b-a}$$

二、讨论正态分布的概率计算

正态分布的分布函数不是初等函数,求其值比较困难.但由于正态分布应用的广泛性,实际中又经常用到它的函数值,为此,数学工作者编制了标准正态分布的分布函数值表,称为标准正态分布表(附表 4),并将标准正态分布的分布函数记为 $\Phi(x)$,而将其密度函数记为 $\varphi(x)$.

1. 标准正态分布的概率计算公式

由分布函数的定义及标准正态分布密度曲线的对称性，易得以下公式：

(1) $\Phi(-x)=1-\Phi(x)$；

(2) $P\{X<b\}=P\{X\leqslant b\}=\Phi(b)$；

(3) $P\{a<X\leqslant b\}=\Phi(b)-\Phi(a)$；

(4) $P\{X\geqslant a\}=P\{X>a\}=1-\Phi(a)$；

(5) $P\{|X|<\lambda\}=P\{|X|\leqslant\lambda\}=2\Phi(\lambda)-1,\lambda>0$.

例 3 已知 $X\sim N(0,1)$，求 $P\{X<1.58\}$，$P\{X\geqslant-2.14\}$，$P\{0<X\leqslant 2.31\}$，$P\{|X|<1.96\}$.

解 查标准正态分布表可得

$$P\{X<1.58\}=\Phi(1.58)=0.9430$$

$$P\{X\geqslant-2.14\}=1-\Phi(-2.14)=1-[1-\Phi(2.14)]=\Phi(2.14)=0.9838$$

$$P\{0<X\leqslant 2.31\}=\Phi(2.31)-\Phi(0)=0.9896-0.5000=0.4896$$

$$P\{|X|<1.96\}=2\Phi(1.96)-1=2\times 0.9750-1=0.95$$

2. 一般正态分布的概率计算

一般正态分布的概率计算可以转化为标准正态分布的概率来计算，因为若 $X\sim N(\mu,\sigma^2)$，有

$$P\{a<X\leqslant b\}=F(b)-F(a)=\frac{1}{\sigma\sqrt{2\pi}}\int_a^b e^{-\frac{(x-\mu)^2}{2\sigma^2}}dx$$

$$\xlongequal{\left(令\frac{x-\mu}{\sigma}=t\right)}\frac{1}{\sigma\sqrt{2\pi}}\int_{(a-\mu)/\sigma}^{(b-\mu)/\sigma}e^{\frac{-t^2}{2}}dt$$

$$=\Phi\left(\frac{b-\mu}{\sigma}\right)-\Phi\left(\frac{a-\mu}{\sigma}\right) \tag{5-3-3}$$

这样，正态分布下的概率计算，通过运用公式(5-3-3)，并借助附表即可完成.

例 4 已知 $X\sim N(3,2^2)$，求 $P\{2\leqslant X<5\}$.

解 因为 $a=2,b=5,\mu=3,\sigma=2$，所以

$$\frac{b-\mu}{\sigma}=\frac{5-3}{2}=1,\frac{a-\mu}{\sigma}=\frac{2-3}{2}=-0.5$$

于是，由正态分布概率计算公式有

$$P\{2\leqslant X<5\}=\Phi\left(\frac{b-\mu}{\sigma}\right)-\Phi\left(\frac{a-\mu}{\sigma}\right)=\Phi(1)-\Phi(-0.5)$$

$$=\Phi(1)-[1-\Phi(0.5)]=\Phi(1)+\Phi(0.5)-1$$

$$=0.8413+0.6915-1=0.5328$$

例 5 设 $X\sim N(\mu,\sigma^2)$，求 $P\{\mu-\sigma\leqslant X\leqslant\mu+\sigma\}$，$P\{\mu-2\sigma\leqslant X\leqslant\mu+2\sigma\}$，$P\{\mu-3\sigma\leqslant X\leqslant\mu+3\sigma\}$.

解

$$P\{\mu-\sigma\leqslant X\leqslant\mu+\sigma\}=\Phi(1)-\Phi(-1)=0.6826$$

$$P\{\mu-2\sigma\leqslant X\leqslant\mu+2\sigma\}=\Phi(2)-\Phi(-2)=0.9544$$

$$P\{\mu-3\sigma \leqslant X \leqslant \mu+3\sigma\}=\Phi(3)-\Phi(-3)=0.9974$$

由此看出，X 的取值大部分在区间$[\mu-\sigma,\mu+\sigma]$内（概率为 0.6826），基本在$[\mu-2\sigma,\mu+2\sigma]$内（概率为 0.9544），几乎全部在$[\mu-3\sigma,\mu+3\sigma]$内（概率为 0.9974）. 虽然从理论上讲，服从正态分布的随机变量 X 的取值范围是全体实数，但实际上，X 取$[\mu-3\sigma,\mu+3\sigma]$以外的数值的可能性不到 3‰，几乎是不可能的. 因此实际应用当中可以认为 X 的取值是一个有限区间$[\mu-3\sigma,\mu+3\sigma]$. 这便是经常使用的三倍标准差规则，俗称"$3\sigma$ 规则".

课堂练习

1. 设 X 的分布律为

X	-1	0	1
P	0.3	0.4	0.3

求：(1)X 的分布函数；

(2) 作出分布函数的图形；

(3)$P\{-2<X<1\}$.

2. 设随机变量 $X \sim U(2,5)$，求：(1)X 的分布函数；(2)$P\{2 \leqslant X<4\}$.

3. 设 $X \sim N(0,1)$，查附表求下列各值：

$$\Phi(0.6),\Phi(-0.6),P\{|X| \leqslant 1.65\},P\{-2.4 \leqslant X \leqslant -0.2\}.$$

4. 已知 $X \sim N(5,1)$，求 $P\{2 \leqslant X<6\}$.

巩固与练习

1. 设随机变量 X 的分布函数为 $F(x)$，用 $F(x)$表示下列概率：

(1)$P\{X=a\}$　　(2)$P(X \leqslant a)$　　(3)$P\{X \geqslant a\}$　　(4)$P\{a<X \leqslant b\}$

2. 一个靶子是半径为 2 的圆盘，设击中靶上任一同心圆盘上的点的概率与该圆盘的面积成正比，并设每次射击都能中靶，以 X 表示弹着点与圆心的距离，求 X 的分布函数.

3. 袋中装有大小相等的 5 个小球，编号分别为 1,2,3,4,5，从中任取 3 个，记 X 为取出的 3 个球中的最大号码，试写出 X 的分布函数.

4. 设随机变量 X 的密度函数为

$$f(x)=\begin{cases} x, & 0<x \leqslant 1 \\ 2-x, & 1<x \leqslant 2 \\ 0, & \text{其他} \end{cases}$$

求 X 的分布函数.

5. 将一个温度调节器放置在存有某种液体的容器内，调节器调在 d ℃液体的温度 X（以℃计）是一个随机变量，且 $X \sim N(d,0.5^2)$，(1)若 $d=90$，求 $P\{X \leqslant 89\}$；(2)若要求保持液体的温度不低于 80℃的概率至少为 0.99，那么 d 至少为多少？

本模块学习指导

一、教学要求

1. 理解随机变量及其概率分布的概念.

2. 理解离散型随机变量及其概率分布的概念，掌握二点分布、二项分布、泊松分布及其应用.

3. 理解连续型随机变量及其概率密度的概念，掌握均匀分布、指数分布、正态分布及其应用.

4. 掌握随机变量分布函数($F(x)=P\{X\leqslant x\}$)的概念、性质以及概率密度与分布函数之间的关系，会应用分布函数求概率.

二、考点提示

1. 求离散型随机变量的分布律(列)、分布函数.

2. 求连续型随机变量的概率密度、分布函数.

3. 利用分布函数求事件的概率.

4. 标准正态分布及一般正态分布的概率计算.

三、疑难解析

1. 为什么说随机变量是单值实函数?

答 概率统计是从数量上来研究随机现象的统计规律的，为了便于数学推导和运算，必须把随机事件数量化. 由于受随机因素的影响，随机试验的结果——随机事件具有不确定性. 我们可以用一个变量的不同取值来代表随机试验的不同结果. 由于这个变量的取值具有随机性，我们便称其为随机变量. 因为每一个试验结果(样本空间的元素)对应且只对应一个数值，因此，随机变量是从样本空间映射到某一实数集合上的单值函数.

2. 为什么要引入随机变量的分布函数?

答 从分布函数的定义 $F(x)=P\{X\leqslant x\}$，我们可以看出，它将以随机事件为自变量的特殊函数 $P\{X\leqslant x\}$ 转化为一个普通实函数，从而可以把某些概率计算问题转化为普通的函数计算问题，如 $P\{x_1<X\leqslant x_2\}=F(x_2)-F(x_1)$.

不仅如此，由于随机变量 X 的分布函数与分布律及概率密度有着直接的联系：当 X 为离散型随机变量时，$F(x)=\sum\limits_{x\leqslant x_k} p_k$，当 X 为连续型随机变量时，$F(x)=\int_{-\infty}^{x} f(x)\,\mathrm{d}x$，故分布函数从另一个角度刻画了随机变量的分布规律，而且还将离散与连续两种情形整合起来. 分布函数在概率统计的深入学习中会发挥更大的作用.

3. 设随机变量 X 的分布函数为 $F(x)$，试分别就离散和连续两种情形，讨论如何计算下列概率：

(1) $P\{a<X<b\}$；(2) $P\{a\leqslant X<b\}$；(3) $P\{a<X\leqslant b\}$；(4) $P\{a\leqslant X\leqslant b\}$

答 当 X 为连续型随机变量时，上面四个事件的概率均等于 $F(b)-F(a)$；

当 X 为离散型随机变量时，有

(1) $P\{a<X<b\}=F(b-0)-F(a)=\sum\limits_{a<x_k<b} p_k$；

(2) $P\{a \leqslant X < b\} = F(b-0) - F(a-0) = \sum\limits_{a \leqslant x_k < b} p_k$；

(3) $P\{a < X \leqslant b\} = F(b) - F(a) = \sum\limits_{a < x_k \leqslant b} p_k$；

(4) $P\{a \leqslant X \leqslant b\} = F(b) - F(a-0) = \sum\limits_{a \leqslant x_k \leqslant b} p_k$.

四、本模块知识结构图

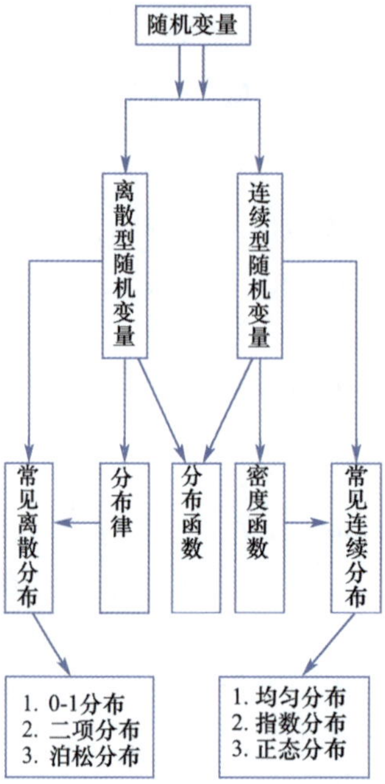

复习题五

一、填空题

1. 一实习生用同一台机器接连独立地制造 3 个同种零件，第 i 个零件是不合格品的概率 $p_i = \dfrac{1}{i+1}(i=1,2,3)$，以 X 表示 3 个零件中合格品的个数，则 $P(X=2)=$ ________.

2. 连续型随机变量取任何给定值的概率等于________.

3. 已知随机变量 X 只能取 $-1,0,1,2$ 四个数值，其相应的概率依次为 $\dfrac{1}{2c},\dfrac{3}{4c},\dfrac{5}{8c},\dfrac{2}{16c}$，则 $c=$ ________.

4. 设随机变量 $X \sim N(2,9)$，则随机变量 $Y=\dfrac{X-2}{3} \sim$ ________.

二、选择题

1. 设 $F(x)=\begin{cases}0 & x\leqslant 0\\ \dfrac{x}{2} & 0<x\leqslant 1\\ 1 & x>1\end{cases}$，则(　　).

A. $F(x)$ 是随机变量 X 的分布函数　　B. 不是分布函数

C. 离散型分布函数　　D. 连续型分布函数

2. 设 $P(X=k)=C\lambda^k e^{-\lambda}/k!\ (k=0,1,\cdots)$ 是随机变量 X 的概率分布，则 λ，C 一定满足(　　).

A. $\lambda>0$　　B. $C<0$

C. $C\lambda>0$　　D. $C>0$ 且 $\lambda>0$

3. $X\sim N(1,1)$，设 X 的概率密度函数为 $f(x)$，分布函数为 $F(x)$，则有(　　).

A. $P(X\leqslant 0)=P(X\geqslant 0)=0.5$

B. $f(x)=f(-x)$，$x\in(-\infty,+\infty)$

C. $P(X\leqslant 1)=P(X\geqslant 1)=0.5$

D. $F(x)=1-F(-x)$，$x\in(-\infty,+\infty)$

三、解答题

1. 设连续型随机变量 X 的分布密度为：

$$f(x)=\begin{cases}Ax & 1<x<2\\ B & 2<x<3\\ 0 & \text{其他}\end{cases}$$

且 $P\{X\in(1,2)\}=P\{X\in(2,3)\}$，求：(1)常数 A，B；(2)求 X 的分布函数.

2. 社会上定期发行某种奖券，每券一元，中奖率为 $p\,(0<p<1)$，某人每次购买 1 张奖券，如没中奖下次再继续购买 1 张，直到中奖为止，求该人购买次数 X 的分布律及分布函数.

3. 设 X 取值为 $0,\dfrac{\pi}{2},\pi,\cdots,\dfrac{n\pi}{2},\cdots$ 的概率分别是 $\dfrac{1}{2},\dfrac{1}{4},\dfrac{1}{8},\cdots,\dfrac{1}{2^{n+1}},\cdots$，求 $Y=\sin X$ 的分布律.

4. 设 X 服从参数 $\lambda=1$ 的指数分布，求方程 $4x^2+4Xx+X+2=0$ 无实根的概率.

5. 某高速公路一天的事故数 X 服从参数 $\lambda=3$ 的泊松分布. 求一天没有发生事故的概率.

6. 设随机变量 X 服从 $(0,1)$ 上的均匀分布，求随机变量 $Y=X^2$ 的概率密度 $f_Y(y)$.

模块六 随机变量的数字特征

问题引入

两射击运动员的射击水平相近，在相同条件下进行射击，以什么标准来衡量他们成绩的好与坏呢？又如某厂家在决定购买某品牌的集成电路板时，既需要考虑该品牌集成电路板的平均使用寿命，又要关心单板寿命与平均寿命的偏离程度，以确保自己产品的质量.

某商场要依据天气预报来决定节日是在商场内还是在商场外搞促销活动. 统计资料表明，每年国庆节商场内的促销活动可获得经济效益 4 万元；在商场外的促销活动如果不遇有雨天气可获经济效益 13 万元，如果促销活动中遇到有雨天气则带来经济损失 4 万元. 如果气象台预报今年国庆节当地有雨的概率是 45%，商场应该如何选择促销方式？

又如，有关部门要通过了解某地区中学入学新生的体重、身高情况来分析这些学生的身体发育状况，需要从这些学生中抽取一部分学生，对他们的体重、身高的数据进行统计处理. 怎样抽取一部分学生才能较好地反映全体学生的情况？怎样估计学生身体发育状况的平均水平？怎样估计学生身体发育的总体分布状况？

以上问题涉及表示随机变量的某些特征的数值，虽然不能完整地描述随机变量，但能描述随机变量某些方面的重要特征. 我们称其为随机变量的数字特征，它在理论和实践上都具有重要的意义. 本模块将介绍随机变量的常用数字特征：数学期望、方差.

任务一 随机变量平均值计算

一、离散型随机变量的平均值计算

我们知道离散型随机变量的分布列全面地描述了这个随机变量的统计规律，但在许多实际问题中，这样的“全面描述”有时并不方便. 例如，要比较不同班级的学习成绩通常就是比较考试中的平均成绩；要比较不同地区的粮食收成，一般也只比较平均亩产量等. 可见平均值在实际中的重要性. 现在，先看一个例子.

例 1 为测定一批种子发芽所需的平均天数，随机选取 100 粒种子进行发芽试验，其中发芽的有 98 粒，有关种子的发芽情况见表 6-1.

表 6-1 100 粒种子发芽情况

发芽天数	1	2	3	4	5	6
发芽种子数	11	21	35	20	9	2
频　率	11/98	21/98	35/98	20/98	9/98	2/98

试求种子发芽所需的平均天数.

解　98 粒种子发芽所需的平均天数为

$$\overline{x}=\frac{11\times1+2\times21+3\times35+4\times20+5\times9+6\times2}{98}$$
$$=1\times\frac{11}{98}+2\times\frac{21}{98}+3\times\frac{35}{98}+4\times\frac{20}{98}+5\times\frac{9}{98}+6\times\frac{2}{98}\approx3(\text{天})$$

这里需要指出的是，虽然 98 粒种子发芽分别用了 1 天～6 天，但由于每天发芽的种子数并不相同，因此，98 粒种子发芽所需的平均天数不再是$(1+2+3+4+5+6)\div6=3.5$ 天. 这是因为，随机变量取值的平均值既与它取哪些值有关，又与每个取值可能发生的概率有关. 而例 1 中随机变量(发芽所需天数)取每个值(1,2,3,4,5,6)的可能性是不相等的，因此算术平均值已不能反映随机变量取值的平均值. 从例 1 的计算中可以发现，这个平均值应该是随机变量的一切可能取值与其相应的概率乘积的总和，也就是以概率为权重的加权平均值. 这便是概率论中的重要概念——数学期望.

定义 1　设离散型随机变量 X 的分布列为 $P\{X=x_i\}=p_i(i=1,2,\cdots)$，则称和式 $\sum\limits_{i=1}x_ip_i$ 为离散型随机变量 X 的数学期望，记作

$$E(X)=\sum_{i=1}x_ip_i=x_1p_1+x_2p_2+\cdots+x_np_n+\cdots \tag{6-1-1}$$

或记 EX，即数学期望等于离散型随机变量的所有可能取值与其对应概率乘积之和.

例 2　设随机变量 X 的分布律为

X	0	1	2
P	0.3	0.5	0.2

求 $E(X)$.

解　$E(X)=\sum\limits_{k=1}^{3}x_kp_k=x_1p_1+x_2p_2+x_3p_3$

$=0\times0.3+1\times0.5+2\times0.2-0.9$

例 3　甲、乙两台机床日生产能力相当，一天生产废品件数的概率分布见表 6-2，问哪一台机床的性能好些？

表 6-2　　甲、乙机床日产废品件数的概率分布

甲机床					乙机床				
X_1	0	1	2	3	X_2	0	1	2	3
P	0.3	0.5	0.2	0	P	0.3	0.3	0.2	0.2

解

$$E(X_1)=0\times0.3+1\times0.5+2\times0.2+3\times0=0.9$$
$$E(X_2)=0\times0.3+1\times0.3+2\times0.2+3\times0.2=1.3$$

甲机床日产废品的平均数为 0.9 件，少于乙机床日产废品的平均数 1.3 件，故甲机床的性能好些.

例 4　某家商场对某品牌冰箱采用先使用后付款的方式进行促销. 若记使用寿命为 X(以年计)，规定：

当 $X \leqslant 1$ 时，一台付款 1500 元；

当 $1 < X \leqslant 2$ 时，一台付款 2000 元；

当 $2 < X \leqslant 3$ 时，一台付款 2500 元；

当 $X > 3$ 时，一台付款 3000 元.

设寿命 X 服从指数分布，概率密度为

$$f(x)=\begin{cases}\dfrac{1}{10}e^{-\frac{x}{10}} & x>0\\ 0 & x\leqslant 0\end{cases}$$

试求该商场该品牌冰箱的平均售价.

解 先求出寿命 X 落在各个时间区间的概率，按题意有

$$P\{X \leqslant 1\}=\int_0^1 \frac{1}{10}e^{-\frac{x}{10}}dx = 1-e^{-0.1} \approx 0.0952$$

$$P\{1 < X \leqslant 2\}=\int_1^2 \frac{1}{10}e^{-\frac{x}{10}}dx \approx 0.0861$$

$$P\{2 < X \leqslant 3\}=\int_2^3 \frac{1}{10}e^{-\frac{x}{10}}dx \approx 0.0779$$

$$P\{X > 3\}=\int_3^{+\infty} \frac{1}{10}e^{-\frac{x}{10}}dx \approx 0.7408$$

一台冰箱收费 Y 的分布律为

Y	1500	2000	2500	3000
P	0.0952	0.0861	0.0779	0.7408

于是

$$\begin{aligned}E(Y)&=1500\times 0.0952+2000\times 0.0861+2500\times 0.0779+3000\times 0.7408\\ &\approx 2732\ (\text{元})\end{aligned}$$

即该品牌冰箱每台平均售价约为 2732 元.

例 5 有这样一个博弈游戏：一个笼子里装了三粒骰子，把笼子摇一摇停下来，三粒骰子每个都出现一个点数. 参加游戏的人每次花一元买票，并且认定一个点数. 比如，他认准“2”. 如果有一粒骰子出现“2”，他就从游戏主持人那里赢 1 元钱；运气好一点，两粒骰子同时出现“2”，他赢回 2 元；三粒骰子同时出现“2”，他赢回 3 元. 同时，主持人还再退还他 1 元票钱！但结果是参加者总赔钱，而游戏主持人从不赔钱. 我们分析一下就可揭开西方国家开设赌场赚钱的秘密.

解 每玩一次游戏，参加者赢得的钱数是不确定的，可能是 3 元、2 元、1 元或 −1 元.

下表是盈亏钱数的概率：

盈亏钱数(元)	概率
3 元	1/216
2 元	15/216
1 元	75/216
−1 元	125/216

那么，参加者平均每次赢得的钱数为

$$3\times\frac{1}{216}+2\times\frac{15}{216}+1\times\frac{75}{216}+(-1)\times\frac{125}{216}=-\frac{17}{216}(\text{元})$$

即平均每次输$\frac{17}{216}$(元).

下面求解几个常用的离散型随机变量的数学期望.

1. 二点分布

二点分布的分布律为

X	0	1
P	q	p

其中 $0<p<1, q=1-p$，所以二点分布的数学期望

$$E(X)=0\times q+1\times p=p$$

2. 二项分布

二项分布的分布律为

$$P\{X=k\}=C_n^k p^k q^{n-k}(0<p<1, q=1-p, k=0,1,2,\cdots,n)$$

所以

$$E(X)=\sum_{k=0}^{n}kp_k=\sum_{k=0}^{n}kC_n^k p^k q^{n-k}=\sum_{k=0}^{n}k\frac{n!}{k!(n-k)!}p^k q^{n-k}$$

$$=\sum_{k=1}^{n-1}\frac{np(n-1)!}{(k-1)![(n-1)-(k-1)]!}p^{k-1}q^{[(n-1)-(k-1)]}$$

令 $k'=k-1, m=n-1$；当 $k=1$ 时，$k'=0$，当 $k=n$ 时，$k'=n-1=m$，于是有

$$E(X)=\sum_{k'=0}^{m}\frac{npm!}{k'!(m-k')!}p^{k'}q^{m-k'}=np\sum_{k'=0}^{m}C_m^{k'}p^{k'}q^{m-k'}=np$$

即二项分布的数学期望 $E(X)=np$.

二项分布的期望是 np，直观上也比较容易理解这个结果. 因为 X 是 n 次试验中某事件 A 出现的次数，它在每次试验时出现的概率为 p，那么 n 次试验时当然平均出现了 np 次.

3. 泊松分布

泊松分布的分布律为

$$P\{X=k\}=\frac{\lambda^k e^{-\lambda}}{k!}\quad(k=0,1,2,\cdots)$$

所以

$$E(X)=\sum_{k=0}^{\infty}k\frac{\lambda^k e^{-\lambda}}{k!}=\sum_{k=1}^{\infty}k\frac{\lambda^k e^{-\lambda}}{k!}=\sum_{k=1}^{\infty}\frac{\lambda^k e^{-\lambda}}{(k-1)!}=\lambda\sum_{k=1}^{\infty}\frac{\lambda^{k-1}e^{-\lambda}}{(k-1)!}$$

令 $k'=k-1$，当 $k=1$ 时，$k'=0$，则

$$E(X)=\lambda\sum_{k'=0}^{\infty}\frac{\lambda^{k'}e^{-\lambda}}{k'!}=\lambda$$

即泊松分布的参数 λ 就是随机变量的数学期望 .

二、连续型随机变量的平均值计算

对于连续型随机变量数学期望概念的引入，大体上可以在离散型随机变量数学期望的基础上，沿用高等数学中生成定积分的思路，改求和为和积分即可.

定义 2 设随机变量 X 的密度函数为 $f(x)(-\infty < x < +\infty)$. 如果积分 $\int_{-\infty}^{+\infty} x f(x)\mathrm{d}x$ 绝对收敛，称积分 $\int_{-\infty}^{+\infty} x f(x)\mathrm{d}x$ 的值为随机变量 X 的数学期望. 记为

$$E(X)=\int_{-\infty}^{+\infty} x f(x)\mathrm{d}x \tag{6-1-2}$$

例 6 设随机变量 X 的密度函数为 $f(x)=\frac{1}{2}\mathrm{e}^{-|x|}(-\infty < x < +\infty)$，求 $E(X)$.

解

$$E(X)=\int_{-\infty}^{+\infty} x f(x)\mathrm{d}x=\int_{-\infty}^{+\infty}\frac{1}{2}x\mathrm{e}^{-|x|}\mathrm{d}x=\frac{1}{2}\int_{-\infty}^{0} x\mathrm{e}^{x}\mathrm{d}x+\frac{1}{2}\int_{0}^{+\infty} x\mathrm{e}^{-x}\mathrm{d}x$$

利用分部积分法可得

$$E(X)=0$$

下面我们求解几种常见的连续型随机变量的数学期望.

1. 均匀分布

均匀分布的密度函数为

$$f(x)=\begin{cases}\dfrac{1}{b-a} & a \leqslant x \leqslant b \\ 0 & \text{其他}\end{cases}$$

所以

$$E(X)=\int_{-\infty}^{+\infty} x f(x)\mathrm{d}x=\int_{a}^{b}\frac{x}{b-a}\mathrm{d}x=\frac{1}{b-a}\left.\frac{x^2}{2}\right|_{a}^{b}=\frac{a+b}{2}$$

即均匀分布的数学期望 $E(X)=\frac{a+b}{2}$.

2. 指数分布

指数分布的密度函数为

$$f(x)=\begin{cases}\lambda\mathrm{e}^{-\lambda x} & x \geqslant 0 \\ 0 & \text{其他}\end{cases}$$

所以

$$\begin{aligned}E(X)&=\int_{-\infty}^{+\infty} x f(x)\mathrm{d}x=\int_{0}^{+\infty} x\lambda\mathrm{e}^{-\lambda x}\mathrm{d}x=-\int_{0}^{+\infty} x\,\mathrm{d}\mathrm{e}^{-\lambda x}\\&=-x\mathrm{e}^{-\lambda x}\Big|_{0}^{+\infty}+\int_{0}^{+\infty}\mathrm{e}^{-\lambda x}\mathrm{d}x=\int_{0}^{+\infty}\mathrm{e}^{-\lambda x}\mathrm{d}x\\&=-\frac{1}{\lambda}\mathrm{e}^{-\lambda x}\Big|_{0}^{+\infty}=\frac{1}{\lambda}\end{aligned}$$

即指数分布的数学期望 $E(X)=\dfrac{1}{\lambda}$.

3. 正态分布

如果 $X\sim N(\mu,\sigma^2)$，则

$$E(X)=\int_{-\infty}^{+\infty}xf(x)\mathrm{d}x=\int_{-\infty}^{+\infty}x\frac{1}{\sqrt{2\pi}\sigma}\mathrm{e}^{-\frac{(x-\mu)^2}{2\sigma^2}}\mathrm{d}x$$

设 $x-\mu=t$，则 $x=t+\mu$，$\mathrm{d}x=\mathrm{d}t$，于是

$$\begin{aligned}E(X)&=\int_{-\infty}^{+\infty}(t+\mu)\frac{1}{\sqrt{2\pi}\sigma}\mathrm{e}^{-\frac{t^2}{2\sigma^2}}\mathrm{d}t\\&=\int_{-\infty}^{+\infty}t\frac{1}{\sqrt{2\pi}\sigma}\mathrm{e}^{-\frac{t^2}{2\sigma^2}}\mathrm{d}t+\mu\int_{-\infty}^{+\infty}\frac{1}{\sqrt{2\pi}\sigma}\mathrm{e}^{-\frac{t^2}{2\sigma^2}}\mathrm{d}t\end{aligned}$$

上式右端第一项的被积函数为奇函数，它在对称区间上的积分为 0，第二项的被积函数为正态分布 $N(0,\sigma^2)$ 的密度函数，所以其在 $(-\infty,+\infty)$ 上的积分值为 1，于是 $E(X)=\mu$. 即正态分布的参数 μ 恰好是随机变量的数学期望.

可见，数学期望作为体现集中位置的数字特征，往往要比分布本身更能直观地显示随机变量取值的平均状态这一特征. 从而再次说明了引入数字特征的必要.

三、数学期望的性质

数学期望的性质主要有(假设 $E(X)$，$E(Y)$ 存在)：

1. 若 C 为常数，则 $E(C)=C$；

2. 若 C 为常数，则 $E(CX)=CE(X)$；

3. 对任意的随机变量 X 与 Y，有 $E(X+Y)=E(X)+E(Y)$；(此性质可推广到有限个变量的情形)

4. 若 X 与 Y 相互独立 $E(XY)=E(X)E(Y)$. (此性质可推广到有限个变量的情形)

随机变量的期望

例 7　将 n 个球放入 M 个盒子中，设每个球落入各个盒子的可能性相等，求有球的盒子数 X 的期望.

解　引入随机变量

$$X_i=\begin{cases}1 & 若第\ i\ 个盒子中有球\\ 0 & 若第\ i\ 个盒子中无球\end{cases}\quad(i=1,2,\cdots,M)$$

则 $X=X_1+X_2+\cdots+X_M$，由期望的性质有

$$E(X)=E(X_1)+E(X_2)+\cdots+E(X_M)$$

只需求出 $E(X_i)$.

每个随机变量 X_i 都服从两点分布，由于落入各个盒子的可能性相等，均为 $\dfrac{1}{M}$，则对于第 i 个盒子，一个球不落入这个盒子的概率为 $1-\dfrac{1}{M}$，n 个球都不落入这个盒子的概率

为$(1-\frac{1}{M})^n$，即

$$P\{X_i=0\}=(1-\frac{1}{M})^n \quad (i=1,2,\cdots,M)$$

从而

$$P\{X_i=1\}=1-(1-\frac{1}{M})^n \quad (i=1,2,\cdots,M)$$

$$E(X_i)=1-(1-\frac{1}{M})^n \quad (i=1,2,\cdots,M)$$

$$E(X)=ME(X_i)=M\left(1-\left(1-\frac{1}{M}\right)^n\right)$$

这个例子有着丰富的实际背景．例如，把 M 个盒子看成 M 个“银行自动取款机”，n 个球看成 n 个“取款人”，设每个人到哪个取款机取款是随机的，那么 $E(X)$ 就是处于服务状态的取款机的平均个数．

课堂练习

1．设随机变量 X 的概率分布为$\begin{pmatrix} 0 & 1 & 2 \\ 0.3 & 0.5 & 0.2 \end{pmatrix}$，求 $E(X)$．

2．袋中有 3 只黑球、1 只白球，今从中一个一个不放回地摸取，直到摸出白球为止．若记摸取次数为 X，试求 $E(X)$．

3．设随机变量 $X\sim B(100,0.5)$，若 $Y=2X+3$，试求 $E(X)$，$E(Y)$．

4．设随机变量 X 的概率密度为

$$f(x)=\begin{cases} 2x & 0\leqslant x\leqslant 1 \\ 0 & \text{其他} \end{cases}$$

试求 $E(X)$．

5．设随机变量 X 的概率分布为 $P\{X=k\}=\frac{1}{4}(k=1,2,3,4)$，求 $E(X)$，$E(X^2)$，$E[(X+1)^2]$．

巩固与练习

1．甲、乙两运动员进行打靶，击中环数记为 X_1，X_2，它们的分布律为

X_1	7	8	9	10
p_k	0.2	0.3	0.4	0.1

X_2	7	8	9	10
p_k	0.3	0.5	0.1	0.1

计算 X_1 与 X_2 的数学期望,以评定两运动员成绩的好坏.

2. 一工厂生产的某种设备的寿命(年)服从指数分布,概率密度为

$$f(x)=\begin{cases}\frac{1}{4}e^{-\frac{x}{4}}, & x>0\\ 0, & x\leqslant 0\end{cases}$$

工厂规定,出售的设备若在售出一年之内损坏可予以调换,若工厂售出一台设备赢利100元,调换一台设备厂方需花费300元,求厂方出售一台设备的净赢利的数学期望.

任务二　随机变量取值集中(分散)程度计算

一、方差的定义

数学期望这一数字特征固然重要,但是在某种情况下只有数学期望,常常不足以显示随机变量取值规律的其他基本特征.

例 1　已知射手甲命中环数 X 的分布列为

$$\begin{pmatrix}5 & 7 & 9\\ 0.175 & 0.6 & 0.225\end{pmatrix}$$

射手乙命中环数 Y 的分布列为

$$\begin{pmatrix}6 & 7 & 8\\ 0.2 & 0.5 & 0.3\end{pmatrix}$$

试据此对射手甲、乙的射击水平做出评判.

解　易知,他们的平均命中率是相同的,即

$$E(X)=E(Y)=7.1$$

如果在竞技比赛中,无评判细则可循,那么据此可断言他们有相同的射击水平而并列于同一名次.但是应该指出,甲、乙射手射击水平的差异是存在的.从分布列看,甲的命中环数分散,显得不很稳定,相比之下乙要稳定一些.

为了定量描述这样的差异性而引入第二类数字特征,即方差.

定义 1　对于随机变量 X,如果 $E(X-E(X))^2$ 存在,则称它为随机变量 X 的方差,记为

$$D(X)=E(X-E(X))^2 \tag{6-2-1}$$

方差的算术平方根称为均方差或标准差,记为 $\sigma_X=\sqrt{D(X)}$.

均方差要说明的问题,原则上与方差是一致的,所不同的是:方差无须开方,在统计分析中常被采用,标准差与随机变量有相同的量纲,在工程技术中广为使用.

根据定义 1 及定理,在离散型场合下,其分布律为 $P\{X=x_i\}=p_i(i=1,2,\cdots)$,则

$$D(X)=E(X-E(X))^2=\sum_{i=1}^{+\infty}(x_i-E(X))^2p_i \tag{6-2-2}$$

在连续型场合下,其密度函数为 $f(x)$,则可得

$$D(X)=E(X-E(X))^2=\int_{-\infty}^{+\infty}(x-E(X))^2f(x)\mathrm{d}x \tag{6-2-3}$$

可见，随机变量的方差是一个非负数，离散型场合下由它的分布列唯一确定，连续型场合下由其分布密度唯一确定. 较大方差对应着的随机变量取值与它的数学期望有较大偏离，即随机变量取值比较分散. 反之，则表示随机变量取值比较集中. 因此，方差是衡量随机变量取值集中(分散)程度的数字特征.

运用上面的公式计算方差有时是不方便的. 为此，引入简化公式

$$D(X)=E(X^2)-(E(X))^2 \tag{6-2-4}$$

事实上

$$\begin{aligned}D(X)&=E(X-E(X))^2=E(X^2-2XE(X)+(E(X))^2)\\&=E(X^2)-2(E(X))^2+(E(X))^2=E(X^2)-(E(X))^2\end{aligned}$$

例 2 设离散型随机变量 X 的概率分布为

$$\begin{pmatrix}0 & 1 & 2\\ 0.2 & 0.5 & 0.3\end{pmatrix}$$

求 $D(X)$.

解

$$E(X)=0\times0.2+1\times0.5+2\times0.3=1.1$$

$$E(X^2)=0^2\times0.2+1^2\times0.5+2^2\times0.3=1.7$$

$$D(X)=1.7-1.1^2=0.49$$

例 3 设 X 是连续型随机变量，其密度函数为

$$f(x)=\begin{cases}2x & 0\leqslant x\leqslant 1\\ 0 & \text{其他}\end{cases}$$

求 $D(X)$.

解

$$E(X)=\int_0^1 2x^2\,\mathrm{d}x=\frac{2}{3},E(X^2)=\int_0^1 2x^3\,\mathrm{d}x=\frac{1}{2}$$

所以

$$D(X)=\frac{1}{2}-\left(\frac{2}{3}\right)^2=\frac{1}{18}$$

例 4 设随机变量 X 服从参数为 λ 的指数分布，求 $D(X)$.

解 由于 X 的密度函数为

$$f(x)=\begin{cases}\lambda \mathrm{e}^{-\lambda x} & x\geqslant 0\\ 0 & x<0\end{cases}\quad(\lambda>0)$$

故有

$$E(X^2)=\int_{-\infty}^{+\infty}x^2 f(x)\,\mathrm{d}x=\int_0^{+\infty}x^2\lambda \mathrm{e}^{-\lambda x}\,\mathrm{d}x=\frac{2}{\lambda^2}$$

而已知 $E(X)=\frac{1}{\lambda}$，于是

$$D(X)=E(X^2)-[E(X)]^2=\frac{1}{\lambda^2}$$

二、方差的性质

方差具有以下性质(假设 $D(X)$,$D(Y)$存在):

1.若 C 为常数,则 $D(C)=0$;

2.若 C 为常数,则 $D(CX)=C^2D(X)$;

3.若 X 与 Y 相互独立,有 $D(X+Y)=D(X)+D(Y)$.(此性质可推广到有限个变量的情形)

例 5 设 $E(X)$,$D(X)$均存在,$Y=\dfrac{X-E(X)}{\sqrt{D(X)}}$,$D(X)\neq 0$,证明 $E(Y)=0$,$D(Y)=1$.

证明 根据数学期望与方差的性质有

$$E(Y)=E\left(\frac{X-E(X)}{\sqrt{D(X)}}\right)=\frac{E[X-E(X)]}{\sqrt{D(X)}}$$

$$=\frac{1}{\sqrt{D(X)}}[E(X)-E(X)]=0$$

$$D(Y)=D\left(\frac{X-E(X)}{\sqrt{D(X)}}\right)=\left(\frac{1}{\sqrt{D(X)}}\right)^2D[X-E(X)]$$

$$=\frac{1}{D(X)}\{D(X)-D[E(X)]\}$$

$$=\frac{1}{D(X)}D(X)=1$$

这里 $E(X)$是常数,X 与 $E(X)$是相互独立的.

由于 $E(X)=0$,$D(X)=1$,故将 $Y=\dfrac{X-E(X)}{\sqrt{D(X)}}$叫作随机变量 X 的标准化随机变量.

例 6 设随机变量 $X_1,X_2,\cdots,X_n$ 相互独立,且

$$E(X_k)=\mu,D(X_k)=\sigma^2(k=1,2,\cdots,n)$$

求 $Z=\dfrac{X_1+X_2+\cdots+X_n}{n}$的期望和方差.

解 利用期望和方差的性质可得

$$E(Z)=E\left(\frac{X_1+X_2+\cdots+X_n}{n}\right)$$

$$=\frac{1}{n}[E(X_1)+E(X_2)+\cdots+E(X_n)]=\mu$$

$$D(Z)=D\left(\frac{X_1+X_2+\cdots+X_n}{n}\right)$$

$$=\frac{1}{n^2}[D(X_1)+D(X_2)+\cdots+D(X_n)]=\frac{\sigma^2}{n}$$

为方便起见,我们把常用分布的期望和方差列成表 6-3.

表 6-3　　常用分布的期望和方差

分布名称	分布或概率密度	均值	方差
二点分布	$P\{X=1\}=p, P\{X=0\}=q$ $0<p<1, p+q=1$	p	pq
二项分布 $X\sim B(n,p)$	$P\{X=k\}=C_n^k p^k q^{n-k}$ $0<p<1, q=1-p, k=0,1,2,\cdots,n$	np	npq
泊松分布 $X\sim P(\lambda)$	$P\{X=k\}=\dfrac{\lambda^k e^{-\lambda}}{k!}\quad(k=0,1,2,\cdots)$	λ	λ
均匀分布 $X\sim U(a,b)$	$f(x)=\begin{cases}\dfrac{1}{b-a} & a\leqslant x\leqslant b\\ 0 & 其他\end{cases}$	$\dfrac{a+b}{2}$	$\dfrac{(b-a)^2}{12}$
指数分布 $X\sim E(\lambda)$	$f(x)=\begin{cases}\lambda e^{-\lambda x} & x\geqslant 0\\ 0 & 其他\end{cases}, \lambda>0$	$\dfrac{1}{\lambda}$	$\dfrac{1}{\lambda^2}$
正态分布 $X\sim N(\mu,\sigma^2)$	$f(x)=\dfrac{1}{\sqrt{2\pi}\sigma}e^{-\frac{(x-\mu)^2}{2\sigma^2}}$ $x\in(-\infty,+\infty), \sigma>0$	μ	σ^2

课堂练习

1. 设随机变量 X 的分布律为

$$X\sim\begin{pmatrix}-2 & 0 & 2\\ 0.4 & 0.3 & 0.3\end{pmatrix}$$

试求 $D(X)$.

2. 有 3 只废晶体管与 9 只好晶体管混在一起，安装机器时，从中任取一个，如果是废品则不放回，求在取得合格品以前取出的废品数的均值与方差.

3. 设随机变量 X 的概率密度为

$$f(x)=\begin{cases}x & 0\leqslant x\leqslant 1\\ 2-x & 1<x\leqslant 2\\ 0 & 其他\end{cases}$$

求 X 的数学期望与方差.

4. 已知 $X\sim N(1,2)$，$Y\sim N(2,1)$，且 X 与 Y 相互独立，求 $D(X-Y)$.

巩固与练习

1. 甲、乙两射手在同样的条件下进行射击，其命中率如下表：

X(甲)	10	9	8	7	6	5	4
p_k	0.5	0.2	0.1	0.1	0.05	0.05	0

X(乙)	10	9	8	7	6	5	4
p_k	0.1	0.1	0.1	0.1	0.2	0.2	0.2

试求 X、Y 的方差.以判断甲、乙两射手成绩的稳定性.

2.设连续型随机变量 X 的概率密度为

$$f(x)=\begin{cases}1+x, & -1\leqslant x<0\\1-x, & 0\leqslant x<1\\0, & \text{其他}\end{cases}$$

试求 $E(X)$和 $D(X)$.

本模块学习指导

一、教学要求

1.理解随机变量的期望和方差的定义,并会计算随机变量的期望和方差以及随机变量函数的期望.

2.要记住和熟练运用方差的简单性质.

二、考点提示

随机变量的数字特征.

三、疑难解析

随机变量的数字特征解题步骤:

(1)由题意正确写出随机变量的分布律或分布密度(有时不易写出分布密度,先写出分布函数);

(2)利用离散型或连续型的计算公式 $E(X)$或 $D(X)$,计算常用公式为:

$$D(X)=E(X^2)-(E(X))^2$$

1.为什么把随机变量的数学期望和方差叫作随机变量的数字特征?

答 随机变量 X 的数学期望反映 X 取值的集中位置,方差反映 X 对其期望的集中程度.$D(X)$越小,X 的取值越集中,$D(X)=0$,则 $P\{X=E(X)\}=1$,因此,$E(X)$,$D(X)$粗略地反映了 X 的取值的分布情况.另外,一些应用广泛的重要分布(如二项分布,泊松分布,正态分布)的分布律或概率密度,完全由它们的期望和方差所确定,因此,人们习惯地把随机变量的期望和方差叫作随机变量的数字特征.

2.随机变量的数字特征就是指期望和方差吗?

答 不是.所谓随机变量的数字特征,是指刻画随机变量及其分布规律的某些特征的数值.除了期望和方差以外,原点矩、中心矩、协方差、相关系数等均叫作随机变量的数字特征.

3.假设公共汽车起点站于每时的 10 分、30 分、50 分发车,其乘客不知发车的时间,在每小时内任一时刻到达车站是随机的,求乘客到车站等车时间的数学期望.

解　由于乘客在每小时内任一时刻到达车站是随机的，因此可以认为乘客到达车站的时刻 X 为 $[0,60]$ 中的均匀分布，于是其分布密度为

$$f(X)=\begin{cases}\dfrac{1}{60} & 0\leqslant X\leqslant 60\\ 0 & 其他\end{cases}$$

显然，乘客等候时间 Y 是其到达时刻 X 的函数，可用如下公式表示：

$$Y=g(X)=\begin{cases}10-X & 0\leqslant X\leqslant 10\\ 30-X & 10<X\leqslant 30\\ 50-X & 30<X\leqslant 50\\ 60-X+10 & 50<X\leqslant 60\end{cases}$$

$$\begin{aligned}E(Y)&=E(g(X))=\int_{-\infty}^{+\infty}g(X)f(X)\mathrm{d}X\\ &=\int_{0}^{10}(10-X)\frac{1}{60}\mathrm{d}X+\int_{10}^{30}(30-X)\frac{1}{60}\mathrm{d}X+\int_{30}^{50}(50-X)\frac{1}{60}\mathrm{d}X\\ &\quad+\int_{50}^{60}(70-X)\frac{1}{60}\mathrm{d}X\\ &=\frac{1}{60}\times((100-50)+(600-400)+(1000-800)+(700-550))\\ &=10.\end{aligned}$$

四、本章知识结构图

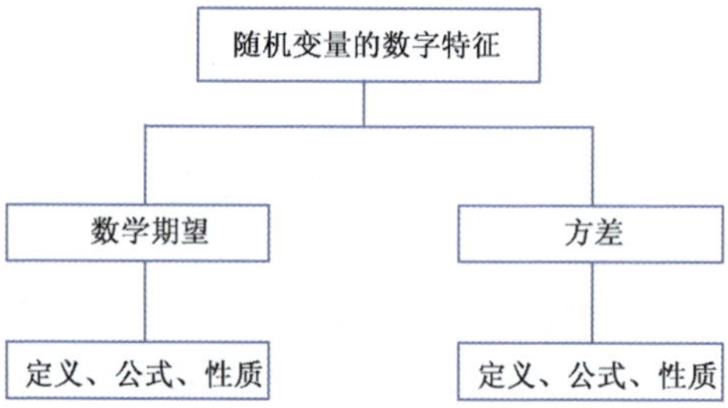

复习题六

一、填空题

1. 设离散型随机变量 X 的取值是在两次独立试验中事件 A 发生的次数，如果在这次试验中事件发生的概率相同，并且已知 $E(X)=0.9$，则 $D(X)=$________.

2. 一袋中有 3 个红球、5 个白球，从中有放回地取 4 次，每次取一球，若 X 表示取到的红球次数，则 X 服从________分布，X 的概率函数为________，平均有________次取到红球.

3. 若随机变量 $X\sim B(2,p)$，$Y\sim B(4,p)$，且 $P\{X\geqslant 1\}=\dfrac{5}{9}$，则 $P\{Y\geqslant 1\}=$________.

4. 设随机变量 X 服从参数为 2 的指数分布，Y 服从参数为 4 的指数分布，则 $E(2X^2+3Y)=$________.

5. 掷 n 枚骰子，则出现的点数之和的数学期望________.

二、选择题

1. 现有 10 张奖券，其中 8 张为 2 元，2 张为 5 元，今某人从中随机地无放回地抽取 3 张，则此人得到奖金的数学期望(　　).

A. 6　　B. 12　　C. 7.8　　D. 9

2. 人的体重 $X\sim\varphi(x)$，$E(X)=a$，$D(X)=b$，10 个人的平均体重记为 Y，则(　　)正确．

A. $E(Y)=a$　　B. $E(Y)=0.1a$　　C. $D(Y)=0.01b$　　D. $D(Y)=b$

3. 设随机变量 X 的期望 $E(X)$，方差 $D(X)$ 及 $E(X^2)$ 都存在，则一定有(　　).

A. $E(X)\geqslant 0$　　B. $D(X)\geqslant 0$

C. $(E(X))^2\geqslant E(X^2)$　　D. $E(X^2)\geqslant E(X)$

4. 如果随机变量 $\sigma X+\mu$，则 $Y=($　　$)\sim N(\mu,\sigma^2)$.

A. $\dfrac{X-\mu}{\sigma}$　　B. $\sigma X-\mu$　　C. $\sigma X+\mu$　　D. $\sigma(X+\mu)$

5. 已知离散随机变量 X 的可能取值为 $x_1=-1, x_2=0, x_3=1$，且 $E(X)=0.1$，$D(X)=0.89$，则对应于 x_1,x_2,x_3 的概率 P_1,P_2,P_3 为(　　).

A. $P_1=0.4, P_2=0.1, P_3=0.5$　　B. $P_1=0.1, P_2=0.4, P_3=0.5$

C. $P_1=0.5, P_2=0.1, P_3=0.4$　　D. $P_1=0.4, P_2=0.5, P_3=0.1$

三、解答题

1. 已知随机变量 X 有分布列

$$\begin{pmatrix} -1 & 0 & 1 & 5 \\ 0.2 & 0.3 & 0.1 & 0.4 \end{pmatrix}$$

试求：$E(X)$，$E(2-3X)$，$E(X^2)$，$E(X^2-2X+3)$.

2. 已知 10 件产品中有 8 件是一等品，2 件是二等品. 每次从中任意抽出 1 件，抽后不放回. 试求抽到一等品时的平均抽取次数.

3. 对球的直径作测量，其值服从$[a,b]$上的均匀分布，求球的体积的平均值.

4. 对目标进行射击，直到射中为止，如果每次射击的命中率为 p，求射击次数的数学期望.

5. 某保险公司规定，如果在一个保险周期内事件 A 发生，则向投保人赔付 a 元. 以往的统计资料显示，一个保险周期内事件 A 发生的概率为 p，保险公司为了使收益不低于 a 的 10%，问至少要向投保人收取多少保险金？（提示：设保险公司赔款数为 X，则客户应交保险金 $E(X)+0.1a$ 元）

6. 已知随机变量 X 的分布密度，分别求 $E(X)$ 和 $D(X)$.

(1) $f(x)=\begin{cases} \dfrac{3}{4}(1-x^2) & |x|<1 \\ 0 & \text{其他} \end{cases}$；

(2) $f(x)=\frac{1}{4}x^2e^{-|x|},-\infty<x<+\infty$.

7. 设随机变量 X 的概率密度为

$$f(x)=\begin{cases}a+bx & 0<x<1\\ 0 & \text{其他}\end{cases}$$

且 $E(X)=0.6$，求：(1)常数 a 和 b；(2) X 的标准差.

8. 某品牌袋装奶粉规定每袋净重 1000 g，标准差为 30，每箱装有 100 袋. 计算一箱该品牌奶粉净重不足 99400 g 的概率.

模块七 收集数据和分析数据

问题引入

前面研究了概率论的范畴.我们已经看到,随机变量及其概率分布全面地描述了随机现象的统计规律性.在概率论的许多问题中,概率分布通常被假定为已知的,而一切计算及推理均基于这个已知的分布进行,在实际问题中,情况往往并非如此,看两个例子:

引例 1 某公司要采购一批产品,每件产品不是合格品就是不合格品,设该批产品的不合格品率为 p.由此,若从该批产品中随机抽取一件,用 X 表示这一件产品的不合格数,不难看出 X 服从一个两点分布 $b(1,p)$,但分布中的参数 p 却是不知道的.显然,p 的大小决定了该产品的质量,它直接影响采购行为的经济效益.因此,人们会对 p 提出一些问题,比如,

(1)p 的大小如何决定?

(2)p 大概落在什么范围内?

(3)能否认为 p 满足设定要求(如 $p\leqslant 0.05$)?

引例 2 当今时代,抽样调查已成为社会研究的常用方法.例如有关部门要通过了解某地区的中学入学新生的体重、身高情况来分析这些学生的身体发育状况,需要从这些学生中抽取部分学生,对他们的体重、身高的数据进行统计处理.怎样抽取一部分学生才能较好地反映全体学生的情况呢?怎样估计学生身体发育状况的平均水平呢?怎样估计学生身体发育的总体分布状况呢?

诸如引例中研究的问题属于数理统计的范畴.接下来我们从统计中最基本的概念—总体和样本开始介绍统计学内容.

本章一是研究如何以有效的方式收集数据,二是研究如何以有效的方法分析数据,后者构成了数理统计的主要内容——统计推断.数理统计是具有广泛应用的一个数学分支,它是在一般统计所进行的数据整理的基础上,用概率论的方法科学地加工、提炼、并做出判断的一门数学学科.其主要思想方法是用局部推断整体.数理统计的内容非常丰富,从本章开始,我们将逐步介绍参数估计、假设检验、方差分析及回归分析的部分内容.

本章作为数理统计的序篇,首先引入总体、样本及统计量分布等概念,然后介绍四类重要的抽样分布,以及点估计和区间估计等数理统计的基础知识.

任务一　收集数据

我们今后所讨论的统计问题主要属于下面这种类型：从一个集合中选取一部分元素，对这些元素的某些数量指标进行测量，根据测量获得的数据来推断此集合中全部元素的这些数量指标的分布情况.

一、总体与个体

如果要研究某城市小学生的视力情况，由于学生总数比较多，为了节约时间和经费，一般情况下是按照某种设计方案，抽取一部分学生进行检查，然后根据这部分学生的近视情况，对所有小学生的视力情况进行推断. 再比如要检查某厂每天生产的灯泡是否合格，就要检查每个灯泡的使用寿命，但这种做法显然是行不通的，不仅因为其工作量大，更主要的是这种做法是破坏性的，测试灯泡的使用寿命后灯泡也就被破坏了. 因此，我们会按照某种设计方案抽取部分灯泡来进行测试，然后根据这部分灯泡的使用寿命来对全部灯泡的使用寿命进行推断.

在数理统计中，我们把研究对象的全体称为**总体**，而把组成总体的每个基本元素称为**个体**. 但在实践中人们常关心的是研究对象的某项特征的数量指标，因此把这种数量指标值的全体作为总体看待，每个指标值就成为这个总体的个体. 例如所有小学生的视力情况就是总体，而每个小学生的视力情况就是一个个体；又如上面说的某厂每天生产的灯泡的使用寿命便是一个总体，而每个灯泡的寿命则是个体. 一般说来，研究对象的某个指标在考察范围内，其取值是变动而不确定的，这样的指标可以看作是一个随机变量. 因此今后凡提到总体都是指某个随机变量(体现某项特征的指标)X_i($i=1,2,\cdots$)的集合，并记总体为 X.

根据总体中所含个体的多少，又把总体分为有限总体和无限总体. 上面某厂每天生产的灯泡的寿命的总体就是有限的.

对于总体概念进行随机化处理，为的是把概率论的一套方法引进到数理统计中来，并作为研究数理统计的工具.

二、样本与样本容量

为了研究总体的情况，对其个体逐一考察往往既无必要又不一定可能. 一个可行的方法是从总体中随机地抽取部分个体逐个测试，并据此对总体特征进行探索和考察. 这种从局部推断整体的方法是数理统计中最根本的方法，具有非常重要的意义.

既然是从局部推断整体，当然要求抽样取到的个体能较好地代表总体. 为了做到这一点，抽样应该是随机的，使得每个个体被抽到的机会是等同的，也应该使得每抽取一个个体时总体的分布是不变的，这样的抽样称为简单随机抽样，本教材所讨论的抽样都是简单随机抽样. 容易看出，放回随机抽样是简单随机抽样；在抽取个体数量相对于所有个体数量很小的情况下，即使是不放回随机抽样，也近似于简单随机抽样.

从总体 X 中随机抽出的 n 个个体 $X_1,X_2,\cdots,X_n$，其全体($X_1,X_2,\cdots,X_n$)便成为总

体 X 的样本.其中 $X_i(i=1,2,\cdots,n)$称为样本的第 i 个样品.样本中所含样品个数 n 称为样本容量.

由于对总体特征的考察,其信息来自从中抽取的样本,因此要求样本应满足下述两条基本要求:

(1)独立性——$X_1,X_2,\cdots,X_n$ 是相互独立的随机变量;

(2)代表性——$X_1,X_2,\cdots,X_n$ 中的每一个个体都与总体 X 有相同分布.

具备上述特征的样本称为简单随机样本.今后如无特别声明,所有讨论中提到的样本,都是指简单随机样本.

基于独立性和代表性的考虑,样本$(X_1,X_2,\cdots,X_n)$是一个与总体 X 独立同分布的n维随机变量.这样,总体的概率特性对于样本中的每个样品也应同样具备.反之,样本来自总体,因而样本所具有的特性在一定程度上也能体现总体应有的概率特性.数理统计中所有课题的讨论都是在上述观点下展开的.

在某一次具体试验中,样本$(X_1,X_2,\cdots,X_n)$的一组观测值$(x_1,x_2,\cdots,x_n)$称为样本值.而在不同的试验中,样本值是不同的.这样,对于容量为 n 的样本,所有样本值的全体便构成了一个 n 维空间,在一次观测下的样本值应是这个 n 维空间的一个样本点.数理统计的讨论通常是从某一个样本点出发的.

可见,若总体 X 的概率密度函数为 $f(x)$,则样本$(X_1,X_2,\cdots,X_n)$的联合密度函数为

$$\prod_{i=1}^{n} f(x_i)=f(x_1)f(x_2)\cdots f(x_n),$$

其联合分布函数为

$$\prod_{i=1}^{n} F(x_i)=F(x_1)F(x_2)\cdots F(x_n).$$

三、样本矩与数字特征

数理统计的最终目的是从样本提供的信息出发,去了解和掌握总体的特性.但是,样本本身有时并不提供有效信息.例如,某集团公司质检科在上月生产的数万件产品中抽查100件,按上级要求对某项质量指标进行测试并将其结果在全体员工会议上通报.如果公布这些琐碎的数据,与会者会感到不得要领.若能事先将这些数据适当加工,简要报告某些计算结果,如指标平均值、最高值、最低值、标准差等,既省时,又可让与会者清楚地了解上个月产品质量的大致情况.可见,对样本进行加工并从中提取了解总体状况所需的信息是非常必要的.所谓样本加工集中体现在计算它的样本矩以及由此形成的数字特征.

1.样本的原点矩与样本均值

假设$(X_1,X_2,\cdots,X_n)$是总体 X 的样本,则称 $v_k=\dfrac{1}{n}\sum\limits_{i=1}^{n}X_i^k$ 为样本的k 阶原点矩.其中 k 为正整数.特别地,当 $k=1$ 时,样本的一阶原点矩称为样本均值,记为$\overline{X}$.于是 $v_1=\overline{X}=\dfrac{1}{n}\sum\limits_{i=1}^{n}X_i$.记样本值$(x_1,x_2,\cdots,x_n)$的均值为$\overline{a}$,于是$\overline{a}=\dfrac{1}{n}\sum\limits_{i=1}^{n}x_i$,样本均值$\overline{a}$ 表示样本

观测值的集中位置或平均水平.

2. 样本的中心矩与样本方差

假设$(X_1,X_2,\cdots,X_n)$是总体 X 的样本,则称 $u_k=\frac{1}{n}\sum_{i=1}^{n}(X_i-\overline{X})^k$ 为样本的 k 阶中心矩. 其中 k 为正整数. 特别地,当 $k=1$ 时,易知样本的一阶原点矩恒为零,即 $u_1=\frac{1}{n}\sum_{i=1}^{n}(X_i-\overline{X})=0$. 当 $k=2$ 时,样本的二阶中心矩称为样本方差,记为 S^2. 于是 $u_2=S^2=\frac{1}{n}\sum_{i=1}^{n}(X_i-\overline{X})^2$. 记样本值 $x_1,x_2,\cdots,x_n$ 的方差为 s^2,于是 $s^2=\frac{1}{n}\sum_{i=1}^{n}(x_i-\overline{a})^2$. 样本方差 s^2 表示样本观测值对于平均值 $\overline{a}$ 的偏离程度.

由样本$(X_1,X_2,\cdots,X_n)$的分布定义的矩统称为样本矩. 相对于样本矩,由随机变量 X(总体)的分布定义的矩统称为总体矩.

由于样本来自总体,因而两类矩之间必然会有某些联系. 下面的定理对此给出讨论.

定理 1 假设总体 X 存在二阶矩,记 $E(X)=\mu$, $D(X)=\sigma^2$. $(X_1,X_2,\cdots,X_n)$为来自总体 X 的样本. 则样本矩与总体矩有如下关系:

(1)$E(\overline{X})=\mu$;(2)$D(\overline{X})=\frac{\sigma^2}{n}$;(3)$E(S^2)=\frac{n-1}{n}\sigma^2$;(4)$E(S^{*2})=\sigma^2$.

其中 $S^{*2}=\frac{1}{n-1}\sum_{i=1}^{n}(X_i-\overline{X})^2$ 称为样本方差修正值.

课堂练习

1. 某地电视台想了解某电视栏目(如:每晚九点至九点半的体育节目)在该地区的收视率情况,于是委托一家市场咨询公司进行一次电话访查.

(1)该项研究的总体是什么?

(2)该项研究的样本是什么?

2. 设某厂大量生产某种产品,其不合格品率 p 未知,每 m 件产品包装为一盒. 为了检查产品的质量,任意抽取 n 盒,查其中的不合格品数,试说明什么是总体,什么是样本,并指出样本的分布.

3. 某厂生产的电容器的使用寿命服从指数分布,为了解其平均寿命,从中抽出 n 件产品测其实际使用寿命,试说明什么是总体,什么是样本,并指出样本的分布.

巩固与练习

1. 设某厂大量生产某种产品,其次品率 p 已知,每 m 件产品包装为一盒,为了检查产品的质量,任意抽取 m 盒,查其中的次品数,试在这个统计问题中说明什么是总体、样本以及它们的分布.

2. 设容量 $n=10$ 的样本的观察值为(8,7,6,5,9,8,7,5,9,6),求样本均值及样本方差的观察值.

3. 自总体 X 抽得一个容量为 5 的样本 8,2,5,3,7,求样本均值 $\overline{X}$,样本方差 S^2,样本方差修正值 S^{*2}.

4. 设总体 X 服从参数为 λ 的指数分布,样本 $(X_1,X_2,\cdots,X_n)$ 来自总体 X. 求样本均值与样本方差的均值.

5. 设总体 $X\sim N(\mu,\sigma^2)$,假设要以 99.7% 的概率保证偏差 $|\overline{X}-Y|<0.1$,试问在 $\sigma^2=0.5$ 时,样本容量应取多大?

任务二　分析数据

一、统计量及其分布

1. 统计量

样本来自总体,样本的观测值中含有总体各方面的信息,但这些信息较为分散,有时显的杂乱无章. 为将这些分散在样本中的有关总体的信息集中起来以反映总体的各种特征,需要对样本进行加工,表和图是一类加工形式,它使人们从中获得对总体的初步认识. 当人们需要从样本获得对总体各种参数的认识时,最常用的方法是构造样本的函数,不同的函数反映总体的不同特征.

定义 1　若 $(X_1,X_2,\cdots,X_n)$ 是总体 X 的一个样本,则称不含总体分布未知参数的样本的函数 $f(X_1,X_2,\cdots,X_n)$ 为统计量.

显然统计量完全由样本所确定,由于样本是随机变量,因而统计量也是随机变量.

随机变量的数字特征虽然不能完整描述其变化情况,但可以说明在某些方面的重要性. 从样本情况推断总体性质的一个主要内容就是从样本的数字特征推断总体的数字特征. 在样本的数字特征中,样本均值 $\overline{X}$,样本方差 S^2,样本方差修正值 S^{*2} 是最基本的统计量,而且今后在统计分析中常用的四类统计量都是在 $\overline{X}$,S^2,S^{*2} 基础上生成的样本函数.

统计量的分布称为抽样分布. 确定抽样分布一般并不容易. 然而对一些重要的特殊情况,如正态总体,已有了许多抽样分布的结论,本章的讨论也只限于由正态总体构成的统计量的分布,样本均值 $\overline{X}$ 与样本方差 S^2 是互相独立的.

2. 统计量的分布

下面讨论假定在正态总体下进行的样本均值分布.

定理 1　设 $X\sim N(\mu,\sigma^2)$,$(X_1,X_2,\cdots,X_n)$ 是 X 的一个样本,则有

$$\overline{X}=\frac{1}{n}\sum_{i=1}^{n}X_i\sim N\left(\mu,\frac{\sigma^2}{n}\right) \tag{7-2-1}$$

由于在讨论正态总体的有关问题时经常用到标准正态分布的上分位点,因此给出如下定义.

定义 2　设 $U\sim N(0,1)$,对给定的 $\alpha(0<\alpha<1)$,满足条件

$$P\{U > U_\alpha\} = \int_{U_\alpha}^{+\infty} \frac{1}{\sqrt{2\pi}} e^{-\frac{t^2}{2}} dt = \alpha$$

或

$$P\{U \leqslant U_\alpha\} = 1 - \alpha$$

点 U_α 称为标准正态分布的上侧 α 分位数或上侧临界值，简称上 α 点；称满足条件 $P\{|U| > U_{\frac{\alpha}{2}}\} = \alpha$ 的点 $U_{\frac{\alpha}{2}}$ 为标准正态分布的双侧 α 分位点或双侧临界值，简称双 α 点. 几何意义如图 7-1(1)(2)所示.

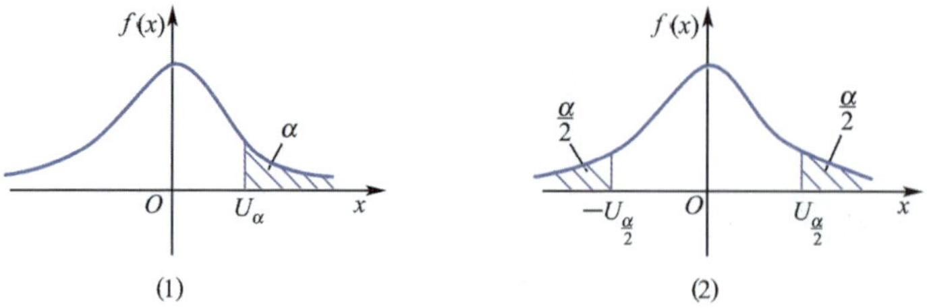

图 7-1

正态分布的临界值可以通过查正态分布表得到. 例如实际中经常遇到的

$$U_{0.05} = 1.645, U_{0.01} = 2.326, U_{\frac{0.05}{2}} = 1.96, U_{\frac{0.01}{2}} = 2.576$$

二、参数估计

1. 点估计

参数估计是统计推断的基本内容之一，它是凭借从总体中抽取的样本，构成合适的样本的函数，对总体中的未知参数做出符合预定要求的估计. 依据估计形式的不同，参数估计分为点估计和区间估计两种.

对于点估计，本章除了引入矩估计法与极大似然估计法外. 区间估计只在正态总体范围内进行.

假设总体 X 有分布函数 $F(x;\theta)$，其中 θ 是未知参数，它既可以是一维的，也可以是多维向量 $\theta = (\theta_1, \theta_2, \cdots, \theta_s)$. 如果能有一种方法把未知参数 θ 确定下来，则这种方法便称为总体参数的点估计.

点估计的具体做法是：首先在总体 X 中进行随机抽样，记所得样本为$(X_1, X_2, \cdots, X_n)$；然后构造一个适当的样本函数（统计量）$\hat{\theta}(X_1, X_2, \cdots, X_n)$作为未知参数 θ 的估计量. 由于估计量是样本的函数，也是 n 维随机变量的函数，因而估计量都是随机变量.

记$(x_1, x_2, \cdots, x_n)$是样本的一组观测值，代入估计量即可得到一个相应的数值 $\hat{\theta}(x_1, x_2, \cdots, x_n)$. 这个具体数值被称为未知参数 θ 的估计量. 在不发生误会的情况下，常把未知参数 θ 的估计量和估计值统称为 θ 的估计.

点估计也称定值估计. 现在的问题是如何依据样本构造出这个定值估计.

方法一　矩估计法

用样本矩作为相应的总体矩的估计量，用样本矩的函数作为总体矩相应函数的估计量，称为矩估计.

设总体 X 的一阶原点矩（总体均值）为 $\mu=E(X)$，二阶中心矩（总体方差）为 $\sigma^2=D(X)$．记 $(X_1,X_2,\cdots,X_n)$ 为样本．于是，矩估计法用得最多的两个基本估计式是：

①用样本的一阶原点矩（样本均值）$\overline{X}$ 作为 μ 的估计，即

$$\hat{\mu}=\overline{X}=\frac{1}{n}\sum_{i=1}^{n}X_i \tag{7-2-2}$$

②用样本的二阶中心矩（样本方差）S^2 作为 σ^2 的估计，即

$$\hat{\sigma}^2=S^2=\frac{1}{n}\sum_{i=1}^{n}(X_i-\overline{X})^2 \tag{7-2-3}$$

矩估计简便易行，样本矩将以概率 1 收敛于相应的总体矩．因而在矩估计法下更为广泛的估计有：

$$v_k=\frac{1}{n}\sum_{i=1}^{n}X_i^k,\ u_k=\frac{1}{n}\sum_{i=1}^{n}(X_i-\overline{X})^k$$

对于多维场合也有类似的情形．

例 1 设总体 X 有分布列 $P\{X=m\}=\dfrac{\lambda^m}{m!}\mathrm{e}^{-\lambda}(m=0,1,2,\cdots)$，其中 $\lambda>0$ 为待估参数，$(X_1,X_2,\cdots,X_n)$ 为样本．试求 λ 的矩估计．

解 对于题设中的泊松分布而言，由于 $\mu=E(X)=\lambda$，故有 $\hat{\lambda}=\hat{\mu}=\overline{X}$.

另外，对于泊松分布也有 $\sigma^2=D(X)=\lambda$，故 $\hat{\lambda}=\hat{\sigma}^2=S^2$ 也是可以的．

这样，对于待估计参数 λ 有了两个矩估计量．

可见，同一参数的矩估计量可以不唯一．而 $\overline{X}$ 作为 λ 的矩估计量比 S^2 有计算方便的优点．

方法二 极大似然估计法

(1)极大似然原理

极大似然估计法是建立在极大似然原理基础上的估计方法．极大似然原理的直观想法是：将在试验中发生概率较大的事件推断为最有可能出现．例如，甲、乙、丙、…多人同时向同一目标各发射 1 弹，终点裁判报告仅有 1 弹击中目标，其余均未击中．如果其中除甲是训练有素的专业射击手外，余下的人都是从未有过射击实践的在读学生．无疑，甲在这批人当中，命中率应该是最大的．于是，自然可以认定击中的 1 弹应是命中率最大的甲射出的．这样的推测不仅有概率论依据，而且与人们的经验也是一致的．这种以概率大小作为判断依据的思路，便是极大似然原理的具体体现．

一般情况下，如果对总体 X 分布中的待估参数 θ，可供选择的估计有 $\hat{\theta}_1,\hat{\theta}_2,\cdots,\hat{\theta}_k$，对于任意 x，恒有

$$f(x;\hat{\theta})\geqslant f(x;\theta^*). \tag{7-2-4}$$

式中，$\hat{\theta}$ 是 $\hat{\theta}_1,\hat{\theta}_2,\cdots,\hat{\theta}_k$ 中的某一个．θ^* 是异于 $\hat{\theta}$ 的 $\hat{\theta}_1,\hat{\theta}_2,\cdots,\hat{\theta}_k$ 中的任意一个．

满足式(7-2-4)中的 $\hat{\theta}$，对于 θ 的任何可能的估计可使概率 $f(x;\hat{\theta})$ 为最大，于是 $\hat{\theta}$ 便称为待估参数 θ 的极大似然估计．

(2)极大似然估计法要点

①考察样本落入样本点$(x_1,x_2,\cdots,x_n)$邻域内的概率

由样本的独立性以及与总体 X 的同分布性可知:离散型场合下这一概率为

$$\prod_{i=1}^{n} f\{X_i=x_i;\theta\}$$

连续型场合下这一概率为

$$\prod_{i=1}^{n} f_{X_i}(x_i;\theta)\Delta x_i$$

②引入样本点$(x_1,x_2,\cdots,x_n)$上的似然函数

记样本点上的似然函数为 $L(x_1,x_2,\cdots,x_n;\theta)$. 于是离散型场合下的似然函数,定义为样本点上的联合分布列,而这个联合分布列就是样本$(X_1,X_2,\cdots,X_n)$落入样本点$(x_1,x_2,\cdots,x_n)$邻域内的概率,即

$$L(x_1,x_2,\cdots,x_n;\theta)=\prod_{i=1}^{n} f\{X_i=x_i;\theta\} \tag{7-2-5}$$

连续型场合下的似然函数,定义为样本点上的联合密度,即

$$L(x_1,x_2,\cdots,x_n;\theta)=\prod_{i=1}^{n} f_{X_i}(x_i;\theta) \tag{7-2-6}$$

连续型场合下的似然函数本身并不表示$(X_1,X_2,\cdots,X_n)$落入样本点邻域内的概率,但是当邻域大小相同固定时,它的取值与概率$\prod_{i=1}^{n} f_{X_i}(x_i;\theta)\Delta_{x_i}$ 成正比.

③从似然函数出发给出 θ 的极大似然估计

如果 $\hat{\theta}=\hat{\theta}(x_1,x_2,\cdots,x_n)$是待估参数 θ 的极大似然估计,那么应满足

$$L(x_1,x_2,\cdots,x_n;\hat{\theta})=\max_{\theta\in\Theta} L(x_1,x_2,\cdots,x_n;\theta) \tag{7-2-7}$$

式中 Θ 为参数空间,即参数 θ 的一切可能的取值范围.

于是,称满足式(7-2-7)的 $\hat{\theta}$ 是 θ 的极大似然估计值. 相应的统计量 $\hat{\theta}=\hat{\theta}(X_1,X_2,\cdots,X_n)$即为 θ 的极大似然估计量.

这样,便把求极大似然估计的问题转化为在样本点$(x_1,x_2,\cdots,x_n)$上求似然函数 $L(x_1,x_2,\cdots,x_n;\theta)$关于 θ 的极大值问题.

④引入对数似然函数

引入对数似然函数纯粹是为数学处理的方便,由于 $\ln x$ 是 x 的单调递增函数,故满足

$$\ln L(x_1,x_2,\cdots,x_n;\hat{\theta})=\max_{\theta\in\Theta} \ln L(x_1,x_2,\cdots,x_n;\theta) \tag{7-2-8}$$

的 $\hat{\theta}$ 当然同时也能使式(7-2-7)成立.

综上所述,求待估参数 θ 的极大似然估计通常是从式(7-2-8)出发,并运用微积分中的极值原理来处理的.

例 2 设总体 X 有分布密度 $p(x)=\begin{cases}\theta x^{\theta-1} & 0<x<1\\ 0 & \text{其他}\end{cases}$,其中 $\theta>0$ 为待估参数,$(x_1,x_2,\cdots,x_n)$为样本$(X_1,X_2,\cdots,X_n)$的一个样本点. 试求$(x_1,x_2,\cdots,x_n)$的极大似然估计量.

解 这类题的求解大致上要经过以下三步.

①在样本点$(x_1,x_2,\cdots,x_n)$上建立似然函数:在$0<x_i<1(i=1,2,\cdots,n)$的公共区域上,有

$$L(x_1,x_2,\cdots,x_n;\theta)=\prod_{i=1}^{n}\theta x_i^{\theta-1}=\theta^n\left(\prod_{i=1}^{n}x_i\right)^{\theta-1}$$

② 写出对数似然函数 $\ln L(x_1,x_2,\cdots,x_n;\theta)=n\ln\theta+(\theta-1)\ln\left(\prod_{i=1}^{n}x_i\right)$

③ 对θ求导,得$\frac{\mathrm{d}\ln l}{\mathrm{d}\theta}=\frac{n}{\theta}+\sum_{i=1}^{n}\ln x_i$. 右端等于0,得似然方程$\frac{n}{\theta}+\sum_{i=1}^{n}\ln x_i=0$. 由此解得$\theta=-n/\sum_{i=1}^{n}\ln x_i$.

通常,一个参数的估计量应该用样本函数表出. 为此,将θ表达式中的x_i改写为X_i的同时,在θ的上方冠以记号"∧",并在$\hat{\theta}$的右下侧附有下标"L",以表示由此得到的是极大似然估计量. 即$\hat{\theta}_L=-n/\sum_{i=1}^{n}\ln X_i$.

三、区间估计

总体参数的点估计是在给定的样本点上进行的. 它作为待估参数θ的近似值给出了明确的数量描述,在统计分析中有多方面的应用. 但是人们并不以此为满足,因为点估计没有给出这种近似的精确程度和可信程度,这就使它在实际应用中受到很大限制. 本节要讨论的区间估计可以弥补这一不足.

区间估计仍从样本出发,构造两个合适的样本函数$\hat{\theta}_1(X_1,X_2,\cdots,X_n)$和$\hat{\theta}_2(X_1,X_2,\cdots,X_n)$,使得由此产生的随机区间$(\hat{\theta}_1,\hat{\theta}_2)$能以足够大的概率$(1-\alpha)$包含未知参数$\theta$,即有

$$P\{\hat{\theta}_1<\theta<\hat{\theta}_2\}=1-\alpha \tag{7-2-9}$$

通常$0<\alpha<1$是事先给定的小概率.

在区间估计中,小概率α称为信度,$(1-\alpha)$则称为置信度(或置信水平). 随机区间$(\hat{\theta}_1,\hat{\theta}_2)$称为置信度是$(1-\alpha)$的置信区间,其中$\hat{\theta}_1$称为置信下限,$\hat{\theta}_2$称为置信上限. 当取置信度$1-\alpha=0.99$时,参数$\theta$的0.99置信区间的含义是:取100组样本观测值所确定的100个置信区间$(\hat{\theta}_1,\hat{\theta}_2)$中,大约有99个含有$\theta$的真值,约有1个区间不含有$\theta$的真值,即由一个样本所确定的置信区间中含有$\theta$真值的可能性为99%。

用一个置信区间估计参数的方法称为总体参数的区间估计. 本节只讨论一个正态总体下参数的区间估计,并限于双侧置信区间的情形.

1. 正态总体均值的区间估计

假设总体$X\sim N(\mu,\sigma^2)$,$(X_1,X_2,\cdots,X_n)$为样本,总体均值μ为待估参数. 下面按总体方差σ^2的已知与未知两种情况进行讨论.

(1)方差σ^2已知的情形

在题设条件下,样本函数

$$U=\frac{\overline{X}-\mu}{\sqrt{\frac{\sigma^2}{n}}}\sim N(0,1) \tag{7-2-10}$$

故对于事先给出的小概率 α 以及相应的临界值 $u_{\alpha/2}=u_{(1-\alpha/2)}$，且

$$P\{|U|<u_{\alpha/2}\}=1-\alpha \tag{7-2-11}$$

得

$$P\{\overline{X}-u_{\alpha/2}\sqrt{\sigma^2/n}<\mu<\overline{X}+u_{\alpha/2}\sqrt{\sigma^2/n}\}=1-\alpha$$

这样，便构成了置信度为$(1-\alpha)$，总体均值为 μ 的置信区间

$$(\overline{X}-u_{\alpha/2}\sqrt{\sigma^2/n},\overline{X}+u_{\alpha/2}\sqrt{\sigma^2/n}) \tag{7-2-12}$$

从而，置信下限 $\hat{\theta}_1=\overline{X}-u_{\alpha/2}\sqrt{\sigma^2/n}$，置信上限 $\hat{\theta}_2=\overline{X}+u_{\alpha/2}\sqrt{\sigma^2/n}$. 置信区间的长度是 $2u_{\alpha/2}\sqrt{\sigma^2/n}$. 置信区间的长度关系到估计的精确程度和可信程度.

例 3 某车间生产滚珠，统计资料显示其直径服从正态分布，且方差为 0.04. 从某日生产产品中随机抽取 9 个，测得其直径为(单位 mm)：

12.1，12.3，12.2，11.9，12.0，12.3，12.2，12.0，11.9

试确定滚珠平均直径 μ 的置信区间. 取 $\alpha=0.05$.

解 先计算 $\overline{X}$，当 $\alpha=0.05$ 时，查正态分布表 $U_{\frac{\alpha}{2}}=U_{0.025}=1.96$. 因为 $n=9$，$\sigma^2=0.04$，根据式(7-2-12)有

$$\overline{X}-1.96\sqrt{\frac{\sigma^2}{n}}=12.1-1.96\times\sqrt{\frac{0.04}{9}}\approx 11.97$$

$$\overline{X}+1.96\sqrt{\frac{\sigma^2}{n}}=12.1+1.96\times\sqrt{\frac{0.04}{9}}\approx 12.23$$

因此滚珠平均直径 μ 的置信度 0.95 的置信区间为[11.97，12.23]，即这批滚珠的平均直径有 95%的可能在 11.97～12.23 mm 之间.

上述分析对于区间估计的其他类型原则上也能适用.

(2)方差 σ^2 未知的情形

当方差 σ^2 未知时，样本函数(7-2-10)显然是无法适用的. 为此，用无偏估计 S^{*2} 代替 σ^2 后，组成新的样本函数，并由式(7-2-10)可知

$$t=\frac{\overline{X}-\mu}{\sqrt{S^{*2}/n}}\sim t(n-1) \tag{7-2-13}$$

在给定小概率 α 及其相应临界值 $t_{\alpha/2}=t(\alpha/2;n-1)$下，$P\{|t|<t_{\alpha/2}\}=1-\alpha$.

将式(7-2-13)代入上式，得

$$P\left\{\left|\frac{\overline{X}-\mu}{\sqrt{S^{*2}/n}}\right|<t_{\alpha/2}\right\}=1-\alpha \tag{7-2-14}$$

变形式(7-2-14)，分离 μ 得

$$P\{\overline{X}-t_{\alpha/2}\sqrt{S^{*2}/n}<\mu<\overline{X}+t_{\alpha/2}\sqrt{S^{*2}/n}\}=1-\alpha$$

这样，当 σ^2 未知时，置信度为$(1-\alpha)$、总体均值为 μ 的置信区间为

$$(\overline{X}-t_{\alpha/2}\sqrt{S^{*2}/n},\overline{X}+t_{\alpha/2}\sqrt{S^{*2}/n}) \tag{7-2-15}$$

2. 正态总体方差的区间估计

假设总体 $X\sim N(\mu,\sigma^2)$，$(X_1,X_2,\cdots,X_n)$为样本，总体方差 σ^2 为待估参数. 对于 σ^2 的区间估计，将按总体均值 μ 的已知与未知分别进行.

(1)均值 μ 已知的情形

对样本中每个分量 X_i 标准化后，得

$$\frac{X_i-\mu}{\sigma}\sim N(0,1),i=1,2,\cdots,n$$

样本函数

$$\chi^2=\sum_{i=1}^{n}\left(\frac{X_i-\mu}{\sigma}\right)^2\sim\chi^2(n) \tag{7-2-16}$$

对于事先给定的置信度$(1-\alpha)$以及相应的临界值 $\lambda_1=\chi^2(1-\alpha/2;n)$与 $\lambda_2=\chi^2(\alpha/2;n)$，得

$$P\left\{\lambda_1<\frac{\sum_{i=1}^{n}(X_i-\mu)^2}{\sigma^2}<\lambda_2\right\}=1-\alpha \tag{7-2-17}$$

变形式(7-2-17)，分离 σ^2 得

$$P\left\{\frac{\sum_{i=1}^{n}(X_i-\mu)^2}{\lambda_2}<\sigma^2<\frac{\sum_{i=1}^{n}(X_i-\mu)^2}{\lambda_1}\right\}=1-\alpha$$

这样，当 μ 已知时，置信度为$(1-\alpha)$，总体方差为 σ^2 的置信区间为

$$\left(\sum_{i=1}^{n}(X_i-\mu)^2/\lambda_2,\sum_{i=1}^{n}(X_i-\mu)^2/\lambda_1\right) \tag{7-2-18}$$

(2)均值 μ 未知的情形

当均值 μ 未知时，在式(7-2-16)中以它的无偏估计 $\overline{X}$ 替代 μ 后，组成新的样本函数

$$\chi^2=\sum_{i=1}^{n}\left(\frac{X_i-\overline{X}}{\sigma}\right)^2=\frac{(n-1)S^{*2}}{\sigma^2}\sim\chi^2(n-1) \tag{7-2-19}$$

对于给定的置信度$(1-\alpha)$及相应的临界值 $\lambda_1=\chi^2(1-\alpha/2;n-1)$，$\lambda_2=\chi^2(\alpha/2,n-1)$，得

$$P\left\{\lambda_1<\frac{(n-1)S^{*2}}{\sigma^2}<\lambda_2\right\}=1-\alpha \tag{7-2-20}$$

变形式(7-2-20)，分离 σ^2 得

$$P\left\{\frac{(n-1)S^{*2}}{\lambda_2}<\sigma^2<\frac{(n-1)S^{*2}}{\lambda_1}\right\}=1-\alpha$$

这样，当 μ 未知时，置信度为$(1-\alpha)$、总体方差为 σ^2 的置信区间为

$$((n-1)S^{*2}/\lambda_2,(n-1)S^{*2}/\lambda_1) \tag{7-2-21}$$

与式(7-2-21)等价的表达是

$$\left(\sum_{i=1}^{n}(X_i-\overline{X})^2/\lambda_2,\ \sum_{i=1}^{n}(X_i-\overline{X})^2/\lambda_1\right) \tag{7-2-22}$$

例 4 设总体 $X\sim N(\mu,\sigma^2)$，σ^2 为待估参数，样本$(X_1,X_2,\cdots,X_6)$的一组观测值为(14.6,14.9,15.1,14.8,15.2,15.1)，置信度 $1-\alpha=0.95$. 试在下列条件下求 σ^2 与 σ 的置信区间：(1)$\mu=14.5$；(2)μ 未知.

解 (1)因为 μ 已知，故应用式(7-2-16)为估计用样本函数. 由 $\alpha=0.05$，可查表得临界值

$$\lambda_1=\chi^2\left(1-\frac{\alpha}{2};n\right)=\chi^2(0.975;6)=1.237$$

$$\lambda_2=\chi^2\left(\frac{\alpha}{2};n\right)=\chi^2(0.025;6)=14.449$$

又

$$\sum_{i=1}^{n}(X_i-\mu)^2=\sum_{i=1}^{n}X_i^2-2n\mu\overline{X}+n\mu^2 \tag{7-2-23}$$

分别以题设条件及加工后的样本数据

$$\overline{x}=14.95,\ \sum_{i=1}^{6}x_i^2=1341.27,\ \mu=14.5,\ n=6$$

代入式(7-2-23)得

$$\sum_{i=1}^{6}(x_i-\mu)^2=\sum_{i=1}^{6}x_i^2-2n\mu\overline{x}+n\mu^2=1.47$$

从而由式(7-2-18)可得

$$\hat{\theta}_1=\sum_{i=1}^{6}(x_i-\mu)^2/\lambda_2=1.47/14.449\approx 0.10$$

$$\hat{\theta}_2=\sum_{i=1}^{6}(x_i-\mu)^2/\lambda_1=1.47/1.237\approx 1.19$$

此时，σ^2 的置信区间为(0.10,1.19)，而均方差 σ 的置信区间为$(\sqrt{0.10},\sqrt{1.19})$即(0.32,1.09).

(2)因 μ 未知，故选式(7-2-20)为估计用样本函数. 由 $\alpha=0.05$ 查得临界值

$$\lambda_1=\chi^2(1-\alpha/2;n-1)=\chi^2(0.975;5)=0.831$$

$$\lambda_2=\chi^2(\alpha/2;n-1)=\chi^2(0.025;5)=12.833$$

依据题设样本，借助计算器算得 $S^{*2}=(0.2258)^2\approx 0.0510$. 故

$$\hat{\theta}_1=(n-1)S^{*2}/\lambda_2=5\times 0.0510/12.833\approx 0.02$$

$$\hat{\theta}_2=(n-1)S^{*2}/\lambda_1=5\times 0.0510/0.831\approx 0.31$$

因此，当 μ 未知时，置信度为 0.95，σ^2 的置信区间为(0.02,0.31). 此时，均方差 σ 的置信区间为$(\sqrt{0.02},\sqrt{0.31})$，即(0.14,0.56).

必须指出，对于给定信度 α 下的置信区间不唯一.

课堂练习

1. 在一本书上我们随机地检查了 10 页，发现每页上的错误数为

4 5 6 0 3 1 4 2 1 4

试计算其样本均值，样本方差和样本标准差.

2. 在总体 $N(7.6,4)$ 中抽取容量为 n 的样本，如果要求样本均值落在 $(5.6,9.6)$ 内的概率不小于 0.95，则 n 至少为多少？

3. 由正态总体 $N(\mu,\sigma^2)$ 抽取容量为 20 的样本，试求 $P\left(10\sigma^2 \leqslant \sum_{i=1}^{20}(x_i-\mu)^2 \leqslant 30\sigma^2\right)$.

4. 设 $x_1,\cdots,x_{16}$ 是来自 $N(\mu,\sigma^2)$ 的样本，经计算 $\overline{x}=9, s^2=5.32$，试求 $P(|\overline{x}-\mu|<0.6)$.

5. 设 $f(x)=\begin{cases}\theta e^{-\theta x}, & x>0 \\ 0, & x\leqslant 0\end{cases}$，求 θ 的矩估计.

6. 设总体 X 的概率密度为

$$f(x)=\begin{cases}\theta x^{\theta-1}, & 0<x<1 \\ 0, & \text{其他}\end{cases}, \theta>0.$$

$(X_1,X_2,\cdots,X_n)$ 是来自 X 的样本，则未知参数 θ 的极大似然估计量为________.

7. 设 $(x_1,x_2,\cdots,x_n)$ 为正态总体 $N(\mu,4)$ 的一个样本值，$\overline{x}$ 表示样本均值，则 μ 的置信度为 $1-\alpha$ 的置信区间为(   ).

A. $\left(\overline{x}-u_{\alpha/2}\frac{4}{\sqrt{n}}, \overline{x}+u_{\alpha/2}\frac{4}{\sqrt{n}}\right)$　　B. $\left(\overline{x}-u_{1-\alpha/2}\frac{2}{\sqrt{n}}, \overline{x}+u_{\alpha/2}\frac{2}{\sqrt{n}}\right)$

C. $\left(\overline{x}-u_{\alpha}\frac{2}{\sqrt{n}}, \overline{x}+u_{\alpha}\frac{2}{\sqrt{n}}\right)$　　D. $\left(\overline{x}-u_{\alpha/2}\frac{2}{\sqrt{n}}, \overline{x}+u_{\alpha/2}\frac{2}{\sqrt{n}}\right)$

8. 设测量零件的长度产生的误差 X 服从正态分布 $N(\mu,\sigma^2)$，今随机地测量 16 个零件，得 $\sum_{i=1}^{16}X_i=8, \sum_{i=1}^{16}X_i^2=34$. 在置信度 0.95 下，$\mu$ 的置信区间为________. ($t_{0.05}(15)=1.7531, t_{0.025}(15)=2.1315$)

巩固与练习

1. 设总体 $X\sim N(\mu,\sigma^2)$，(X_1,X_2,X_3,X_4) 是正态总体 X 的一个样本，$\overline{X}$ 为样本均值，S^2 为样本方差，若 μ 为未知参数且 σ 为已知参数，下列随机变量是否为统计量？

(1) $X_1-X_2+X_3$　　(2) $2X_3-\mu$　　(3) $\frac{\overline{X}-\mu}{S}\sqrt{3}$

(4) $\frac{4(\overline{X}-\mu)^2}{S^2}$　　(5) $\frac{3S^2}{\sigma^2}$　　(6) $\frac{1}{\sigma}(X_2-\overline{X})$

2. 设总体 X 服从二项分布 $B(k,p)$，k 是正整数，$0<p<1$，两者都是未知参数，$(X_1,X_2,\cdots,X_n)$ 是一个样本，试求 k 和 p 的矩估计.

3. 已知(X_1,X_2)是总体 X 的一个样本,统计量 $2X_1-X_2$ 与$\frac{1}{3}X_1+\frac{2}{3}X_2$ 都是总体数学期望 $E(X)$的无偏估计量,评价它们中哪一个更有效.

4. 设 X 服从$[0,\theta](\theta>0)$上的均匀分布,$(X_1,X_2,\cdots,X_n)$是取自总体 X 的样本,求 θ 的矩估计量及极大似然估计量.

5. 已知某加热炉正常工作的炉内温度 X℃服从正态分布 $N(\mu,144)$,用一种仪器测量 5 次,其温度分别为 1250,1265,1245,1260,1275. 试以 0.90 的置信度,求加热炉正常工作时炉内平均温度 μ 的置信区间.

6. 已知成年人的脉搏 X 次/分钟服从正态分布 $N(\mu,\sigma^2)$,从一群成年人中随机抽取 10 人,测得其脉搏分别为 68,69,72,73,66,70,69,71,74,68. 试以 0.95 的置信度,求每人平均脉搏 μ 的置信区间.

7. 已知每颗梨树的产量 X kg 服从正态分布 $N(\mu,\sigma^2)$,从一片梨树林中随机抽取 6 颗,测其产量分别为 221,191,202,205,256,245. 试求:

(1)每颗梨树平均产量 μ 的估计值;

(2)每颗梨树产量方差 σ^2 的估计值.

8. 已知每桶奶粉的净重 X kg 服从正态分布 $N(\mu,5^2)$,从一批桶装奶粉中随机抽取 15 桶,经过测量得到它们的平均净重为 446 g,试以 0.95 的置信度,求每桶奶粉平均净重 μ 的置信区间.

本模块学习指导

一、教学要求

1. 掌握数理统计的基本概念:总体、样本、容量、样本值、统计量、简单随机样本等.

2. 掌握点估计方法.

3. 会对一个正态总体的期望做区间估计,尤其是未知方差的情况.

4. 会对一个正态总体的方差做区间估计.

二、考点提示

1. 常见统计量分布命题的有关计算.

2. 求估计量,评价估计量优劣,求置信区间.

三、疑难解析

1. 设 $X_i\sim N(\mu_i,\sigma^2)(i=1,2,\cdots,10)$,$\mu_i$ 不全等. 试问 $X_1,X_2,\cdots,X_{10}$ 是简单随机样本吗?

分析 据简单随机样本定义:(1)它们来自一个总体;(2)它们相互独立;(3)它们同分布. 用定义验证本例,第(1)、(2)条没交代,而第(3)条不满足. 由于 $X_1\sim N(\mu_1,\sigma^2)$, $X_2\sim N(\mu_2,\sigma^2)$,$\cdots$,$X_{10}\sim N(\mu_{10},\sigma^2)$,因为 μ_i 不全等. 故不是同分布. 3 条中有 1 条不满足就不是简单随机样本.

解 因为 $X_1\sim N(\mu_1,\sigma^2)$, $X_2\sim N(\mu_2,\sigma^2)$,$\cdots$,$X_{10}\sim N(\mu_{10},\sigma^2)$不是同分布,故 $X_1,X_2,\cdots,X_{10}$ 不是简单随机样本. 若 $\mu_1=\mu_2=\cdots=\mu_{10}$,是否是简单随机样本? 不一定.

不能判断彼此是否独立. 若 $X_1, X_2, \cdots, X_{10}$ 相互独立，μ_i 又全等，则 $X_1, X_2, \cdots, X_{10}$ 就是简单随机样本.

2. 设 (X_1, X_2) 是取自总体 $N(\mu, 1)$（μ 未知）的一个样本，试证明如下三个估计量都是 μ 的无偏估计量，并确定其中最有效的一个.

$$\hat{\mu}_1=\frac{2}{3}X_1+\frac{1}{3}X_2;\hat{\mu}_2=\frac{1}{4}X_1+\frac{3}{4}X_2;\hat{\mu}_3=\frac{1}{2}X_1+\frac{1}{2}X_2$$

解 $E(X_i)=\mu, D(X_i)=1, i=1,2$，于是

$$E(\hat{\mu}_1)=\frac{2}{3}E(X_1)+\frac{1}{3}E(X_2)=\frac{2}{3}\mu+\frac{1}{3}\mu=\mu$$

$$E(\hat{\mu}_2)=\frac{1}{4}\mu+\frac{3}{4}\mu=\mu, E(\hat{\mu}_3)=\frac{1}{2}\mu+\frac{1}{2}\mu=\mu$$

故 $E(\hat{\mu}_1), E(\hat{\mu}_2), E(\hat{\mu}_3)$ 均为 μ 的无偏估计.

因为 X_1 与 X_2 相互独立，所以

$$D(\hat{\mu}_1)=\frac{4}{9}D(X_1)+\frac{1}{9}D(X_2)=\frac{4}{9}+\frac{1}{9}=\frac{5}{9}$$

$$D(\hat{\mu}_2)=\frac{1}{16}+\frac{9}{16}=\frac{5}{8}, D(\hat{\mu}_3)=\frac{1}{4}+\frac{1}{4}=\frac{1}{2}$$

比较可知，$\hat{\mu}_3$ 是 μ 的最有效估计量.

四、本章知识结构图

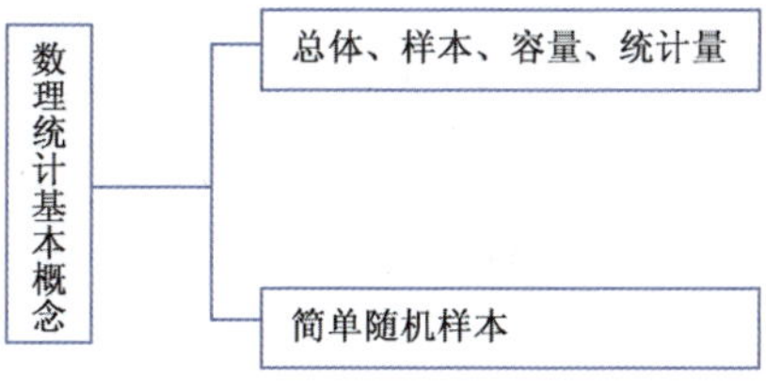

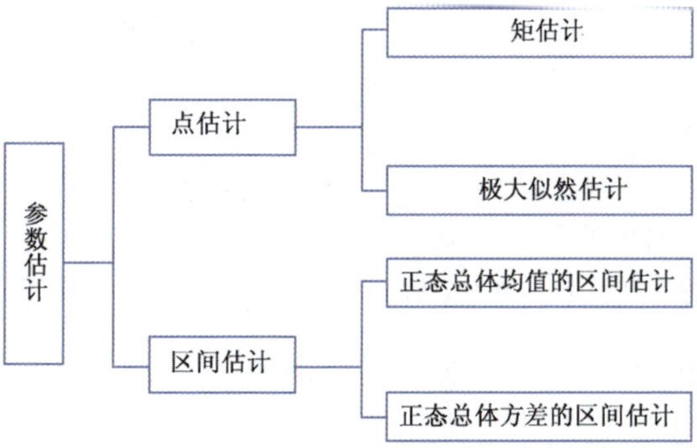

复习题七

一、填空题

1. 设总体 $X\sim N(\mu, \sigma^2)$，若 σ^2 已知，总体均值 μ 的置信度 $1-\alpha$ 的置信区间为

$\left(\overline{X}-\lambda\dfrac{\sigma}{\sqrt{n}},\overline{X}+\lambda\dfrac{\sigma}{\sqrt{n}}\right)$，则 $\lambda=$________.

2. 设由来自正态总体 $X\sim N(\mu,0.9^2)$，容量为 9 的简单随机样本，得样本均值 $\overline{X}=5$，则未知参数 μ 的置信度为 0.95 的置信区间为________.

3. 设 (X_1,X_2) 为来自总体 $X\sim N(\mu,\sigma^2)$ 的样本，若 $CX_1+\dfrac{1}{1999}X_2$ 为 μ 的无偏估计，则 $C=$________.

4. 设 $(X_1,X_2,\cdots,X_n)$ 为来自总体 $X\sim U(\theta,\theta+1)(\theta>0)$ 的样本，则 θ 的矩估计量为________，极大似然估计量为________.

二、选择题

1. 设 $X\sim N(1,3^2)$，$(X_1,X_2,\cdots,X_n)$ 为其样本，则(　　).

A. $\dfrac{\overline{X}-1}{3}\sim N(0,1)$　　B. $\dfrac{\overline{X}-1}{1}\sim N(0,1)$

C. $\dfrac{\overline{X}-1}{9}\sim N(0,1)$　　D. $\dfrac{\overline{X}-1}{\sqrt{3}}\sim N(0,1)$

2. 设总体 $X\sim N(\mu,\sigma^2)$，其中 σ^2 已知，则总体均值 μ 的置信区间长度 l 与置信度 $1-\alpha$ 的关系是(　　).

A. 当 $1-\alpha$ 缩小时，l 缩短　　B. 当 $1-\alpha$ 缩小时，l 增大

C. 当 $1-\alpha$ 缩小时，l 不变　　D. 以上说法均错

3. θ 为总体 X 的未知参数，θ 的估计量是 $\hat{\theta}$，则(　　).

A. $\hat{\theta}$ 是一个数，近似等于 θ　　B. $\hat{\theta}$ 是一个随机变量

C. $E(\hat{\theta})=\theta$　　D. $D(\hat{\theta})=\theta$

三、解答题

1. 设总体 X 有分布列 $\begin{pmatrix}-2 & 1 & 5\\ 3\theta & 1-4\theta & \theta\end{pmatrix}$，其中 $0<\theta<\dfrac{1}{4}$ 为待估参数，$(X_1,X_2,\cdots,X_n)$ 为样本. 试求 θ 的矩估计量.

2. 已知总体 $X\sim p(\lambda)$，且 X 有分布列 $P\{X=m\}=\dfrac{\lambda^m}{m!}e^{-\lambda}$，$m=0,1,2,\cdots$. 其中 $\lambda>0$ 为参数. 试求 $P\{X=0\}$ 时的矩估计与极大似然估计.

3. 已知总体 X 的均值 $\mu=E(X)$，$(X_1,X_2,\cdots,X_n)$ 为其一个样本. 试证：$\hat{\sigma}^2=\dfrac{1}{n}\sum_{i=1}^{n}(X_i-\mu)^2$ 为总体方差 $\sigma^2=D(X)$ 的无偏估计.

4. 已知总体 $X\sim N(\mu,\sigma^2)$ 的下列条件：σ^2 未知，$n=21$，$\overline{x}=13.2$，$s^2=5$，$\alpha=0.05$. 求 μ 的置信区间.

模块八 试验结果可信度的判断

问题引入

在实际中，经常遇到要求回答是与否的问题. 例如，某种产品的次品率低于3%吗？某种产品的使用寿命服从指数分布吗？其中有些问题由于试验结果受随机因素的影响或尚未完全掌握事物的规律，从而具有某种不确定性，不能给出完全确定的回答，只能给出有一定可信程度的回答. 本模块就提供了处理这类问题的科学方法，即假设检验.

任务一 试验结果的可信度

假设检验是除参数估计外的另一类重要的统计推断问题. 它的基本思想可以用小概率原理来解释. 所谓小概率原理，就是认为小概率事件在一次试验中是几乎不可能发生的. 也就是说，对总体的某个假设是真实的，那么不利于或不能支持这一假设的事件 A 在一次试验中是几乎不可能发生的；要是在一次试验中事件 A 竟然发生了，我们就有理由怀疑这一假设的真实性，拒绝这一假设.

一、假设检验的问题举例

看下面的例子：

例 1 某厂有一批产品200件，按规定次品率不超过3%才能出厂. 今在其中任意抽取10件，发现10件产品中有2件次品. 问这批产品能否出厂？

这一批产品可看作一个总体，次品率设为 p，其为总体的一个参数. 实际上所要解决的问题是：判断是否 $p \leqslant 0.03$.

例 2 某厂生产的滚球直径服从正态分布 $N(15.1, 0.05)$. 现从某天生产的滚球中随机抽取6个，测得其平均直径为 $\bar{x}=14.95$ mm，假定方差不变，问这天生产的滚球是否符合要求？

依题意，这天生产的滚球直径服从正态分布 $N(\mu, 0.05)$. 如果这天的滚球生产符合要求，滚球直径应该在15.1 mm附近波动，即随机变量 X 的期望 $\mu=15.1$；否则认为不符合要求. 这样所要解决的问题是：判断是否 $\mu=15.1$.

例 3 在针织品的漂白工艺过程中，要考虑温度对针织品断裂强力的影响. 为了比较70℃和80℃的影响有无差别，在这两个温度下，分别重复做了8次试验，得到数据如下（单位：kg）：

70℃时的断裂强力

20.5,18.8,19.8,20.9,21.5,19.5,21.0,21.2

80℃时的断裂强力

17.7,20.3,20.0,18.8,19.0,20.1,20.2,19.1

设断裂强力服从正态分布,若方差不变,问 70℃时的断裂强力与 80℃时的断裂强力有没有显著差别?

如果设在 70℃和 80℃时的断裂强力分别为 X 和 Y,则 $X\sim N(\mu_1,\sigma^2)$,$Y\sim N(\mu_2,\sigma^2)$.要考察 70℃时的断裂强力和 80℃时的断裂强力有没有显著差别,只要看看这两个温度下断裂强力的期望 μ_1 和 μ_2 是否相等即可,因此所要解决的问题是:判断是否 $\mu_1=\mu_2$.

上述三个例子都是假设检验问题——通过样本观测值来判断某个假设是否成立.其中前两个问题涉及的随机变量只有一个,称其为一个总体的假设检验问题.第三个问题涉及的随机变量有两个,称其为两个总体的假设检验问题.

二、假设检验的基本方法

尽管具体的假设检验问题种类很多,但进行假设检验的思想方法却是相同的.

进行假设检验的基本方法类似数学证明中的反证法,但是带有概率性质.具体地说,就是为了检验一个假设是否成立,在"假定该假设成立"的前提下进行推导,看会得到什么结果.如果导致了一个不合理现象的出现,则表明"假定该假设成立"不正确,即"原假设不能成立",此时,拒绝这个假设;如果没有导致不合理现象的出现,便没有理由拒绝这个假设,则接受这个假设.其中"不合理现象"的标准便是人们在实践中广泛采用的统计学中的小概率原理.所谓小概率原理,是指"小概率事件在一次试验中几乎是不可能发生的".如果做一次试验,结果小概率事件发生了,则认为是不合理现象,于是对"假定原假设成立"产生怀疑,即拒绝原假设.

当然,小概率事件在一次试验中只是几乎不可能发生,而不是绝对不可能发生.因此,进行假设检验的基本方法与数学证明中的反证法虽然相似,却有着本质区别.

概率小到什么程度的事件才算作小概率事件,没有统一的标准,是根据具体情况在检验之前事先指定的.通常选 0.1,0.05,0.01 等,这种界定小概率的值常用 α 表示,称其为显著性水平或检验水平.所提出的假设用 H_0 表示,称 H_0 为原假设或零假设,并把原假设的对立假设用 H_1 表示,称 H_1 为备择假设.

下面利用上述基本方法对例 1 做假设检验.

为解决问题方便,将原假设 $H_0:p\leqslant 0.03$ 分成:$p=0.03$ 及 $p<0.03$ 两种情况,并取 $\alpha=0.05$,即概率小于 0.05 的事件为小概率事件.

对于假设 $H_0:p=0.03$ 的情况,依此假设,可知 200 件产品中有 6 件次品.设"任意抽取 10 件,有 2 件次品"的事件为 A,则

$$P(A)=\frac{C_{194}^{8}C_{6}^{2}}{C_{200}^{10}}=\frac{\dfrac{194\times 193\times\cdots\times 187}{8\times 7\times\cdots\times 1}\times\dfrac{6\times 5}{2\times 1}}{\dfrac{200\times 199\times\cdots\times 191}{10\times 9\times\cdots\times 1}}\approx 0.0287$$

因为 $0.0287<0.05$,所以按事先取的标准,这是小概率事件.

对于假设 $p<0.03$ 的情况,依此假设,此时 200 件产品中的次品数少于 6 件,则事件 A 的概率更小(例如取 $p=0.02$,则可计算出 $P(A)\approx 0.0124<0.0287$).依据小概率原理,拒绝 $p\leqslant 0.03$ 的假设,认为这批产品不能出厂.

再来解例 2.由于例 1 中的总体为离散型随机变量,而例 2 中的总体为连续型随机变量,为解决连续型随机变量在单点处概率为 0 所带来的问题,我们采取以下的解法.

(1)提出假设.原假设 $H_0:\mu=\mu_0=15.1$,备择假设可取 $H_1:\mu\neq 15.1$;

(2)选取与原假设 $\mu=15.1$ 有关的检验统计量

$$U=\frac{\overline{X}-\mu_0}{\frac{\sigma}{\sqrt{n}}}=\frac{\overline{X}-15.1}{\frac{\sqrt{0.05}}{\sqrt{6}}}$$

依模块四任务二相关知识知 $U\sim N(0,1)$.

(3)给定检验水平 α,此题为 $\alpha=0.05$,根据 $U\sim N(0,1)$ 的特点,知 U 的取值应集中在 $X=0$ 处附近.查正态分布表可知:

$$P\{|U|\geqslant 1.96\}=0.05$$

即"$|U|\geqslant 1.96$"是一个概率为 5%的小概率事件,将 1.96 称为临界值.这样就把检验统计量的可能取值范围$(-\infty,+\infty)$分成两个区域,一为 $|U|\geqslant 1.96$,称其为拒绝域;二为 $|U|<1.96$,称其为接受域,如图 8-1 所示.

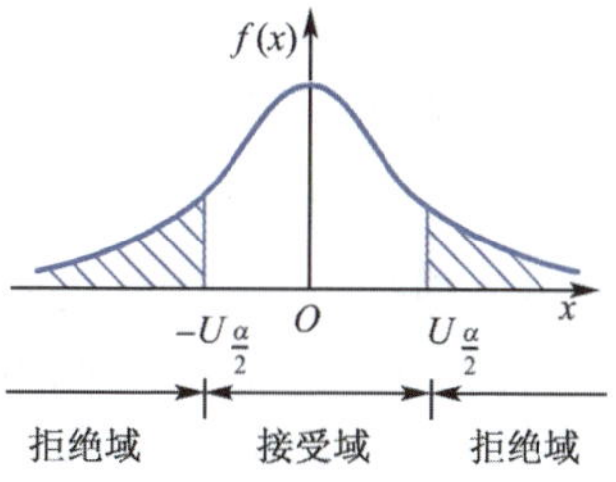

图 8-1

若实际计算的 U 值落入拒绝域中,意味着小概率事件在一次试验中发生了,因此拒绝原假设,接受备择假设.若实际计算的 U 值落入接受域中,就不拒绝原假设,认为原假设成立.

(4)计算 U 的观测值

$$u=\frac{\overline{x}-15.1}{\frac{\sqrt{0.05}}{\sqrt{6}}}=\frac{14.95-15.1}{\frac{\sqrt{0.05}}{\sqrt{6}}}\approx -1.643$$

(5)做出判断

因为 $|u|=1.643<1.96$,即 U 的观测值落在接受域中,所以不能拒绝原假设,即认可 $\mu=15.1$,认为这天生产的滚球符合要求.

三、假设检验的两类错误

假设检验是根据样本的信息,利用小概率原理来对总体进行推断,而小概率事件在一次试验中毕竟也可能发生,因此假设检验难免要犯两类错误:

其一,在原假设为真的情况下,做出了拒绝原假设的推断,称这种错误为第一类错误或"弃真"错误.

其二,在原假设不正确的情况下,做出了接受原假设的推断,称这种错误为第二类错误或"取伪"错误.

我们当然希望犯这两类错误的概率都尽可能的小，但是当样本容量 n 固定时，要使犯这两类错误的概率都同时变小是不可能的. 只有增加样本容量 n 才能使犯这两类错误的概率同时变小. 在实际进行假设检验时，人们往往先控制犯第一类错误的概率，再用适当增大样本容量 n 的方法来减少犯第二类错误的概率.

四、假设检验的一般步骤

结合例 2 的求解过程，假设检验的一般步骤可归纳为：

(1)提出原假设 H_0 与备择假设 H_1(要写出待检验的具体假设内容).

在实际问题中，究竟选哪个假设作为原假设 H_0 要依具体问题的目的和要求而定，通常把那些需要着重考虑的假设视为原假设. 一般有以下原则：如果问题是要决定新方法是否比原方法好，往往将原方法取为原假设，而将新方法取为备择假设；如果提出一个假设，检验的目的仅仅是判别这个假设是否成立，此时直接取此假设为原假设 H_0 即可；当目的是希望从样本观测值中取得对某一论断强有力的支持时，把这一论断的否定作为原假设.

(2)选择检验统计量(所选取的检验统计量首先必须与假设有关，其次在原假设 H_0 为真的前提下，检验统计量的分布或渐近分布是已知的).

(3)给定检验水平 α，确定拒绝域.

至于 α 取多大算合适，统计理论本身对如何选取 α 无能为力，要结合实际问题确定 α 的大小(主要取决于犯第一类错误的严重性——如果后果相对严重，则取 α 小一些；如果后果相对不严重，则取 α 大一些). 通常取 $\alpha=0.05$ 或 0.01，有时也取 0.10.

(4)计算检验统计量的实际观测值.

(5)做出判断：若检验统计量的观测值落在拒绝域中，就拒绝原假设，接受备择假设；否则接受原假设.

课堂练习

1. 理解原假设与备择假设的含义，并归纳常见的几种建立原假设与备择假设的原则.
2. 第一类错误和第二类错误分别是指什么？它们发生的概率大小之间存在怎样的关系？
3. 什么是显著性水平？它对于假设检验决策的意义是什么？
4. 什么是 p 值？ p 值检验和统计量检验有什么不同？
5. 什么是统计上的显著性？

巩固与练习

1. 某厂生产的纤维的纤度服从正态分布 $N(\mu, 0.04^2)$. 某天测得 25 根纤维的纤度的均值 $\overline{x}=1.39$，问与原设计的标准值 1.40 有无显著差异？(取 $\alpha=0.05$)

2. 某电器零件的平均电阻一直保持在 2.64 Ω，改变加工工艺后，测得 100 个零件的平均电阻为 2.62 Ω，如改变工艺前后电阻的标准差保持在 0.06 Ω，问新工艺对此零件的电阻有无显著影响($\alpha=0.05$)？

3. 有一批产品，取 50 个样品，其中含有 4 个次品. 在这种情况下，判断假设 $H_0: p \leqslant 0.05$ 是否成立($\alpha=0.05$)？

4. 某产品的次品率为 0.17，现对此产品进行新工艺试验，从中抽取 400 件检验，发现有次品 56 件，能否认为此项新工艺提高了产品的质量($\alpha=0.05$)？

任务二　正态总体可信度的判断

设总体 $X \sim N(\mu, \sigma^2)$，对其假设检验分为均值的检验和方差的检验. 我们对这两种情况逐一进行讨论.

一、正态总体均值的假设检验

正态总体均值的假设检验问题大致分为以下三种：

(1) $H_0: \mu=\mu_0, H_1: \mu \neq \mu_0$；

(2) $H_0: \mu=\mu_0, H_1: \mu > \mu_0$；

(3) $H_0: \mu=\mu_0, H_1: \mu < \mu_0$.

下面就 σ^2 为已知和未知两种情况进行讨论.

1. 当 σ^2 已知时，均值 μ 的检验

此类检验问题是任务一例 2 问题的一般化提法. 我们取 $U=\dfrac{\overline{X}-\mu_0}{\frac{\sigma}{\sqrt{n}}}$ 作为检验统计量，则当 $H_0: \mu=\mu_0$ 为真时，$U \sim N(0,1)$.

对于给定的检验水平 α，通过查正态分布表可确定出其拒绝域.

对于情况(1)的假设检验问题，取 $U_{\frac{\alpha}{2}}$ 使得

$$P\{|U| \geqslant U_{\frac{\alpha}{2}}\}=\alpha$$

从而得到其拒绝域为 $(-\infty, -U_{\frac{\alpha}{2}}) \cup (U_{\frac{\alpha}{2}}, +\infty)$. 即统计量的观测值 $u=\dfrac{\overline{x}-\mu_0}{\frac{\sigma}{\sqrt{n}}}$ 落入区间 $(-\infty, -U_{\frac{\alpha}{2}})$ 或 $(U_{\frac{\alpha}{2}}, +\infty)$ 时，拒绝 H_0.

对于情况(2)、(3)的假设检验问题，其拒绝域求解的理论这里不做讨论，只给出相应的结果，见表 8-1 和图 8-2.

表 8-1　假设检验问题的拒绝域

假设检验问题	拒绝域
$H_0: \mu=\mu_0, H_1: \mu \neq \mu_0$	$(-\infty, -U_{\frac{\alpha}{2}}) \cup (U_{\frac{\alpha}{2}}, +\infty)$
$H_0: \mu=\mu_0, H_1: \mu > \mu_0$	$(U_\alpha, +\infty)$
$H_0: \mu=\mu_0, H_1: \mu < \mu_0$	$(-\infty, -U_\alpha)$

对于情况(1)假设检验问题称为双侧检验或双边检验，对于情况(2)、(3)的假设检验

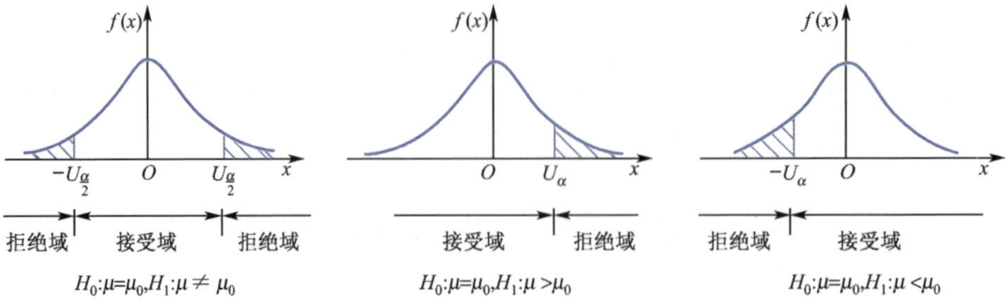

图 8-2

问题称为单侧检验或单边检验.

这种利用服从正态分布的检验统计量 U 进行假设检验的检验方法称为 U 检验法，它用来解决总体方差已知时的均值检验问题.

例 1 某厂生产的细铁丝的抗断强度服从正态分布 $N(40,0.4^2)$. 现用新方法生产了一批细铁丝，从中抽取 25 根进行实验，测得抗断强度的样本均值为 $\bar{x}=40.25$ (MPa). 设新方法下总体的方差不变，问新方法生产的这批细铁丝的抗断强度是否较以往生产的有显著提高($\alpha=0.05$)?

解 设 X 表示新方法生产的这批细铁丝的抗断强度，$X\sim N(\mu,\sigma^2)$.（我们自然希望得到有显著提高的支持，为此选取 $H_1:\mu>40$）

(1)假设 $H_0:\mu=\mu_0=40,H_1:\mu>40$

(2)选取检验统计量

$$U=\frac{\overline{X}-\mu_0}{\frac{\sigma}{\sqrt{n}}}=\frac{\overline{X}-40}{\frac{0.4}{\sqrt{25}}}\sim N(0,1)$$

(3)查正态分布表 $U_\alpha=U_{0.05}=1.645$，得到拒绝域为 $(1.645,+\infty)$

(4)计算检验统计量的观测值

$$u=\frac{\bar{x}-\mu_0}{\frac{\sigma}{\sqrt{n}}}=\frac{40.25-40}{\frac{0.4}{\sqrt{25}}}=3.125$$

(5)因 $3.125>1.645$，U_0 落在拒绝域内，因此拒绝原假设，认为新方法生产的这批细铁丝的抗断强度较以往生产的有显著提高.

2. 当 σ^2 未知时，均值 μ 的检验

当 σ^2 已知时，采用 $U=\dfrac{\overline{X}-\mu_0}{\frac{\sigma}{\sqrt{n}}}$ 作为检验统计量，而当 σ^2 未知时，U 不再是统计量了.

这时以 σ^2 的无偏估计 $S^2=\dfrac{1}{n-1}\sum\limits_{i=1}^{n}(X_i-\overline{X})^2$ 代替 σ^2，可得到下面的检验统计量

$$T=\frac{\overline{X}-\mu_0}{\frac{S}{\sqrt{n}}}$$

当 $H_0:\mu=\mu_0$ 为真时，$T\sim t(n-1)$分布.

对于给定的检验水平 α，查 t 分布临界值表可确定出拒绝域与接受域.

对于情况(1)的假设检验问题，取 $t_{\frac{\alpha}{2}}(n-1)$使得

$$P\{|T|\geqslant t_{\frac{\alpha}{2}}(n-1)\}=\alpha$$

从而得到其拒绝域为

$$(-\infty,-t_{\frac{\alpha}{2}}(n-1))\cup(t_{\frac{\alpha}{2}}(n-1),+\infty)$$

对于情况(2)、(3)的假设检验问题，我们同样只给出相应的结果，详见表 8-2 和图 8-3.

表 8-2　　假设检验问题的拒绝域

假设检验问题	拒绝域
$H_0:\mu=\mu_0,H_1:\mu\neq\mu_0$	$(-\infty,-t_{\frac{\alpha}{2}}(n-1))\cup(t_{\frac{\alpha}{2}}(n-1),+\infty)$
$H_0:\mu=\mu_0,H_1:\mu>\mu_0$	$(t_\alpha(n-1),+\infty)$
$H_0:\mu=\mu_0,H_1:\mu<\mu_0$	$(-\infty,-t_\alpha(n-1))$

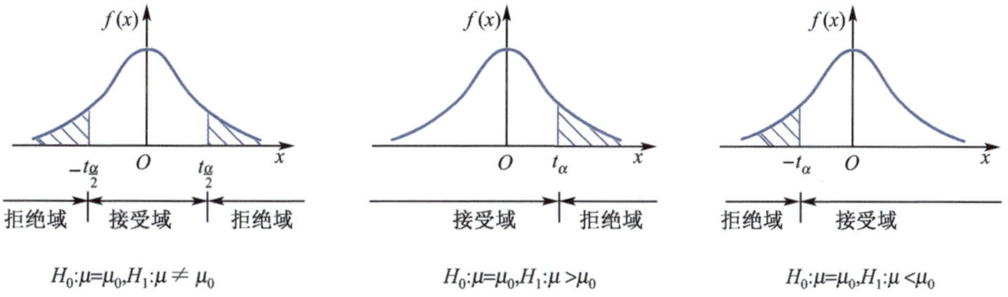

图 8-3

这种利用服从 t 分布的检验统计量 T 进行假设检验的检验方法称为 t 检验法，它用来解决总体方差未知时的均值检验问题.

例 2　某糖厂用自动打包机装糖，每包糖的重量服从正态分布，其标准重量为 100 kg，某日开工后随机测得 9 包糖的重量如下：

99.7，98.3，100.5，101.2，98.3，99.7，99.5，102.1，100.5

在显著水平 $\alpha=0.05$ 下判断该日自动打包机工作是否正常？

解　设 X 表示自动打包机装糖的重量，则 $X\sim N(\mu,\sigma^2)$. 依题意知，此题为 σ^2 未知时均值 μ 的检验问题.

(1)假设 $H_0:\mu=100,H_1:\mu\neq100$；

(2)选取的检验统计量

$$T=\frac{\overline{X}-\mu_0}{\frac{S}{\sqrt{n}}}=\frac{\overline{X}-100}{\frac{S}{\sqrt{9}}}\sim t(8)$$

(3)查 t 分布临界值表

$$t_{\frac{\alpha}{2}}(8)=t_{0.025}(8)=2.306$$

得到拒绝域为

$$(-\infty,-2.306)\cup(2.306,+\infty)$$

(4)计算检验统计量的观测值

$$\overline{x}=\frac{1}{n}\sum_{i=1}^{n}x_i=99.978,\quad s^2=\frac{1}{n-1}\sum_{i=1}^{n}(x_i-\overline{x})^2=1.569$$

$$t_0=\frac{\overline{x}-\mu_0}{\frac{s}{\sqrt{n}}}=\frac{99.978-100}{\frac{\sqrt{1.569}}{\sqrt{9}}}\approx-0.053$$

(5)因 $-2.306<-0.053<2.306$,t 落在接受域内,故接受原假设,即认为该日自动打包机工作正常.

二、正态总体的方差检验

这里只讨论 μ 未知时 σ^2 的假设检验问题(关于 μ 已知时的情况,一是比较少见,二是与 μ 未知时的讨论类似).首先讨论如下的三种假设检验问题:

(1)$H_0:\sigma^2=\sigma_0^2,H_1:\sigma^2\neq\sigma_0^2$;

(2)$H_0:\sigma^2=\sigma_0^2,H_1:\sigma^2>\sigma_0^2$;

(3)$H_0:\sigma^2=\sigma_0^2,H_1:\sigma^2<\sigma_0^2$.

我们取 $\chi^2=\frac{(n-1)S^2}{\sigma^2}$ 作为检验统计量,则当 $H_0:\sigma^2=\sigma_0^2$ 为真时,$\chi^2\sim\chi^2(n-1)$.

对于给定的检验水平 α,查 χ^2 分布临界值表可确定出拒绝域与接受域.

对于情况(1)的假设检验问题,取 $\chi^2_{1-\frac{\alpha}{2}}(n-1),\chi^2_{\frac{\alpha}{2}}(n-1)$ 使得

$$P\{\chi^2\leqslant\chi^2_{1-\frac{\alpha}{2}}(n-1)\}=\frac{\alpha}{2},P\{\chi^2\geqslant\chi^2_{\frac{\alpha}{2}}(n-1)\}=\frac{\alpha}{2}$$

而得到其拒绝域为

$$(0,\chi^2_{1-\frac{\alpha}{2}}(n-1))\cup(\chi^2_{\frac{\alpha}{2}}(n-1),+\infty).$$

对于情况(2)、(3)的假设检验问题,同样只给出相应的结果,见表 8-3 及图 8-4.

表 8-3　　假设检验问题的拒绝域

假设检验问题	拒绝域
$H_0:\sigma^2=\sigma_0^2,H_1:\sigma^2\neq\sigma_0^2$	$(0,\chi^2_{1-\frac{\alpha}{2}}(n-1))\cup(\chi^2_{\frac{\alpha}{2}}(n-1),+\infty)$
$H_0:\sigma^2=\sigma_0^2,H_1:\sigma^2>\sigma_0^2$	$(\chi^2_{\alpha}(n-1),+\infty)$
$H_0:\sigma^2=\sigma_0^2,H_1:\sigma^2<\sigma_0^2$	$(0,\chi^2_{1-\alpha}(n-1))$

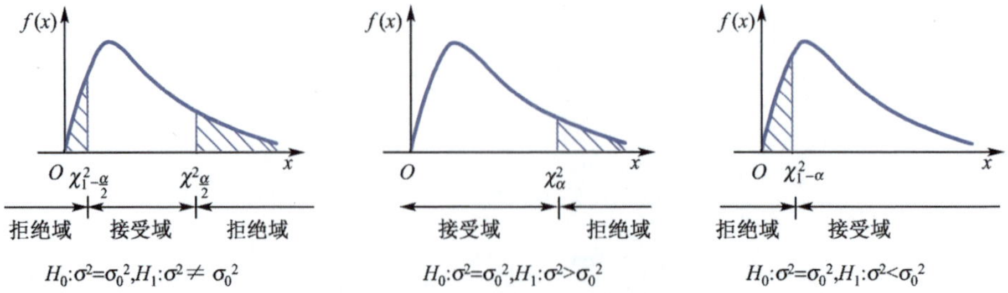

图 8-4

这种利用服从 χ^2 分布的检验统计量进行假设检验的检验方法称为 χ^2 检验法.

例 3 某车间生产的密封圈的寿命服从正态分布，且生产一直比较稳定. 今从产品中随机抽取 9 个样品，测得它们使用寿命的均值 $\overline{x}=287.89$ h，方差 $s^2=20.36$，问是否可相信该车间生产的密封圈寿命的方差为 20？($\alpha=0.05$)

解 设 X 表示该车间生产的密封圈寿命，则 $X\sim N(\mu,\sigma^2)$.

(1)假设 $H_0:\sigma^2=20, H_1:\sigma^2\neq 20$

(2)选取检验统计量

$$\chi^2=\frac{(n-1)S^2}{\sigma^2}\sim\chi^2(n-1)$$

(3)对 $\alpha=0.05$，查 χ^2 分布临界值表

$$\chi^2_{\frac{\alpha}{2}}(8)=\chi^2_{0.025}(8)=17.54$$

$$\chi^2_{1-\frac{\alpha}{2}}(8)=\chi^2_{0.975}(8)=2.18$$

从而得到拒绝域为 $(0,2.18)\cup(17.54,+\infty)$.

(4)计算检验统计量的观测值

$$\chi^2_0=\frac{(n-1)s^2}{\sigma^2}=\frac{8\times 20.36}{20}=8.144$$

(5)因 $2.18<8.144<17.54$，对于 $\alpha=0.05$，χ^2_0 落在接受域内，可相信该车间生产的密封圈寿命的方差为 20.

对于正态总体的假设检验问题，我们不一一进行讨论了，有关的结论情况汇总成表 8-4，以方便使用.

表 8-4 正态总体的假设检验问题相关结构

条件	H_0	H_1	统计量	拒绝域
σ^2 已知	$\mu=\mu_0$	$\mu\neq\mu_0$	$U=\dfrac{\overline{X}-\mu_0}{\frac{\sigma}{\sqrt{n}}}$	$\lvert U\rvert>U_{\frac{\alpha}{2}}$
	$\mu=\mu_0$	$\mu>\mu_0$		$U>U_\alpha$
	$\mu=\mu_0$	$\mu<\mu_0$		$U<-U_\alpha$
σ^2 未知	$\mu=\mu_0$	$\mu\neq\mu_0$	$T=\dfrac{\overline{X}-\mu_0}{\frac{S}{\sqrt{n}}}$	$\lvert T\rvert>t_{\frac{\alpha}{2}}(n-1)$
	$\mu=\mu_0$	$\mu>\mu_0$		$T>t_\alpha(n-1)$
	$\mu=\mu_0$	$\mu<\mu_0$		$T<-t_\alpha(n-1)$
μ 未知	$\sigma^2=\sigma_0^2$	$\sigma^2\neq\sigma_0^2$	$\chi^2=\dfrac{(n-1)S^2}{\sigma^2}$	$\chi^2>\chi^2_{\frac{\alpha}{2}}(n-1)$ 或 $\chi^2<\chi^2_{1-\frac{\alpha}{2}}(n-1)$
	$\sigma^2=\sigma_0^2$	$\sigma^2>\sigma_0^2$		$\chi^2>\chi^2_\alpha(n-1)$
	$\sigma^2=\sigma_0^2$	$\sigma^2<\sigma_0^2$		$\chi^2<\chi^2_{1-\alpha}(n-1)$

课堂练习

1. 测定某种溶液中的水份，它的 10 个测定值给出 $\overline{x}=0.452\%$，$s=0.037\%$，设测定值总体服从正态分布，μ 为总体均值，σ 为总体的标准差，试在 5%显著水平下，分别假设检验.

(1) H_0：$\mu=0.5\%$；　　(2) H_0：$\sigma=0.04\%$.

2. 某食品厂用自动装罐机装罐头食品，每罐标准重量为500克，每隔一定时间需要检查机器工作情况. 现抽10罐，测得其重量为(单位：克)：495，510，505，498，503，492，502，512，497，506. 假定重量服从正态分布，试问以95%的显著性检验机器工作是否正常？

3. 设某厂生产的洗衣机的使用寿命(单位：小时)X服从正态分布$N(\mu,\sigma^2)$但μ,σ^2未知. 随机抽取20台，算得样本均值$\overline{X}=1832$，样本标准差$S=497$，检验该厂生产的洗衣机的平均使用时数“$\mu=2000$”是否成立？(取检验水平$\alpha=0.05$)

4. 某厂生产需要用玻璃纸作包装，按规定供应商供应的玻璃纸的横向延伸率不低于65. 已知该指标服从正态分布$N(\mu,\sigma^2)$，σ一直稳定于5.5. 从近期来货抽查了100个样品，得样本均值$\overline{x}=55.06$，试问在0.05水平下能否接收这批玻璃纸.

巩固与练习

1. 有容量为10的样本，其$\overline{x}=2.7$，$s^2=2.25$. 总体服从正态分布，试在检验水平$\alpha=0.05$下检验：

(1)$H_0:\mu=3$，$H_1:\mu\neq3$；

(2)$H_0:\sigma^2=2.5$，$H_1:\sigma^2\neq2.5$.

2. 已知某炼铁厂铁水含碳量$X\sim N(4.55,0.108^2)$，现测定了9炉铁水，其平均含碳量为4.484. 如果方差不变，可否认为现在生产的铁水平均含碳量仍为4.55($\alpha=0.05$)？

3. 某产品的某一指标$X\sim N(1\ 600,150^2)$，改进了制作工艺后，抽取一容量为25的样本得$\overline{x}=1\ 657$，问能否认为这批产品的指标的均值$\mu=1600$($\alpha=0.05$)？

4. 某种钢筋强度服从正态分布，今从生产的钢筋中随机抽取6根，测得样本均值$\overline{x}=51.5$，样本标准差$s=0.85$. 问生产的钢筋强度的均值是否为52($\alpha=0.05$)？

5. 某种电子元件的寿命$X\sim N(\mu,\sigma^2)$(单位：h)，其中μ,σ^2均未知. 测得样本容量为16的样本均值$\overline{x}=241.5$，样本标准差$s=98.73$. 问在检验水平$\alpha=0.05$下，是否有理由认为元件的平均寿命大于220 h？

6. 某种零件重量$X\sim N(15,0.05^2)$，技术革新后，随机抽测了6个样品，测得样本均值$\overline{x}=14.9$，$s=0.045$，问革新后这种零件重量的方差是否显著减小($\alpha=0.05$)？

7. 某种导线要求其电阻的标准差不得超过0.005 Ω，今在生产的一批导线中取样品9根，测得$s=0.007$ Ω. 总体服从正态分布，在检验水平$\alpha=0.05$下，能否认为这批导线的标准差不符合要求？

本模块学习指导

一、教学要求

1. 了解假设检验的统计思想，熟练掌握假设检验的一般步骤.

2. 掌握正态总体期望和方差的假设检验问题.

二、考点提示

1. 正态总体的假设检验(U检验、t检验、χ^2检验).

三、疑难解析

1. 假设检验与区间估计有何异同?

答 假设检验与区间估计的提法虽然不同,但解决问题的途径是相通的. 现以未知方差、关于正态总体期望的假设检验与区间估计为例,来说明两者间的密切关系.

假设 $H_0:\mu_1=\mu_2$,$H_1:\mu_1\neq\mu_2$. 若 H_0 为真,则 $T=\dfrac{\overline{X}-\mu_0}{\frac{S}{\sqrt{n}}}\sim t(n-1)$,给定检验水平是 α,有 $P\{|t(n-1)|>t_{\frac{\alpha}{2}}\}=\alpha$. 而 $P\{|t(n-1)|\leqslant t_{\frac{\alpha}{2}}\}=1-\alpha$,由此得 H_0 的接受域是 $\left(\overline{x}-t_{\frac{\alpha}{2}}\frac{s}{\sqrt{n}},\overline{x}+t_{\frac{\alpha}{2}}\frac{s}{\sqrt{n}}\right)$. 就是说以 $1-\alpha$ 的概率接受 H_0.

由于 $T=\dfrac{\overline{X}-\mu_0}{\frac{S}{\sqrt{n}}}\sim t(n-1)$,对于置信度为 $1-\alpha$ 的 μ 的置信区间,因为 $P\left\{\left|(\overline{x}-\mu)/\frac{s}{\sqrt{n}}\right|\leqslant t_{\frac{\alpha}{2}}\right\}=1-\alpha$,其置信区间也为 $\left(\overline{x}-t_{\frac{\alpha}{2}}\frac{s}{\sqrt{n}},\overline{x}+t_{\frac{\alpha}{2}}\frac{s}{\sqrt{n}}\right)$,故假设检验的接受域就是区间估计的置信区间,说明它们解决问题的途径是相通的,可谓殊途同归.

在总体已知的情况下,假设检验与参数估计是从不同角度回答同一问题. 假设检验是从定性的角度判断假设是否成立;区间估计是从定量的角度给出参数的范围.

2. 如何理解假设检验所做出的"拒绝原假设 H_0"和"接受原假设 H_0"的判断?

答 拒绝 H_0 是有说服力的,接受 H_0 是没有完全说服力的. 假设检验的方法是概率的反证法. 作为反证法就必然要"找出矛盾",才能得出"拒绝 H_0"的结论,这是有说服力的. 如果"找不出矛盾",这时只能说"目前还找不到拒绝 H_0 的充分理由",因此"不拒绝 H_0"或"接受 H_0". 这并没有肯定 H_0 一定成立. 由于样本观测值是随机的,因此拒绝 H_0 不意味着 H_0 是假的,接受 H_0 也不意味着 H_0 是真的,都存在着错误决策的可能,而不是在逻辑上"证明"了该命题的正确性或不正确性.

四、本章知识结构图

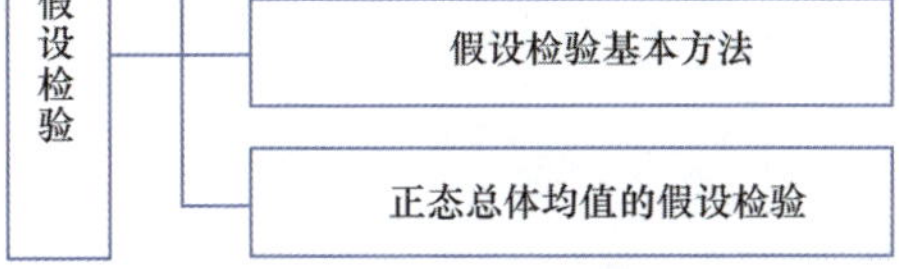

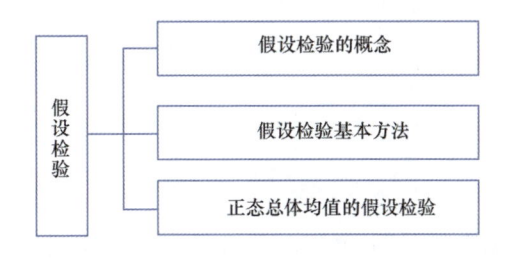

复习题八

一、填空题

1. 林场造林若干亩,从中抽取 50 棵树,测得平均树高 9.2 m,样本方差 1.6. 设树高服从正态分布，问林场的树高与 10 m 的差异是否显著？取 $\alpha=0.05$. 对该问题提出原假设 H_0:________，备择假设 H_1:________，使用________检验法.

2. 设某次考试成绩服从正态分布，从中抽取 36 位考生的成绩，算得平均成绩为 66.5 分，标准差为 15 分. 若设检验水平 $\alpha=0.05$，判断这次考试全体考生的平均成绩为 70 分，则此问题的原假设为________，备择假设为________，应当使用________检验法，结论是________.

3. 总体 $X\sim N(\mu,\sigma^2)$，$(X_1,X_2,\cdots,X_n)$ 是来自总体 X 的样本，μ 未知，检验 $H_0:\sigma^2=\sigma_0^2$；$H_1:\sigma^2\neq\sigma_0^2$，应取统计量________，拒绝域为________.

4. 某砖厂生产的一批砖中，随机抽取 6 块，其抗断强度（单位：N/cm^2）为 336.6，310.6，326.4，328.7，312.2 和 320.5，设该厂生产的砖以往抗断强度 $X\sim N(\mu,1.1^2)$. 在检验水平 $\alpha=0.01$ 时，要判断这批砖的抗断强度是否为 325.0 N/cm^2，原假设为________，备择假设为________，采用________检验法，检验统计量为________.

二、选择题

1. 甲、乙两人同时使用 t 检验法，检验同一假设 $H_0:\mu=\mu_0$. 甲的检验结果是拒绝 H_0，乙的检验结果是接受 H_0，则以下叙述错误的是（　　）.

A. 上面结果可能出现，这可能是由于各自选择的检验水平 α 不同，导致拒绝域不同而造成的

B. 上面结果可能出现，这可能是由于抽样不同而导致统计量观测值不同造成的

C. 在检验中，甲有可能犯弃真的错误

D. 在检验中，乙有可能犯弃真的错误

2. 设总体 $X\sim N(\mu,\sigma^2)$，当 σ^2 为未知，通过样本 $(X_1,X_2,\cdots,X_n)$ 检验 μ 时，需要用统计量（　　）.

A. $z=\dfrac{\overline{X}-\mu_0}{\dfrac{\sigma}{\sqrt{n}}}$　　　B. $z=\dfrac{\overline{X}-\mu_0}{\dfrac{\sigma}{\sqrt{n-1}}}$

C. $z=\dfrac{\overline{X}-\mu_0}{\dfrac{S}{\sqrt{n}}}$　　　D. $z=\dfrac{\overline{X}-\mu_0}{S}$

三、解答题

1. 某工厂生产 5 Ω 的电阻. 根据以往生产的实际情况，可以认为电阻值服从正态分布 $N(\mu,\sigma^2)$. 现随机抽取 10 个电阻，测得它们的电阻值（单位：Ω）为

9.9　10.1　10.2　9.7　9.9　9.9　10.0　10.5　10.1　10.2

问能否认为该厂生产的电阻的平均阻值为 10 Ω？分别就 $\sigma=0.1$ 和 σ 未知两种情况加以讨论，取 $\alpha=0.05$.

2. 某一型号元件的寿命 $X\sim(1000,50^2)$. 今抽测其中 8 个，测得寿命(单位：小时)为：

1027	975	1103	874	995	1203	1115	973

试问：

(1)这类元件的平均寿命是不是 1000 小时？检验水平 $\alpha=0.10$.

(2)这类元件是否合格？检验水平 $\alpha=0.1$.

3. 某公司生产的发动机部件的直径服从正态分布，该公司称它的标准差为 0.048 cm. 现随机抽取 5 个部件，测得它们的直径为(cm)：

1.32　　1.55　　1.36　　1.40　　1.44

问能够认为该公司生产的发动机部件的直径的标准差确实为 0.048 cm 吗？取 $\alpha=0.05$.

模块九 回归分析与方差分析

问题引入

回归分析与方差分析是数理统计的两个重要分支.在解决实际问题中,它们有着非常重要的用途.本模块着重介绍一元线性回归分析的数学模型和解决问题的方法.

任务一 一元线性回归分析

"回归"(英文"regression")最初是由英国著名生物学家兼统计学家高尔顿(Galton)在研究人类遗传问题时提出来的.为了研究父代与子代身高的关系,高尔顿搜集了1078对父亲及其儿子的身高数据.他发现这些数据的散点图大致呈直线状态,也就是说,总的趋势是父亲的身高增加时,儿子的身高也倾向于增加.但是,高尔顿对试验数据进行了深入的分析,发现了一个很有趣的现象——回归效应.即当父亲高于平均身高时,他们的儿子身高比他更高的概率要小于比他更矮的概率;当父亲矮于平均身高时,他们的儿子身高比他更矮的概率要小于比他更高的概率.它反映了一个规律,即这两种身高父亲的儿子的身高,有向他们父辈的平均身高回归的趋势.对于这个一般结论的解释是:大自然具有一种约束力,使人类身高的分布相对稳定而不产生两极分化,这就是所谓的回归效应.高尔顿依试验数据还推算出儿子身高(Y)与父亲身高(X)的关系式

$$Y=a+bX$$

它代表的是一条直线,称为回归直线,并把相应的统计分析称为回归分析.但是,上式仅反映了变量相关关系的一种特殊情况,对于更多的相关关系,特别是涉及多个变量的情况,并非如此.将对应的相关分析,都称为回归分析,不一定恰当.可是,这个词却一直沿用下来.

总而言之,回归分析是研究一个变量Y与其他若干变量X之间相关关系的一种数学工具,它是在一组试验或观测数据的基础上,寻找被随机性掩盖了的变量之间的依存关系.粗略地讲,可以理解为用一种确定的函数关系去近似代替比较复杂的相关关系,这个函数称为回归函数,在实际问题中称为经验公式.回归分析所研究的主要问题就是如何利用变量X,Y的观察值(样本),对回归函数进行统计推断,包括对它进行估计及检验与它有关的假设等.

一、一元线性回归分析模型

设变量x和Y之间存在着相关关系,其中x是可以精确测量或可控制的变量(非随机变量),Y是一个随机变量.假定Y和x存在着线性相关关系.

先看下面一个例子.

例 1 考察某种化工原料在水中的溶解度与温度的关系，共作了 9 组试验. 其数据见表 9-1，其中 Y 表示溶解度，x 表示温度.

表 9-1 某种化工原料在水中的溶解度与温度的关系

温度 x(℃)	0	10	20	30	40	50	60	70	80
溶解度 Y(g)	14.0	17.5	21.2	26.1	29.2	33.3	40.0	48.0	54.8

画出散点图，如图 9-1 所示，这些点虽然是散乱的，但大体上散布在某条直线 $Y=a+bx$ 的周围，即是说温度 x 与溶解度 Y 之间大致呈线性关系

$$\hat{y}=a+bx$$

其中 $\hat{y}$ 不是 Y 的实际值 y，是估计值.

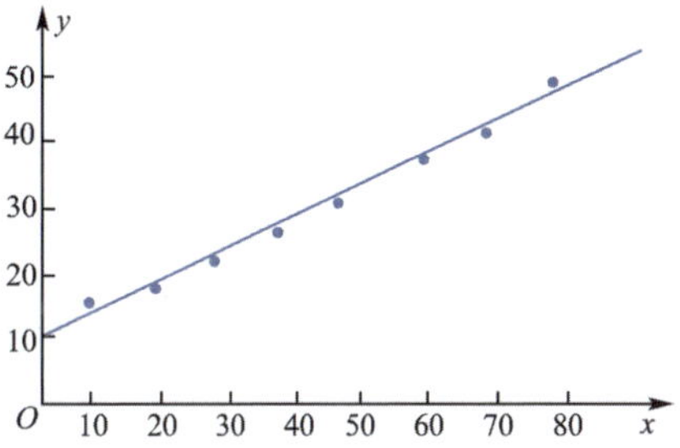

图 9-1

一般地，用线性函数 $a+bx$ 来估计 Y 的数学期望的问题，称为一元线性回归问题. 称方程

$$\hat{y}=a+bx \tag{9-1-1}$$

为 Y 的关于 x 的线性回归方程，称斜率 b 为回归系数. 对于 x 的每个值，设

$$Y\sim N(a+bx,\sigma^2) \tag{9-1-2}$$

或

$$Y=a+bx+\varepsilon,\quad \varepsilon\sim N(0,\sigma^2)$$

其中 a,b,σ^2 是与 x 无关的常数.

下面看怎样确定 a 和 b，使直线总的看来最靠近这几个点.

二、最小二乘法估计

在一次试验中，取得 n 对数据 (x_i,y_i)，其中 y_i 是随机变量 y 对应于 x_i 的观测值. 我们所要求的直线应该是使所有 $|y_i-\hat{y}_i|$ 之和最小的一条直线，其中 $\hat{y}_i=a+bx_i$. 由于绝对值在处理上比较麻烦，所以用平方和来代替，即要求 a,b 的值使 $Q=\sum_{i=1}^{n}(y_i-\hat{y}_i)^2$ 最小.

令

$$Q=\sum_{i=1}^{n}(y_i-a-bx_i)^2 \tag{9-1-3}$$

为离差平方和.

为使 Q 取得最小值,将 Q 分别对 a 和 b 求偏导数,并令它们等于零,得

$$\begin{cases} -2\sum_{i=1}^{n}(y_i-a-bx_i)=0 \\ -2\sum_{i=1}^{n}(y_i-a-bx_i)x_i=0 \end{cases} \tag{9-1-4}$$

或者写成

$$\begin{cases} na+(\sum_{i=1}^{n}x_i)b=\sum_{i=1}^{n}y_i \\ (\sum_{i=1}^{n}x_i)a+(\sum_{i=1}^{n}x_i^2)b=\sum_{i=1}^{n}x_iy_i \end{cases} \tag{9-1-5}$$

由于

$$\overline{x}=\frac{1}{n}\sum_{i=1}^{n}x_i \tag{9-1-6}$$

$$\overline{y}=\frac{1}{n}\sum_{i=1}^{n}y_i \tag{9-1-7}$$

则式(9-1-5)可以化为

$$\begin{cases} na+n\overline{x}b=n\overline{y} \\ n\overline{x}a+(\sum_{i=1}^{n}x_i^2)b=\sum_{i=1}^{n}x_iy_i \end{cases} \tag{9-1-8}$$

方程组(9-1-8)称为正规方程组.

因为 $x_i(i=1,2,\cdots,n)$ 不完全相同,所以方程组(9-1-8)的系数行列式

$$\begin{vmatrix} n & n\overline{x} \\ n\overline{x} & \sum_{i=1}^{n}x_i^2 \end{vmatrix}=n(\sum_{i=1}^{n}x_i^2-n\overline{x}^2)=n\sum_{i=1}^{n}(x_i-\overline{x})^2>0$$

故方程组(9-1-8)有唯一的一组解

$$\begin{cases} \hat{b}=\dfrac{\sum_{i=1}^{n}(x_i-\overline{x})(y_i-\overline{y})}{\sum_{i=1}^{n}(x_i-\overline{x})^2}=\dfrac{\sum_{i=1}^{n}x_iy_i-n\overline{x}\,\overline{y}}{\sum_{i=1}^{n}x_i^2-n\overline{x}^2} \\ \hat{a}=\overline{y}-\hat{b}\overline{x} \end{cases} \tag{9-1-9}$$

记

$$l_{xx}=\sum_{i=1}^{n}(x_i-\overline{x})^2=\sum_{i=1}^{n}x_i^2-\frac{1}{n}(\sum_{i=1}^{n}x_i)^2 \tag{9-1-10}$$

$$l_{xy}=\sum_{i=1}^{n}(x_i-\overline{x})(y_i-\overline{y})=\sum_{i=1}^{n}x_iy_i-\frac{1}{n}(\sum_{i=1}^{n}x_i)(\sum_{i=1}^{n}y_i) \tag{9-1-11}$$

$$l_{yy}=\sum_{i=1}^{n}(y_i-\overline{y})^2=\sum_{i=1}^{n}y_i^2-\frac{1}{n}(\sum_{i=1}^{n}y_i)^2 \tag{9-1-12}$$

分别称 l_{xx} 和 l_{yy} 为 x 和 Y 的离差平方和,称 l_{xy} 为 x 和 Y 的离差乘积和. 则有

$$\begin{cases}\hat{b}=\dfrac{l_{xy}}{l_{xx}} \\ \hat{a}=\overline{y}-\hat{b}\overline{x}\end{cases} \quad (9\text{-}1\text{-}13)$$

将式(9-1-13)代入回归方程(9-1-1)，则得到经验回归方程

$$\tilde{y}=\hat{a}+\hat{b}x \quad (9\text{-}1\text{-}14)$$

其中 $\hat{a}$，$\hat{b}$ 称为参数 a，b 的最小二乘估计，上述方法叫作最小二乘估计法.

式(9-1-14)中的 $\tilde{y}$ 与式(9-1-1)中的 $\hat{y}$ 不同，$\hat{y}$ 是由理论回归方程(9-1-1)所确定的对应于数值 x 的随机变量 Y 的数学期望，而 $\tilde{y}$ 是由经验回归方程(9-1-14) 所确定的对应于数值 x 的随机变量 Y 的数学期望的估计，它将会随着观测值的不同而变化. $\tilde{y}$ 称为回归值. 在直角坐标系中，方程(9-1-14)是一条直线，因此称为经验回归直线.

将 $\hat{a}=\overline{y}-\hat{b}\overline{x}$ 代入式(9-1-14)中，可得

$$\tilde{y}-\overline{y}=\hat{b}(x-\overline{x}) \quad (9\text{-}1\text{-}15)$$

此式表明，对于一组观测值 (x_1, y_1)，(x_2, y_2)，…，(x_n, y_n)，经验回归直线(9-1-14)通过散点图的几何中心$(\overline{x}, \overline{y})$.

下面计算例 1 中 Y 对 x 的一元线性回归方程.

例 2 求例 1 中溶解度 Y 关于温度 x 的线性回归方程.

解 由表 9-1 数据，列表计算，见表 9-2.

表 9-2 部分溶解度、温度相关数据

i	x_i	y_i	x_i^2	x_iy_i	y_i^2
1	0	14.0	0	0	196.00
2	10	17.5	100	175	306.25
3	20	21.2	400	424	449.44
4	30	26.1	900	783	681.21
5	40	29.2	1600	1168	852.64
6	50	33.3	2500	1665	1108.89
7	60	40.0	3600	2400	1600.00
8	70	48.0	4900	3360	2304.00
9	80	54.8	6400	4384	3003.04
$\sum$	360	284.1	20400	14359	10501.47

将 $n=9$ 代入式(9-1-10)、(9-1-11)、(9-1-12)和(9-1-13)算得

$$\overline{x}=\frac{360}{9}=40, \quad \overline{y}=\frac{284.1}{9}\approx 31.567$$

$$l_{xx}=\sum_{i=1}^{9}x_i^2-\frac{1}{9}\left(\sum_{i=1}^{9}x_i\right)^2=6000$$

$$l_{xy}=\sum_{i=1}^{9}x_iy_i-\frac{1}{9}\left(\sum_{i=1}^{9}x_i\right)\left(\sum_{i=1}^{9}y_i\right)=2995$$

$$l_{yy}=\sum_{i=1}^{9}y_i^2-\frac{1}{9}\left(\sum_{i=1}^{9}y_i\right)^2=1533.38$$

$$\hat{b}=\frac{l_{xy}}{l_{xx}}=\frac{2995}{6000}=0.4992$$

$$\hat{a}=\overline{y}-\hat{b}\overline{x}=11.599$$

由式(9-1-14)得所求的线性经验回归方程为

$$\tilde{y}=11.599+0.4992x$$

从这个经验回归方程,我们能够看到,温度每上升1个单位(℃),溶解度将增加0.4992.一般来说,一个经验回归方程是不是真正描述了两个变量之间的关系,可以根据实践来检验,从问题的专业知识角度来分析.当然,从数理统计的角度也有一些检验的方法.

三、一元线性回归分析模型的检验

对于给出的一组观测值$(x_i,y_i)(i=1,2,\cdots,n)$,在利用最小二乘法得到经验回归方程之后,还要讨论下列问题:

经验回归方程 $\tilde{y}=\hat{a}+\hat{b}x$ 作为$E(Y)$的估计,其效果是否好?如果答案是否定的,那么式(9-1-14)就不能使用;如果答案是肯定的,则相关的密切程度如何?如果式(9-1-14)有意义,怎样用它来进行预测和控制?

为了判断回归方程(9-1-14)是否有意义,我们应该检验线性回归效果是否显著,或者说检验变量Y与x之间是否存在线性相关关系,即Y是否基本上随着x的增大而线性地增大(或线性地减小).为此,应当考察相关系数假设检验.

相关系数是表示随机变量Y与自变量x之间相关程度的一个数字特征.因此,要检验变量Y与变量x之间线性相关关系是否显著,确定Y与x之间线性相关关系的密切程度,应当考查相关系数$\rho(x,Y)$的大小.在相关系数$\rho(x,Y)$未知的情况下,利用样本观测值$(x_i,y_i)(i=1,2,\cdots,n)$确定样本相关系数(记作$r$).

考察观测值$y_1,y_2,\cdots,y_n$,n个观测值离差平方和

$$l_{yy}=\sum_{i=1}^{n}(y_i-\overline{y})^2 \tag{9-1-16}$$

它反映了观测值总的分散程度.若记

$$\tilde{y}_i=\hat{a}+\hat{b}x_i \quad (i=1,2,\cdots,n) \tag{9-1-17}$$

则有

$$\begin{aligned}\sum_{i=1}^{n}(y_i-\overline{y})^2&=\sum_{i=1}^{n}(y_i-\tilde{y}_i+\tilde{y}_i-\overline{y})^2\\&=\sum_{i=1}^{n}(y_i-\tilde{y}_i)^2+\sum_{i=1}^{n}(\tilde{y}_i-\overline{y})^2+2\sum_{i=1}^{n}(y_i-\tilde{y}_i)(\tilde{y}_i-\overline{y})\end{aligned}$$

由式(9-1-17)及式(9-1-4),有

$$\begin{aligned}\sum_{i=1}^{n}(y_i-\tilde{y}_i)(\tilde{y}_i-\overline{y})&=\sum_{i=1}^{n}(y_i-\tilde{y}_i)(\hat{a}+\hat{b}x_i-\overline{y})\\&=(\hat{a}-\overline{y})\sum_{i=1}^{n}(y_i-\hat{a}-\hat{b}x_i)+\hat{b}\sum_{i=1}^{n}(y_i-\hat{a}-\hat{b}x_i)x_i=0\end{aligned}$$

所以

$$\sum_{i=1}^{n}(y_i-\overline{y})^2=\sum_{i=1}^{n}(y_i-\widetilde{y}_i)^2+\sum_{i=1}^{n}(\widetilde{y}_i-\overline{y})^2 \tag{9-1-18}$$

令

$$Q=\sum_{i=1}^{n}(y_i-\widetilde{y}_i)^2 \tag{9-1-19}$$

$$U=\sum_{i=1}^{n}(\widetilde{y}_i-\overline{y})^2 \tag{9-1-20}$$

则式(9-1-18)化为

$$\sum_{i=1}^{n}(y_i-\overline{y})^2=Q+U \tag{9-1-21}$$

U 称为回归平方和，是总离差中由于 Y 与 x 的线性关系而引起 Y 变化的部分，它反映了回归值 $\widetilde{y}_1,\widetilde{y}_2,\cdots,\widetilde{y}_n$ 的分散程度，可以通过控制 x 而掌握. Q 称为剩余平方和，这个量是式(9-1-3)中所给出的离差平方和中的最小值，它反映了观测值 $y_i(i=1,2,\cdots,n)$ 偏离经验回归直线的程度，这种偏离是由于观测误差等随机因素造成的.

$$U=\sum_{i=1}^{n}(\hat{a}+\hat{b}x_i-\hat{a}-\hat{b}\overline{x})^2=\hat{b}^2\sum_{i=1}^{n}(x_i-\overline{x})^2=\frac{l_{xy}^2}{l_{xx}} \tag{9-1-22}$$

$$Q=\sum_{i=1}^{n}(y_i-\widetilde{y}_i)^2=l_{yy}-U \tag{9-1-23}$$

回归效果的好坏取决于 U 及 Q 的大小，取决于 U 在总离差平方和 l_{yy} 中的比重，比重越大，回归效果越好.

相关系数

$$r^2=\frac{U}{l_{yy}}=\frac{\hat{b}l_{xy}}{l_{yy}}=\frac{(l_{xy})^2}{l_{xx}l_{yy}} \tag{9-1-24}$$

$$r=\frac{l_{xy}}{\sqrt{l_{xx}l_{yy}}} \tag{9-1-25}$$

作为相关系数 $\rho(x,Y)$ 的估计值.

由式(9-1-13)及式(9-1-24)得 r 与 $\hat{b}$ 的关系

$$r=\hat{b}\,\frac{\sqrt{l_{xx}}}{\sqrt{l_{yy}}} \tag{9-1-26}$$

或

$$\hat{b}=r\,\frac{\sqrt{l_{yy}}}{\sqrt{l_{xx}}} \tag{9-1-27}$$

$$U=r^2l_{yy} \tag{9-1-28}$$

$$Q=(1-r^2)l_{yy} \tag{9-1-29}$$

由于 U 是总离差平方和 l_{yy} 中的一部分，而 Q 又不能为负，因此 $U\leqslant l_{yy}$，可以推出 $r^2\leqslant1$，从而 $|r|\leqslant1$，即 $-1\leqslant r\leqslant1$.

当 $|r|=1$ 时，$Q=0$，表明变量 Y 与 x 线性相关. 此时散点图上所有的观测点全部在同一条直线上.

当$|r|=0$时，$Q=l_{yy}$，表明变量Y完全不与x发生关系.此时，变量Y与x之间不存在线性关系.一般有两种情况，一是变量Y与x之间的变化的确不存在任何统计规律性，它们的观测值在散点图上的分布是完全不规则的.二是变量Y与x之间虽然不存在线性相关关系，但可能存在其他种类的相关关系.

当$|r|$比较大时，表明变量Y与x之间的线性相关关系比较密切，此时，它们的观测值在散点图上的分布与回归直线比较接近.

当$|r|$比较小时，表明变量Y与x之间的线性相关关系不密切，在散点图上，诸观测点离回归直线比较疏远.

由式(9-1-27)可知，当$r>0$时，$\hat{b}>0$，表明用已知观测点得出的回归直线的斜率为正，变量Y与x大致是按正比例变化的，此时称Y与x为正相关；反之，当$r<0$时，$\hat{b}<0$，变量Y与x大致是按反比例变化的，此时称Y与x为负相关.

由此可见，r的大小可以衡量Y与x之间是否有线性相关关系，而且$|r|$越大，线性相关关系越显著，回归效果就越好.为了检验变量Y与x之间的线性相关关系是否显著，我们检验假设

$$H_0: r=0 \tag{9-1-30}$$

是否成立.

$|r|$究竟应当多大，才能认为随机变量Y与x之间的线性相关关系显著呢？

回归平方和的自由度等于1，剩余离差平方和的自由度为$n-2$，则$\dfrac{U}{1}\Big/\dfrac{Q}{n-2}$为$F(1,n-2)$变量，有

$$F=\frac{U}{Q/n-2}=\frac{(n-2)U}{Q}\sim F(1,n-2)$$

$$F=\frac{(n-2)U}{Q}=\frac{(n-2)\dfrac{l_{xy}^2}{l_{xx}}}{l_{yy}-\dfrac{l_{xy}^2}{l_{xx}}}=\frac{(n-2)\dfrac{l_{xy}^2}{l_{xx}l_{yy}}}{1-\dfrac{l_{xy}^2}{l_{xx}l_{yy}}}=\frac{(n-2)r^2}{1-r^2} \tag{9-1-31}$$

得

$$|r|=\sqrt{\frac{F}{F+n-2}} \tag{9-1-32}$$

对于给定的显著性水平α，不难由$F_\alpha(1,n-2)$算出相关系数的临界值r_α，并且r_α仅依赖于自由度$n-2$.相关数据可查阅相关系数临界值表.

所以，先由观测数据计算出样本相关系数r，由相关系数临界值表查得临界值r_α，若$|r|>r_\alpha$，则我们拒绝假设$H_0: r=0$，也就是说$r\neq 0$，即两个变量之间线性相关关系是显著的；反之，若$|r|\leqslant r_\alpha$，则接受假设$H_0: r=0$，说明两个变量之间线性相关关系不显著.

一般地，当$|r|\leqslant r_{0.05}$时，认为变量Y与x之间的线性相关关系不显著或者不存在线性相关关系；当$r_{0.05}<|r|\leqslant r_{0.01}$时，认为变量$Y$与$x$之间的线性相关关系显著；当$|r|>r_{0.01}$时，认为变量$Y$与$x$之间的线性相关关系特别显著.

例 3 本任务例 1，利用相关系数的显著性检验来检验溶解度与温度之间的线性相关关系是否显著.

解 由例 2 已知

$$l_{xx}=6000,\quad l_{xy}=2995,\quad l_{yy}=1533.38$$

由式(9-1-25)，得

$$r=\frac{l_{xy}}{\sqrt{l_{xx}l_{yy}}}\approx 0.987$$

查相关系数临界值表，当 $n=9$ 时，$r_{0.05}=0.666$，$r_{0.01}=0.798$. 因为 $|r|>r_{0.01}$，所以这种化工原料在水中的溶解度与温度之间的线性相关关系特别显著. 这与例 1 中分析的结论是一致的.

四、利用一元线性回归方程进行预测和控制

如果随机变量 Y 与变量 x 之间的线性相关关系显著，则利用观测值 $(x_i, y_i)(i=1,2,\cdots,n)$ 求出的经验回归方程

$$\tilde{y}=\hat{a}+\hat{b}x$$

大致反映了变量 Y 与变量 x 之间的变化规律. 但是，由于它们之间的关系不是确定性的，所以对于 x 的任一给定值 x_0，由经验回归方程只能得到相应的 y_0 的估计值

$$\tilde{y}_0=\hat{a}+\hat{b}x_0 \tag{9-1-33}$$

对于给定的置信度 $1-\alpha$，确定 y_0 的置信区间，称为预测区间. 即寻找一个正数 δ，使得估计值 y_0 以 $1-\alpha$ 的置信度落在区间 $(\hat{y}_0-\delta, \hat{y}_0+\delta)$ 内，这就是预测问题.

假设

$$Y\sim N(a+bx, \sigma^2) \tag{9-1-34}$$

有

$$y_0\sim N(a+bx_0, \sigma^2) \tag{9-1-35}$$

将 x_0 代入式(9-1-15)，可得

$$\tilde{y}_0=\overline{y}+\hat{b}(x_0-\overline{x}) \tag{9-1-36}$$

由式(9-1-34)，则有

$$E(\tilde{y}_0)=E(\overline{y})+(x_0-\overline{x})E(\hat{b})=a+b\overline{x}+(x_0-\overline{x})b \tag{9-1-37}$$

可见，$\tilde{y}_0=\hat{a}+\hat{b}x_0$ 作为 y_0 的点估计是无偏估计.

由式(9-1-34)及式(9-1-35)，有

$$y_i\sim N(a+bx_i, \sigma^2)\quad (i=1,2,\cdots,n)$$

由于 $\hat{b}$ 服从正态分布，且 $\hat{b}$ 是 b 的无偏估计，则有

$$E(\hat{b})=b$$

并可导出

$$D(\hat{b})=\sigma^2/\sum_{i=1}^{n}(x_i-\overline{x})^2=\sigma^2/l_{xx}$$

则有

$$\begin{aligned}D(\widetilde{y}_0)&=D(\overline{y}+\hat{b}(x_0-\overline{x}))\\&=D(\overline{y})+(x_0-\overline{x})^2D(\hat{b})\\&=\frac{1}{n}\sigma^2+(x_0-\overline{x})^2\frac{\sigma^2}{l_{xx}}\\&=\left[\frac{1}{n}+\frac{(x_0-\overline{x})^2}{l_{xx}}\right]\sigma^2\end{aligned}\tag{9-1-38}$$

由于 y_0 与 $y_1,y_2,\cdots,y_n$ 相互独立,因而 y_0 与 $\widetilde{y}_0$ 独立.若记

$$u=y_0-\widetilde{y}_0\tag{9-1-39}$$

则有

$$E(u)=E(y_0)-E(\widetilde{y}_0)=0\tag{9-1-40}$$

以及

$$\begin{aligned}\sigma_u^2&=D(u)=D(y_0)+D(\widetilde{y}_0)=\sigma^2+\left[\frac{1}{n}+\frac{(x_0-\overline{x})^2}{l_{xx}}\right]\sigma^2\\&=\left[1+\frac{1}{n}+\frac{(x_0-\overline{x})^2}{l_{xx}}\right]\sigma^2\end{aligned}\tag{9-1-41}$$

所以

$$\frac{u}{\sigma_u}\sim N(0,1)\tag{9-1-42}$$

可以证明$\frac{u}{\sigma_u}$与$\frac{Q}{\sigma^2}$相互独立,$\frac{Q}{\sigma^2}\sim\chi^2_{n-2}$,从而

$$\frac{\frac{u}{\sigma_u}}{\sqrt{\frac{Q}{\sigma^2(n-2)}}}\sim t(n-2)\tag{9-1-43}$$

即

$$\frac{y_0-\widetilde{y}_0}{s\sqrt{1+\frac{1}{n}+\frac{(x_0-\overline{x})^2}{l_{xx}}}}\sim t(n-2)\tag{9-1-44}$$

其中 $s=\sqrt{\frac{Q}{n-2}}=\sqrt{\frac{l_{xx}l_{yy}-l_{xy}^2}{(n-2)l_{xx}}}$,于是可以得到 y_0 的 $1-\alpha$ 置信区间,即预测区间

$$(\widetilde{y}_0-\delta(x_0),\widetilde{y}_0+\delta(x_0))\tag{9-1-45}$$

其中

$$\delta(x_0)=t_{\frac{\alpha}{2}}(n-2)s\sqrt{1+\frac{1}{n}+\frac{(x_0-\overline{x})^2}{l_{xx}}}\tag{9-1-46}$$

由此可见,当样本观测值及置信度 $1-\alpha$ 给定后,$\delta(x_0)$仍然依 x_0 而变,x_0 越靠近 $\overline{x}$,

$\delta(x_0)$就越小，预测就越精密.

如果把式(9-1-46)中的x_0换成x，即可得到Y的$1-\alpha$预测区间

$$(\tilde{y}-\delta(x),\tilde{y}+\delta(x)) \tag{9-1-47}$$

其中

$$\delta(x)=t_{\frac{\alpha}{2}}(n-2)s\sqrt{1+\frac{1}{n}+\frac{(x-\overline{x})^2}{l_{xx}}} \tag{9-1-48}$$

如图 9-2 所示，两条曲线

$$y=y_1(x)=\tilde{y}-\delta(x),y=y_2(x)=\tilde{y}+\delta(x)$$

形成了一个含有回归直线$\tilde{y}=\hat{a}+\hat{b}x$的带域，表示预测值的波动范围，可见其在$x=\overline{x}$处最窄.

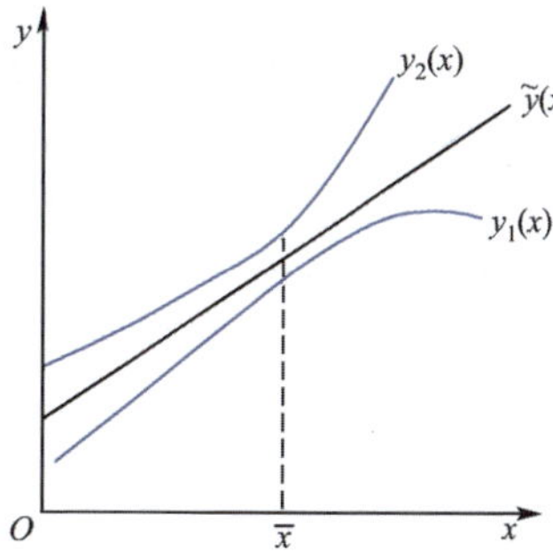

图 9-2

当n比较大，x离$\overline{x}$较近时，Y的$1-\alpha$预测区间可近似为

$$(\tilde{y}-u_{1-\frac{\alpha}{2}}s,\tilde{y}+u_{1-\frac{\alpha}{2}}s) \tag{9-1-49}$$

例如，Y的 0.95 预测区间近似地是

$$(\tilde{y}-1.96s,\tilde{y}+1.96s)$$

从以上分析可知，预测区间的长度直接关系到预测的效果，而预测区间的长度主要由s的大小确定，因此，s在预测问题中是一个重要的量.

要注意，预测只能对x的观测数据范围内的x_0进行预测，对于超出观测数据范围的x_0进行预测常常是没有意义的.

例 4 在例 1 中，设$x=25$℃，求该化工原料在水中溶解度Y的预测值及预测区间.

解 由式(9-1-14)得Y的预测值

$$\tilde{y}=\hat{a}+\hat{b}x=11.599+0.4992\times 25\approx 24.1$$

由前例计算结果

$$\overline{x}=40,l_{xx}=6000,l_{yy}=1533.38,l_{xy}=2995,s=\sqrt{\frac{l_{xx}l_{yy}-l_{xy}^2}{(n-2)l_{xx}}}=2.3414$$

查t分布表，得

$$t_{9-2}(0.025)=2.3646$$

由式(9-1-48)，得

$$\delta(25)=t_7(0.025)s\sqrt{1+\frac{1}{n}+\frac{(x-\overline{x})^2}{l_{xx}}}$$

$$=2.3646\times 2.3414\times\sqrt{1+\frac{1}{9}+\frac{(25-40)^2}{6000}}$$

$$\approx 5.9336$$

由式(9-1-47)，得Y的 0.95 预测区间为

$$(24.1-5.9,24.1+5.9)=(18.2,30.0)$$

控制是预测的反问题,即要求 Y 的观测值 y 落在指定的区间 (y_1,y_2) 内,应当把 x 的取值控制在什么范围内.我们仅讨论当 n 比较大时的近似计算.

取置信度为 $1-\alpha$,则 x 的控制区间可由如图 9-3(图中 $\hat{b}>0$)所示的对应关系来确定.

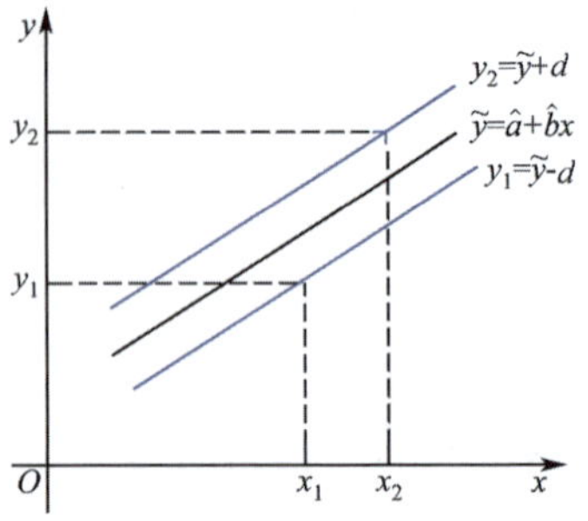

图 9-3

从方程

$$y_1=\hat{a}+\hat{b}x_1-u_{1-\frac{\alpha}{2}}s$$

$$y_2=\hat{a}+\hat{b}x_2+u_{1-\frac{\alpha}{2}}s$$

分别解出 x_1 及 x_2,当 $\hat{b}>0$ 时,控制区间为 (x_1,x_2);当 $\hat{b}<0$ 时,控制区间为 (x_2,x_1).显然,要实现控制,必须使区间 (y_1,y_2) 的长度 $|y_2-y_1|$ 大于 $2u_{1-\frac{\alpha}{2}}s$.

课堂练习

1. 相关关系是(　　).

A. 现象间的数量关系

B. 现象间的不确定关系

C. 现象间存在的关系数值不确定的数量依存关系

D. 现象间严格的依存关系

2. 职工的出勤率与产品的合格率之间的相关系数若等于 0.85,可以断定两者是(　　).

A. 显著相关　　B. 高度相关　　C. 正相关　　D. 负相关

3. 相关分析和回归分析的一个重要区别是(　　).

A. 前者研究变量间的密切程度,后者研究变量间的变动关系

B. 前者研究变量间的变动关系,后者研究变量间的密切程度

C. 两者都研究变量间的关系

D. 两者都研究变量间的密切程度

4. 一元线性回归方程 $y=a+bx$ 中,b 表示(　　).

A. 自变量 x 每增加一个单位,因变量 y 增加的数量

B. 自变量 x 每增加一个单位,因变量 y 平均增加或减少的数量

C. 自变量 x 每减少一个单位,因变量 y 减少的数量

D. 自变量 x 每减少一个单位,因变量 y 增加的数量

5. 估计标准误差公式中有(　　).

A. 0 个自由度　　B. n 个自由度

C. $n-1$ 个自由度　　D. $n-m$ 个自由度

6. 按变量间相关的形式分,相关关系可分为(　　).

A. 直线相关　　B. 正相关　　C. 曲线相关　　D. 负相关

7. 当两个变量高度相关时，r 的值为(　　).

A. $0.8<|r|$　　B. $0.3<|r|<0.5$

C. $0.5<|r|\leqslant 0.8$　　D. $0.8<|r|<1$

8. 下列现象中存在相关关系的是(　　).

A. 家庭收入与消费支出

B. 销售额与流通费用率

C. 存款余额与利率

D. 农作物的产量与降雨量、气温、施肥量

9. 估计标准误差可用于(　　).

A. 说明变量之间的相关程度　　B. 说明回归方程拟合的优劣程度

C. 反映实际值与估计值的离差大小　　D. 反映回归方程的代表性

10. 回归分析的特点有(　　).

A. 两个变量具有非对等的关系

B. 因变量是随机的，自变量是可控的

C. 两个变量具有对等关系

D. 因变量和自变量都是随机的

11. 某公司下设 7 个分公司，各分公司的固定资产价值与企业总产值数据如下表所示：

某公司固定资产与总产值统计表

企业编号	1	2	3	4	5	6	7
固定资产价值(万元)	20	30	40	50	60	70	80
企业总产值(万元)	80	90	115	120	125	130	140

要求：(1)建立回归直线方程；

(2)计算估计标准误差；

(3)估计当固定资产价值为 100 万元时的企业总产值；

(4)在显著性水平 $\alpha=5\%$时，对所建立的回归方程进行检验.

巩固与练习

1. 在某种产品表面进行腐蚀刻线试验，得到腐蚀深度 Y 与腐蚀时间 T 之间对应的一组数据如下：

腐蚀深度与时间数据

时间 T(min)	5	10	15	20	30	40	50	60	70	90	120
深度 Y(μm)	6	10	10	13	16	17	19	23	25	29	46

试求腐蚀深度 Y 对时间 T 的直线回归方程，并作相关性检验.

2. 某商品的供给量 S 与价格 P 之间具有线性相关关系，今有数据如下：

某商品供给量与价格数据

价格 P(元)	7	12	6	9	10	8	12	6	11	9	12	10
供给量 S(吨)	57	72	51	57	60	55	70	55	70	53	76	56

试求供给量 S 对价格 P 的直线回归方程,并作相关性检验.

*任务二 方差分析

方差分析是数理统计学中常用的数据处理方法之一,是工农业生产和科学研究中分析试验数据的一种有效的工具,也是开展试验设计、参数设计和容差设计的数学基础. 一个复杂的事物,其中往往有许多因素互相制约又互相依存. 方差分析的目的是通过数据分析找出对该事物有显著影响的因素、各因素之间的交互作用以及显著影响因素的最佳水平等. 方差分析是在可比较的数组中,把数据间的总的"变差"按各指定的变差来源进行分解的一种技术. 对变差的度量,采用离差平方和. 方差分析方法就是从总离差平方和分解出可追溯到指定来源的部分离差平方和. 这是一个很重要的思想.

有时人们要通过试验来了解各种条件对产品的性能、产量等的影响. 方差分析就是对试验结果的数据做分析的一种常用的方法.

例 1 某灯泡厂用以四种不同配料方案制成的灯丝生产了四批灯泡,在每批灯泡中随机地抽取若干灯泡测其使用寿命(单位:h),数据见表 9-3.

表 9-3 四批灯泡使用寿命测试数据

灯丝 \ 灯泡	1	2	3	4	5	6	7	8
甲	1 600	1 610	1 650	1 680	1 700	1 700	1 780	
乙	1 500	1 640	1 400	1 700	1 750			
丙	1 640	1 550	1 600	1 620	1 640	1 600	1 740	1 800
丁	1 510	1 520	1 530	1 570	1 640	1 680		

试问这四种灯丝生产的灯泡的使用寿命有无显著性的差异?

这里把灯泡的使用寿命作为试验的指标,可设其为 ξ,而将影响灯泡使用寿命的灯丝配料作为试验的因子,可将其设为 A. 灯丝的四种不同配方作为此因子的四个不同水平,可将其分别用 A_1、A_2、A_3、A_4 表示. 显然此问题只有一个因子,此因子有四个水平.

我们把同一种配料方案制成的灯丝所生产的灯泡的使用寿命视为一总体,现用 ξ_1、ξ_2、ξ_3 及 ξ_4 分别表示这四批灯泡的使用寿命. 并且根据以往经验可假定 $\xi_i \sim N(\mu_i, \sigma^2)$ $(i=1,2,3,4)$,而对不同的灯丝制成的四批灯泡做抽取灯泡的使用寿命试验,可看成从不同的总体中抽取的容量为 n_i 的样本 $(x_{i,1}, x_{i,2}, \cdots, x_{i,n_i})$ $(i=1,2,3,4)$. 本例中从甲、乙、丙、丁四批灯泡中抽取的样本容量分别为 $n_1=7, n_2=5, n_3=8, n_4=6$.

我们将从这四个样本 $(x_{i,1}, x_{i,2}, \cdots, x_{i,n_i})$ $(i=1,2,3,4)$ 来推断这四个总体的均值有无显著差异,即要判断原假设

$$H_0: \mu_1=\mu_2=\mu_3=\mu_4=\mu$$

是否成立,其中 σ^2 是未知参数.

这便是单因子多水平重复试验的方差分析问题，可将其归纳为表 9-4 的数学模型.

表 9-4 数学模型

试验号 \ 重复	1	2	…	n_i
1	$x_{1,1}$	$x_{1,2}$	…	x_{1,n_1}
2	$x_{2,1}$	$x_{2,2}$	…	x_{2,n_2}
…	…	…	…	…
r	$x_{r,1}$	$x_{r,2}$	…	x_{r,n_r}

$(x_{i,1},x_{i,2},\cdots,x_{i,n_i})$ 来自 $\xi_i(i=1,2,\cdots,r)$，并且假设 ξ_i 相互独立，$\xi_i\sim N(\mu_i,\sigma^2)$ $(i=1,2,\cdots,r)$，其中 σ^2 是未知参数. 上例中 $r=4$，所作的原假设为

$$H_0:\mu_1=\mu_2=\mu_3=\cdots=\mu_r=\mu$$

如果 H_0 成立，那么单个总体间的均值无显著差异，这时所有的数据均可视为取自同一总体 $N(\mu,\sigma^2)$. 各个 $x_{i,j}(i=1,2,\cdots,r;j=1,2,\cdots,n_r)$ 间的差异是由随机因素引起的. 因此我们可以用 $x_{i,j}$ 与样本总平均值 $\overline{x}$ 之间的偏差平方和来反映 $x_{i,j}$ 之间的波动. 令

$$S_T=\sum_{i=1}^{r}\sum_{j=1}^{n_i}(x_{i,j}-\overline{x})^2$$

$$S_E=\sum_{i=1}^{r}\sum_{j=1}^{n_i}(x_{i,j}-\overline{x}_{i.})^2$$

$$S_A=\sum_{i=1}^{r}n_i(\overline{x}_{i.}-\overline{x})^2$$

其中 $\overline{x}_{i.}=\dfrac{1}{n}\sum_{j=1}^{n_i}x_{i,j}(i=1,2,\cdots,r)$，$\overline{x}=\dfrac{1}{n}\sum_{i=1}^{r}\sum_{j=1}^{n_i}x_{i,j}$，$n=n_1+n_2+\cdots+n_r$，则有

$$S_T=S_A+S_E$$

称 S_T 为总的偏差平方和. 称 S_E 为误差的偏差平方和，表示从 r 个总体中的每一个总体 ξ_i 中所取得的样本内部的偏差平方和. 称 S_A 为因子的偏差平方和，它反映因子 A 的不同水平引起的差异.

在 H_0 成立的条件下，可以证明

$$S_T/\sigma^2\sim\chi^2(n-1),S_A/\sigma^2\sim\chi^2(r-1),S_E/\sigma^2\sim\chi^2(n-r)$$

且 S_A、S_E 相互独立.

如果因子引起的偏差比误差引起的偏差大很多，则说明不同水平间有明显差异，不能认为这 r 个总体服从同一正态分布，应拒绝原假设.

选取统计量

$$F=\frac{S_A/(r-1)}{S_E/(n-r)}=\frac{(n-r)\sum_{i=1}^{r}n_i(\overline{x}_{i.}-\overline{x})^2}{(r-1)\sum_{i=1}^{r}\sum_{j=1}^{n_i}(x_{i,j}-\overline{x}_{i.})^2}$$

在 H_0 成立的条件下 $F\sim F(r-1,n-r)$.

给定检验水平 α，查 F 分布临界值表可得 $F_\alpha(r-1,n-r)$，使得

$$P\{F > F_{\alpha}(r-1, n-r)\} = \alpha$$

实际计算 F_0 的值. 比较判断(一般 α 取 0.05 和 0.01):

当 $F_0 < F_{0.05}(r-1, n-r)$ 时,认为各水平间无显著差异;

当 $F_{0.05}(r-1, n-r) < F_0 < F_{0.01}(r-1, n-r)$ 时,认为各水平间有显著差异;

当 $F_0 > F_{0.01}(r-1, n-r)$ 时,认为各水平间有高度显著差异.

具体计算时,也可将上述过程列成一张方差分析表,并将各偏差平方和的计算简化为方差分析表中的表达式,见表 9-5.

表 9-5　　方差分析表

方差来源	平方和	自由度	F 值	显著性
因子 A	$S_A = \sum_{i=1}^{r} \frac{x_{i.}^2}{n_i} - n\bar{x}^2$	$r-1$	$F = \frac{S_A/(r-1)}{S_E/(n-r)}$	
误差 E	$S_E = S_T - S_A$	$n-r$		
总和	$S_T = \sum_{i=1}^{r}\sum_{j=1}^{n_i} x_{i,j}^2 - n\bar{x}^2$	$n-1$		

其中 $x_{i.} = \sum_{j=1}^{n_i} x_{i,j} (i=1,2,\cdots,r)$,其余符号含义同前.

下面计算例 1.

为了计算方差分析表中的有关数据,首先计算 $x_{i.}$, $\sum_{i=1}^{r} x_{i.}^2$, $\sum_{i=1}^{r}\sum_{j=1}^{n_i} x_{i,j}^2$ 的值,为方便,列成表 9-6.

表 9-6　　相关数据表

试验＼水平	A_1	A_2	A_3	A_4	$\sum$
1	1 600	1 500	1 640	1 510	
2	1 610	1 640	1 550	1 520	
3	1 650	1 400	1 600	1 530	
4	1 680	1 700	1 620	1 570	
5	1 700	1 750	1 640	1 640	
6	1 770		1 600	1 680	
7	1 780		1 740		
8			1 800		
$x_{i.}$	11 720	7 990	13 190	9 450	42 350
$x_{i.}^2$	137 358 400	63 840 100	173 976 100	89 302 500	464 477 100
$x_{i.}^2/n_i$	19 622 629	12 768 020	21 747 013	14 883 750	69 021 412

所以 $\bar{x} = 1\ 628.846\ 15$,计算可得 $\sum_{i=1}^{r}\sum_{j=1}^{n_i} x_{i,j}^2 = 69\ 199\ 500$.

计算其他有关的数据并填入方差分析表,见表 9-7.

表 9-7 方差分析数据表

方差来源	平方和	自由度	F 值	显著性
因子 A	$S_A=39\ 776.456$	3	1.637 912	
误差 E	$S_E=178\ 088.9$	22		
总和	$S_T=217\ 865.4$	25		

给定 $\alpha=0.05$,查表可得 $F_{0.05}(3,22)=3.05$.

因为 $1.637\ 912<3.05$,所以接受原假设,即认为四种配料方案生产的灯丝所生产的灯泡使用寿命没有显著差异.

课堂练习

1. 在方差分析中,(　　)反映的是样本数据与其组平均值的差异.

A. 总离差　　B. 组间误差　　C. 抽样误差　　D. 组内误差

2. $\sum_{i=1}^{r}\sum_{j=1}^{n_i}(x_{ij}-\overline{x}_i)^2$ 是(　　).

A. 组内平方和　　B. 组间平方和

C. 总离差平方和　　D. 因素 B 的离差平方和

3. 单因素方差分析中,计算 F 统计量,其分子与分母的自由度各为(　　).

A. r,n　　B. $r-n,n-r$　　C. $r-1,n-r$　　D. $n-r,r-1$

4. 应用方差分析的前提条件是(　　).

A. 各个总体服从正态分布　　B. 各个总体均值相等

C. 各个总体具有相同的方差　　D. 各个总体均值不等

E. 各个总体相互独立

5. 若检验统计量 $F=\dfrac{\text{MSR}}{\text{MSE}}$ 近似等于 1,说明(　　).

A. 组间方差中不包含系统因素的影响

B. 组内方差中不包含系统因素的影响

C. 组间方差中包含系统因素的影响

D. 方差分析中应拒绝原假设

E. 方差分析中应接受原假设

6. 对于单因素方差分析的组内误差,下面哪种说法是对的?(　　)

A. 其自由度为 $r-1$

B. 反映的是随机因素的影响

C. 反映的是随机因素和系统因素的影响

D. 组内误差一定小于组间误差

E. 其自由度为 $n-r$

7. 方差分析的目的是检验因变量 y 与自变量 x 是否________,而实现这个目的的手段是通过________的比较.

8. 总变差平方和、组间变差平方和、组内变差平方和三者之间的关系是________.

9. 方差分析中的因变量是________，自变量可以是________，也可以是________.

10. 方差分析是通过对组间均值变异的分析研究判断多个________是否相等的一种统计方法.

11. 在试验设计中，把要考虑的那些可以控制的条件称为________，把因素变化的多个等级状态称为________.

12. 在单因子方差分析中，计算 F 统计量的分子是________方差，分母是________方差.

13. 在单因子方差分析中，分子的自由度是________，分母的自由度是________.

巩固与练习

1. 今有某种型号的电池三批，它们分别是 A,B,C 三个工厂所生产的. 为评比其质量，各随机抽取 5 只电池为样品，经试验得其寿命(小时) 如下：

A、B、C 三工厂抽取电池数据

A	B	C
40	26	39
48	34	40
38	30	43
42	28	50
45	32	50

试在显著性水平 0.05 下，检验电池的平均寿命有无显著的差异. 若差异是显著的，试求均值差 $\mu_A-\mu_B$，$\mu_A-\mu_C$ 及 $\mu_B-\mu_C$ 的置信度为 95% 的置信区间. 设各工厂所生产的电池的寿命服从同方差的正态分布.

本模块学习指导

一、教学要求

1. 了解回归分析与方差分析的基本思想.
2. 掌握一元线性回归问题.
*3. 了解单因子试验的方差分析问题.

二、考点提示

1. 一元线性回归模型的建立.
2. 回归方程的显著性检验.
3. 应用模型对指定的 x 预测 y 的值.

三、疑难解析

1. 极大似然估计法和最小二乘法在确定线性回归方程时有何异同？

答　最小二乘法是根据剩余平方和为最小，求回归方程的一种常见的方法，即从散点图的无穷多条近似直线中选取一条最佳直线，使平方和 $Q(a,b)=\sum_{i=1}^{n}\varepsilon_i^2=\sum_{i=1}^{n}[y_i-(a+bx_i)]^2$ 最小. 通常由对二元函数求极值的必要条件解出 $\hat{a}$ 和 $\hat{b}$，使 $Q(a,b)$ 达到最小，$\hat{y}=\hat{a}+\hat{b}x$ 即为用最小二乘法确定的线性回归方程.

有的教科书从假设 $y=a+bx+\varepsilon$，$\varepsilon\sim N(0,\sigma^2)$ 出发，对总体的一个容量为 n 的样本 $(x_1,y_1),(x_2,y_2),\cdots,(x_n,y_n)$，有 $y_i\sim N(a+bx_i,\sigma^2)$，且 $y_1,y_2,\cdots,y_n$ 独立，则 $y_1,y_2,\cdots,y_n$ 的联合密度

$$L=\prod_{i=1}^{n}\frac{1}{\sigma\sqrt{2\pi}}\exp\left[-\frac{1}{2\sigma^2}(y_i-a-bx_i)^2\right]$$
$$=\left(\frac{1}{\sigma\sqrt{2\pi}}\right)^n\exp\left[-\frac{1}{2\sigma^2}\sum_{i=1}^{n}(y_i-a-bx_i)^2\right]$$

即为样本似然函数. 只要括弧的平方和部分 $\sum_{i=1}^{n}(y_i-a-bx_i)^2$ 为最小，L 就取最大值. 可见，如果 y 不是正态变量，可用最小二乘法确定回归方程；如果 y 是正态变量，则用极大似然估计法与最小二乘法得出的结果相同.

2. 利用最小二乘法求出的线性回归方程 $\hat{y}=\hat{a}+\hat{b}x$ 是否反映出原各散点具有良好的线性关系？

答　由线性回归 $\hat{y}=\hat{a}+\hat{b}x$ 确定的关系仅仅依赖于原始的数据，而不依赖于其是否为线性关系，故即使散点呈曲线形，仍可得到一条回归直线，正因如此，有必要进行相关性检验.

四、本模块知识结构图

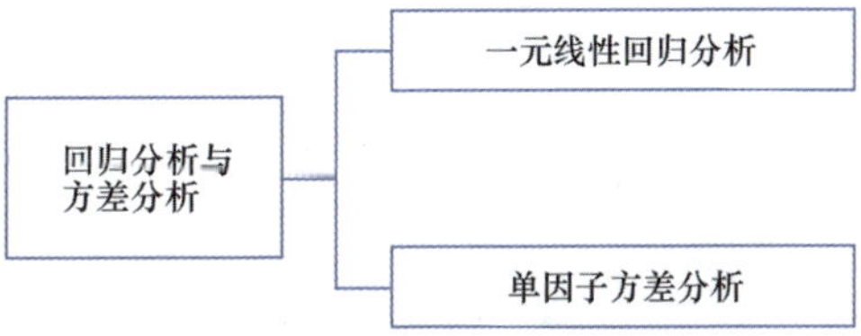

复习题九

一、填空题

1. 一试验对 9 个不同的 x 值，测得 y 的 9 个对应值，通过对样本的分析已知：$\sum_{i=1}^{9}x_i=30.3$，$\sum_{i=1}^{9}y_i=91.1$，$\sum_{i=1}^{9}x_iy_i=345.09$，$\sum_{i=1}^{9}x_i^2=115.11$，$\sum_{i=1}^{9}y_i^2=103.65$. 若要求 y 对 x 的线性回归方程，$\hat{b}=$________，$\hat{a}=$________，回归方程为________.

2. 对某试验结果做线性回归分析，得到形如 $y=a+bx$ 的方程，现对其是否具有回归效果，应做显著性检验，该假设检验中原假设为________，备择假设为________，若

拒绝原假设,则认为回归效果__________.

二、选择题

1. 下面叙述中正确的是(　　).

A. 在模型的正态假定下,使用最小二乘法和使用极大似然估计法得到的 $\hat{a}$ 和 $\hat{b}$ 是相同的

B. 若没有假设 $y_i \sim N(a+bx_i, \sigma^2)$ 就只能利用极大似然估计法估计 a, b,而不能使用最小二乘法估计 a, b

C. 如果进行参数估计时,使用的是最小二乘法,则不进行显著性检验也可以确定回归效果显著

2. 做 10 次试验得到 10 对点 $(x_i, y_i)(i=1,2,\cdots,10)$,据此建立线性回归方程 $\hat{y}=\hat{a}+\hat{b}x$,下面正确的是(　　).

A. 一定经过所有的点 $(x_i, y_i)(i=1,2,\cdots,10)$

B. 至少经过 $(x_i, y_i)(i=1,2,\cdots,10)$ 中的一对点

C. 一定经过 $(x_i, y_i)(i=1,2,\cdots,10)$ 中的两对点

D. 一定经过 $(\overline{x}, \overline{y})$

模块十　概率论与数理统计实验

问题引入

通过概率论与数理统计的学习，我们知道在现实生活中存在许多具有不确定性的问题，它们往往遵循某种随机规律．要研究这类问题，必须借助以概率统计为基础的数学工具，按照研究目的和对象的客观规律来建立数学模型，这就是随机性模型．本章主要简单介绍 MATLAB 在概率统计中的常用命令与格式，以及在随机性模型中的应用．

任务一　了解 MATLAB 在概率统计中的常用命令及格式

一、随机数的产生

1. 二项分布的随机数据的产生

调用格式：binornd(N,p)，N,p 为二项分布的两个参数，返回服从参数为 N,p 的二项分布的随机数，它模拟在 N 次重复试验中某事件(发生概率为 p)出现的次数．

2. 其他常见分布的随机数的产生

见表 10-1．

表 10-1　　随机数产生函数表

函数名	调用格式	注　释
unifrnd	unifrnd (A,B)	$[A,B]$上均匀分布(连续) 随机数
unidrnd	unidrnd(N)	均匀分布(离散)随机数
exprnd	exprnd(lambda)	参数为 lambda 的指数分布随机数
normrnd	normrnd(MU,SIGMA)	参数为 MU,SIGMA 的正态分布随机数
poissrnd	poissrnd(lambda)	参数为 lambda 的泊松分布随机数
rand	rand	(0,1)间均匀分布的单个随机数
randn	randn	标准正态分布的随机数

3. 通用函数求各分布的随机数据，即求指定分布的随机数

调用格式：random('name',A1,…)，其中 A1,…为分布的参数，对于不同的分布，参数个数不同；name 为分布函数名，其取值常用的见表 10-2．

表 10-2 常见分布函数表

Name 的取值	函数说明
'bino'或'binomial'	二项分布
'exp'或'exponential'	指数分布
'unif'或'uniform'	均匀分布
'poiss'或'poisson'	泊松分布
'norm'或'normal'	正态分布
'unid'或'discrete uniform'	离散均匀分布

二、随机变量的概率密度计算

1. 通用函数计算概率密度函数值

调用格式:pdf('name',K,A,…),返回在 X=K 处、参数为 A 的概率密度值,对于不同的分布,参数个数不同,name 为分布函数名.

例 1 计算正态分布 $N(0,1)$的随机变量 X 在点 0.6578 的密度函数值.

解
```
>> pdf('norm',0.6578,0,1)
ans =
    0.3213
```

2. 专用函数计算概率密度函数值

见表 10-3.

表 10-3 计算概率密度函数值的专用函数表

函数名	调用格式	注　释
unifpdf	unifpdf (x, a, b)	$[a,b]$上均匀分布(连续)概率密度在 $X=x$ 处的函数值
unidpdf	unidpdf(x,n)	均匀分布(离散)概率密度函数值
exppdf	exppdf(x,lambda)	参数为 lambda 的指数分布概率密度函数值
normpdf	normpdf(x,mu, sigma)	参数为 mu,sigma 的正态分布概率密度函数值
binopdf	binopdf(x,n,p)	参数为 n, p 的二项分布的概率密度函数值
poisspdf	poisspdf(x,lambda)	参数为 lambda 的泊松分布的概率密度函数值

3. 常见分布的密度函数作图

(1)二项分布(图 10-1)

在编辑器窗口中输入下面程序代码.

```
clear
x=0:1:10;
y=binopdf(x,10,0.5);
plot(x,y,'+')
```

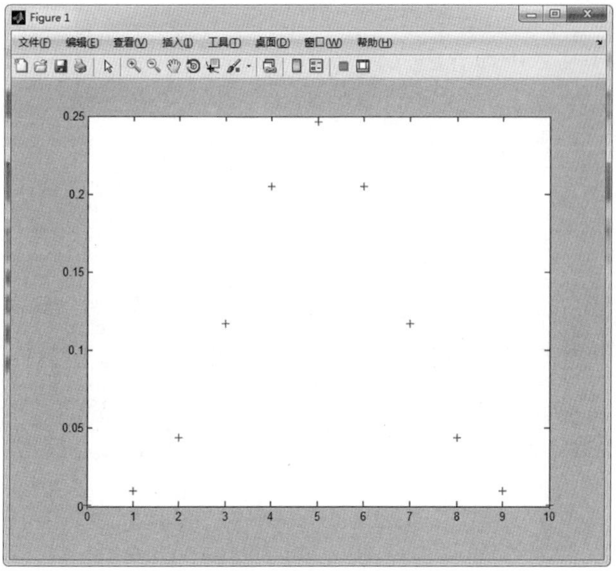

图 10-1　二项分布图

(2)指数分布(图 10-2)

在编辑器窗口中输入下面程序代码.

```
clear
x=0:0.1:10;
y=exppdf(x,2);
plot(x,y)
```

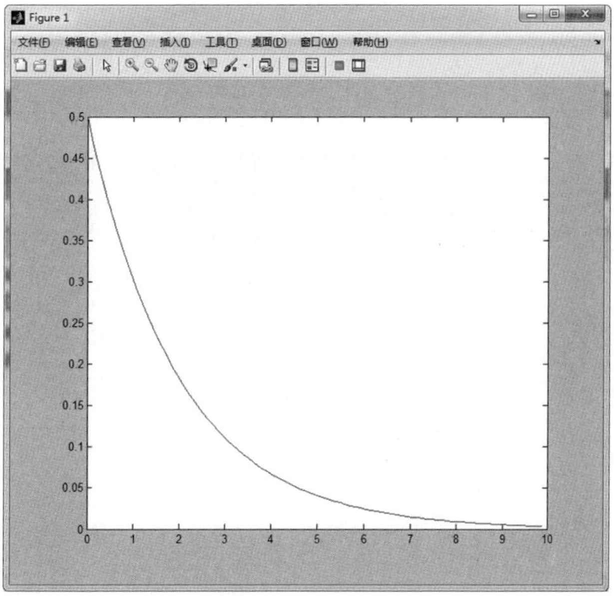

图 10-2　指数分布图

(3)正态分布(图 10-3)

在编辑器窗口中输入下面程序代码.

```
clear
x=-3:0.2:3;
y=normpdf(x,0,1);
plot(x,y)
```

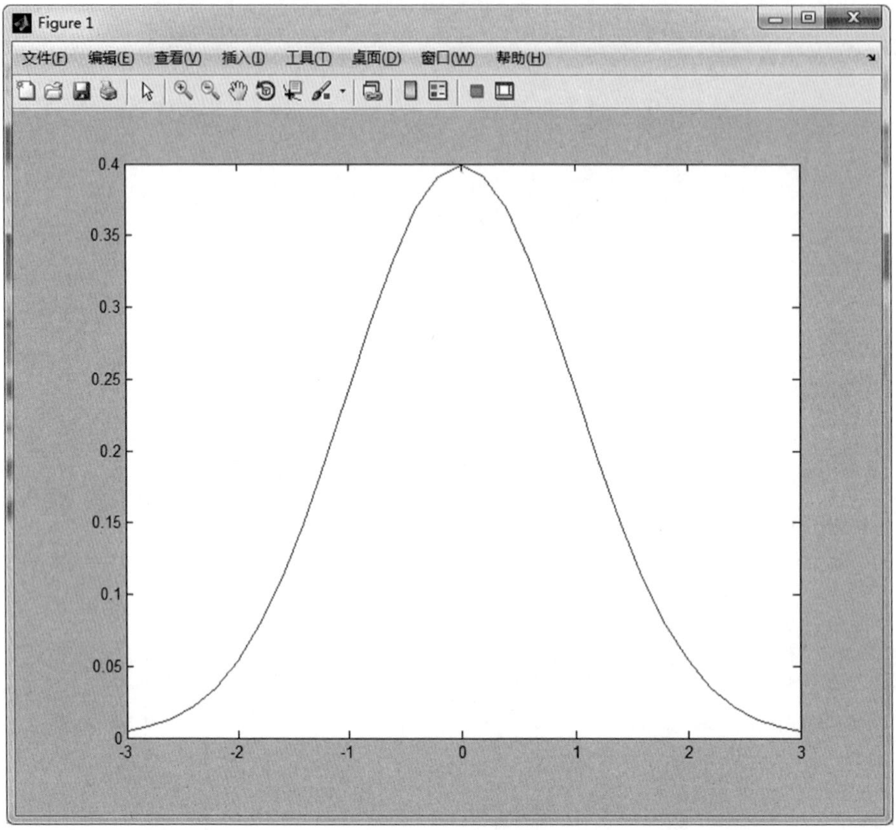

图 10-3 正态分布图

(4)泊松分布(图 10-4)

在编辑器窗口中输入下面程序代码.

```
clear
x=0:1:15;
y=poisspdf(x,5);
plot(x,y,'+')
```

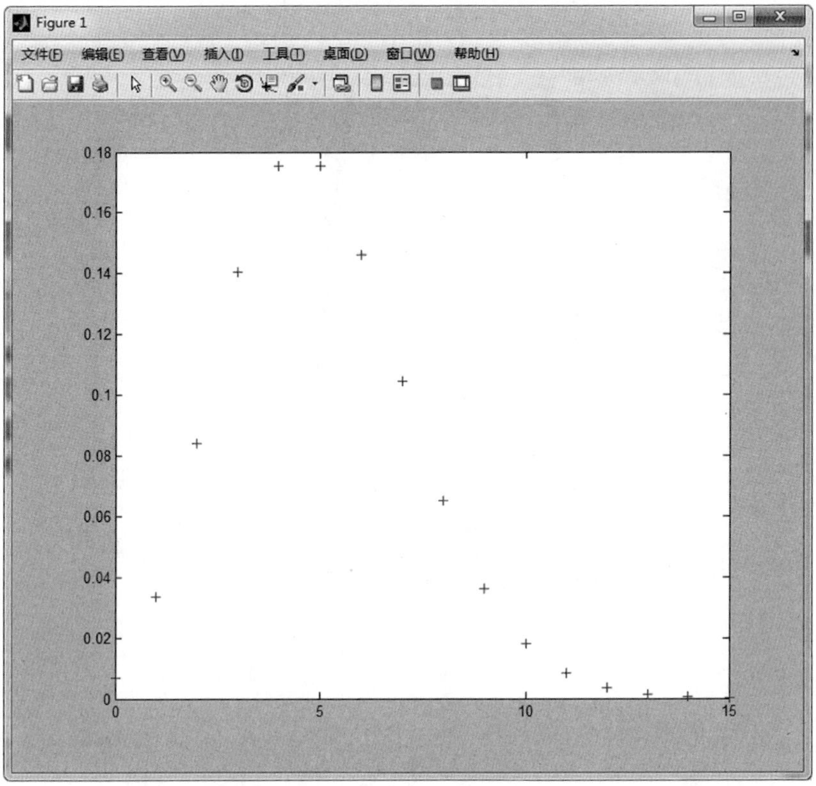

图 10-4　泊松分布图

(5)连续型均匀分布(图 10-5)

在编辑器窗口中输入下面程序代码.

```
clear
x=0:1:10;
y=unifpdf(x,2,6);
plot(x,y,'linewidth',10)
```

(6)离散型均匀分布(图 10-6)

在编辑器窗口中输入下面程序代码.

```
clear
x=0:1:10;
y=unidpdf(x,2);
plot(x,y,'linewidth',10)
```

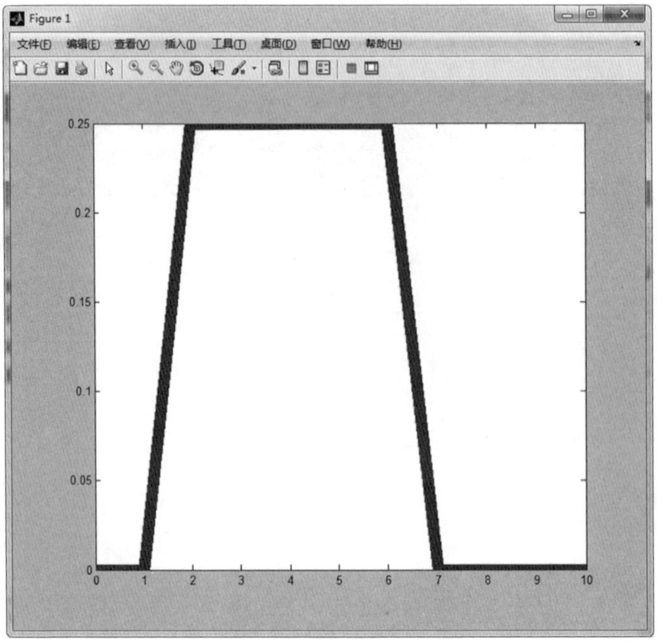

图 10-5　连续型均匀分布图

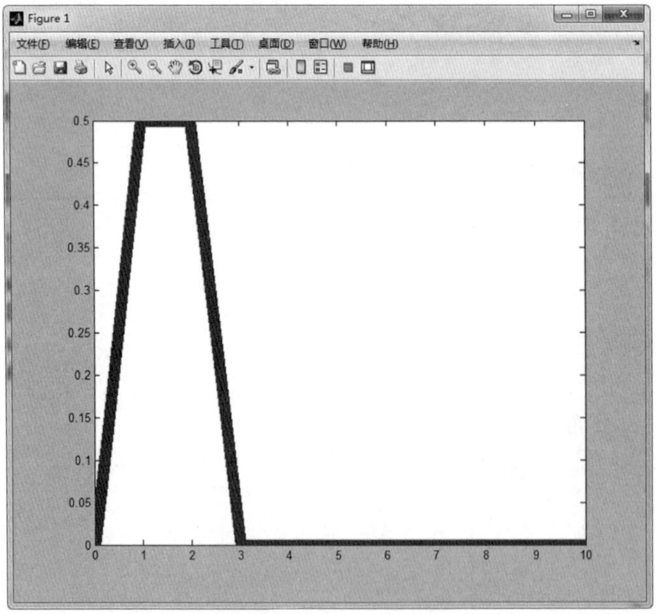

图 10-6　离散型均匀分布图

三、随机变量的分布函数值

1. 通用函数计算分布函数值

调用格式：cdf('name',K,A,…)，返回以 name 为分布、随机变量 $X \leqslant K$ 的概率之和的累积概率值.

例 2 求标准正态分布随机变量 X 落在区间$(-\infty,0.4)$内的概率.

解
```
>> cdf('norm',0.4,0,1)
ans =
    0.6554
```

2. 专用函数计算分布函数值

见表 10-4.

表 10-4 计算分布函数值的专用函数表

函数名	调用格式	注　释
unifcdf	unifcdf (x,a,b)	$[a,b]$上均匀分布(连续)分布函数值 $F(x)=P\{X\leqslant x\}$
unidcdf	unidcdf(x,n)	均匀分布(离散)分布函数值 $F(x)=P\{X\leqslant x\}$
expcdf	expcdf(x,lambda)	参数为 lambda 的指数分布的分布函数值 $F(x)=P\{X\leqslant x\}$
normcdf	normcdf(x,mu,sigma)	参数为 mu,sigma 的正态分布的分布函数值 $F(x)=P\{X\leqslant x\}$
binocdf	binocdf(x,n,p)	参数为 n，p 的二项分布的分布函数值 $F(x)=P\{X\leqslant x\}$
poisscdf	poisscdf(x,lambda)	参数为 lambda 的泊松分布的分布函数值 $F(x)=P\{X\leqslant x\}$

四、随机变量的逆累积分布函数

MATLAB 中的逆累积分布函数是已知 $F(x)=P\{X\leqslant x\}$，求 x.

1. 通用函数计算逆累积分布函数值

调用格式：icdf('name',P,A…)，返回分布为 name，参数为 A…，分布函数值为 P 的临界值. 如果 P= cdf ('name',x,A…)，则 x= icdf ('name',P,A…).

例 3 在标准正态分布表中，若已知 $P=0.975$，求 x.

解
```
>> x=icdf('norm',0.975,0,1)
x =
    1.9600
```

例 4 在假设检验中，求临界值问题：已知 $\alpha=0.05$，查自由度为 10 的双边界检验 t 分布临界值.

解
```
>> lambda=icdf('t',0.025,10)
lambda =
       -2.2281
```

2. 专用函数 *inv* 计算逆累积分布函数，常用临界值函数

见表 10-5.

表 10-5　常用临界值函数表

函数名	调用格式	注　释
unifinv	unifinv (p, a, b)	均匀分布(连续)逆累积分布函数($P=P\{X\leqslant x\}$,求 x)
unidinv	unidinv (p,n)	均匀分布(离散)逆累积分布函数,x 为临界值
expinv	expinv (p, lambda)	指数分布逆累积分布函数
norminv	norminv(x,mu,sigma)	正态分布逆累积分布函数
chi2inv	chi2inv (x, n)	卡方分布逆累积分布函数
tinv	tinv (x, n)	t 分布逆累积分布函数
finv	finv (x, n1, n2)	F 分布逆累积分布函数
binoinv	binoinv (x,n,p)	二项分布的逆累积分布函数
geoinv	geoinv (x,p)	几何分布的逆累积分布函数
hygeinv	hygeinv (x,M,K,N)	超几何分布的逆累积分布函数
poissinv	poissinv (x,lambda)	泊松分布的逆累积分布函数

例 5　设 $X\sim N(3,2^2)$，确定 c 使得 $P\{X>c\}=P\{X<c\}$.

解　由 $P\{X>c\}=P\{X<c\}$得，$P\{X>c\}=P\{X<c\}=0.5$，所以

```
>> c=norminv(0.5, 3, 2)
c=
   3
```

例 6　公共汽车门的高度是按成年男子与车门顶碰头的机会不超过 1%设计的. 设男子身高 X(单位:cm)服从正态分布 $N(175,6)$，求车门的最低高度.

解　设 h 为车门高度，X 为身高

求满足条件 $P\{X>h\}\leqslant 0.01$ 的 h，即求 $P\{X<h\}\geqslant 0.99$，所以

```
>> h=norminv(0.99, 175, 6)
h =
    188.9581
```

五、随机变量的数字特征

1. 期望

(1)计算样本均值，调用格式：mean(X)

例 7　随机抽取 6 个滚珠测得直径如下：(直径：mm)

14.70　15.21　14.90　14.91　15.32　15.32

试求样本平均值.

解

```
>>X=[14.70  15.21  14.90  14.91  15.32  15.32];
>> mean(X)
ans =
     15.0600
```

(2)由分布律计算均值,调用格式:sum()

例 8 设随机变量 X 的分布律为:

X	-2	-1	0	1	2
p	0.3	0.1	0.2	0.1	0.3

求 $E(X)$和 $E(X^2-1)$.

解
```
>> X=[-2 -1 0 1 2];
>>p=[0.3 0.1 0.2 0.1 0.3];
>>EX=sum(X.*p)
EX =
      0
>>Y=X.^2-1
Y =
    3    0    -1    0    3
>>EY=sum(Y.*p)
EY =
      1.6000
```

2. 方差

(1)求方差,调用格式:var(X,1);

(2)求样本方差,调用格式:var(X);

(3)求标准差,调用格式:std(X,1);

(4)求样本标准差,调用格式:std(X).

例 9 求下列样本的样本方差和样本标准差,方差和标准差.

14.70　15.21　14.90　14.91　15.32　15.32

解
```
>>X=[14.70 15.21 14.90 14.91 15.32 15.32];
>>DX=var(X,1)
DX =
      0.0559
>>sigma=std(X,1)
sigma =
         0.2364
>>DX1=var(X)
DX1 =
         0.0671
>>sigma1=std(X)
sigma1 =
           0.2590
```

3. 常见分布的期望和方差

见表 10-6.

表 10-6　　常见分布的期望和方差

函数名	调用格式	注　释
unifstat	[M,V]=unifstat (a, b)	均匀分布(连续)的期望和方差,M 为期望,V 为方差
unidstat	[M,V]=unidstat (n)	均匀分布(离散)的期望和方差
expstat	[M,V]=expstat (p,lambda)	指数分布的期望和方差
normstat	[M,V]=normstat(mu,sigma)	正态分布的期望和方差,M=mu,V=sigma2
binostat	[M,V]=binostat (n,p)	二项分布的期望和方差
poisstat	[M,V]=poisstat (lambda)	泊松分布的期望和方差

六、参数估计

正态分布的参数估计,调用格式:

[muhat,sigmahat,muci,sigmaci] = normfit(X)

[muhat,sigmahat,muci,sigmaci] = normfit(X,alpha)

其中,muhat,sigmahat 分别为正态分布的参数 μ 和 σ 的估计值,muci,sigmaci 分别为置信区间,其置信度为:alpha 给出显著水平 α,缺省时默认为 0.05,即置信度为 95%.

例 10　有两组(每组 100 个元素)正态随机数据,其均值为 10,均方差为 2,求 95%的置信区间和参数估计值.

解　程序如下:

```
>> r = normrnd (10,2,100,2);        %产生两列正态随机数据
>>[mu,sigma,muci,sigmaci] = normfit(r)
mu =
        10.1455    10.0527             %各列的均值的估计值
sigma =
        1.9072    2.1256               %各列的均方差的估计值
muci =
        9.7652    9.6288
        10.5258    10.4766
sigmaci =
        1.6745    1.8663
        2.2155    2.4693
```

说明:muci,sigmaci 中各列分别为原随机数据各列估计值的置信区间,置信度为 95%.

例 11　分别使用金球和铂球测定引力常数.

(1)用金球测定观察值为:6.683 6.681 6.676 6.678 6.679 6.672;

(2)用铂球测定观察值为:6.661 6.661 6.667 6.667 6.664;

设测定值总体为 $N(\mu,\sigma^2)$，μ 和 σ 为未知. 对(1)、(2)两种情况分别求 μ 和 σ 的置信度为 0.9 的置信区间.

解 程序如下：

```
>>X=[6.683 6.681 6.676 6.678 6.679 6.672];
>>Y=[6.661 6.661 6.667 6.667 6.664];
>> [mu,sigma,muci,sigmaci]=normfit(X,0.1)        %金球测定的估计
mu =
      6.6782
sigma =
         0.0039
muci =
        6.6750
        6.6813
sigmaci =
           0.0026
           0.0081
>> [MU,SIGMA,MUCI,SIGMACI]=normfit(Y,0.1) %铂球测定的估计
MU =
      6.6640
SIGMA =
         0.0030
MUCI =
        6.6611
        6.6669
SIGMACI =
           0.0019
           0.0071
```

由上可知，金球测定的 μ 估计值为 6.6782，置信区间为[6.6750,6.6813]；

σ 的估计值为 0.0039，置信区间为[0.0026,0.0081].

铂球测定的 μ 估计值为 6.6640，置信区间为[6.6611,6.6669]；

σ 的估计值为 0.0030，置信区间为[0.0019,0.0071].

七、假设检验

1. σ^2 已知，单个正态总体的均值 μ 的假设检验(U 检验法)

调用格式：h=ztest(x,m,sigma,alpha)，x 为正态总体的样本，m 为均值 μ_0，sigma 为标准差，显著性水平为 alpha，缺省时为 0.05(默认值).

[h,sig,ci,zval] = ztest(x,m,sigma,alpha,tail)　%sig 为观察值的概率，当 sig 为小概率时则对原假设提出质疑，ci 为真正均值 μ 的 1－alpha 置信区间，zval 为统计量的

值.

说明:若 h=0,表示在显著性水平 alpha 下,不能拒绝原假设;

若 h=1,表示在显著性水平 alpha 下,可以拒绝原假设.

原假设:$H_0:\mu=\mu_0=m$,

若 tail=0,表示备择假设:$H_1:\mu\neq\mu_0=m$(默认,双边检验);

tail=1,表示备择假设:$H_1:\mu>\mu_0=m$(单边检验);

tail=-1,表示备择假设:$H_1:\mu<\mu_0=m$(单边检验).

例 12 某车间用一台包装机包装葡萄糖,包得的袋装糖重是一个随机变量,它服从正态分布.当机器正常时,其均值为 0.5 公斤,标准差为 0.015.某日开工后检验包装机是否正常,随机地抽取所包装的糖 9 袋,称得净重为(公斤)

0.497, 0.506, 0.518, 0.524, 0.498, 0.511, 0.52, 0.515, 0.512

问机器是否正常?

解 总体 μ 和 σ^2 已知,该问题是当 σ^2 为已知时,在显著性水平 $\alpha=0.05$ 下,根据样本值判断 $\mu=0.5$ 还是 $\mu\neq0.5$.为此提出假设:

原假设: $H_0:\mu=\mu_0=0.5$

备择假设:$H_1:\mu\neq0.5$

程序如下:

```
>> X=[0.497,0.506,0.518,0.524,0.498,0.511,0.52,0.515,0.512];
>> [h,sig,ci,zval]=ztest(X,0.5,0.015,0.05,0)
h =
      1
sig =
      0.0248                   %样本观察值的概率
ci =
      0.5014    0.5210         %置信区间,均值 0.5 在此区间之外
zval =
      2.2444                   %统计量的值
```

结果表明:h=1,说明在显著性水平 $\alpha=0.05$ 下,可拒绝原假设,即认为包装机工作不正常.

2. σ^2 未知,单个正态总体的均值 μ 的假设检验(t 检验法)

调用格式:h = ttest(x,m,alpha), x 为正态总体的样本,m 为均值 μ_0,显著性水平为 alpha,缺省时为 0.05.

[h,sig,ci] = ttest(x,m,alpha,tail),sig 为观察值的概率,当 sig 为小概率时则对原假设提出质疑,ci 为真正均值 μ 的 1-alpha 置信区间.

说明:若 h=0,表示在显著性水平 alpha 下,不能拒绝原假设;

若 h=1,表示在显著性水平 alpha 下,可以拒绝原假设.

原假设:$H_0:\mu=\mu_0=m$,

若 tail=0,表示备择假设:$H_1:\mu \neq \mu_0 = m$(默认,双边检验);

tail=1,表示备择假设:$H_1:\mu > \mu_0 = m$(单边检验);

tail=-1,表示备择假设:$H_1:\mu < \mu_0 = m$(单边检验).

例 13 某种电子元件的寿命 X(以小时计)服从正态分布,μ、σ^2 均未知. 现测得 16 只元件的寿命如下:

159	280	101	212	224	379	179	264
222	362	168	250	149	260	485	170

问是否有理由认为元件的平均寿命大于 225 小时?

解 未知 σ^2,在显著性水平 $\alpha=0.05$ 下检验假设:$H_0:\mu < \mu_0 = 225$,$H_1:\mu > 225$.

程序如下:

```
>> X=[159 280 101 212 224 379 179 264 222 362 168 250 149 260 485 170];
>> [h,sig,ci]=ttest(X,225,0.05,1)
h =
    0
sig =
      0.2570
ci =
    198.2321          inf          %均值 225 在该置信区间内
```

结果表明:h=0 表示在显著性水平 $\alpha=0.05$ 下应该接受原假设 H_0,即认为元件的平均寿命不大于 225 小时.

八、方差分析

单因素方差分析用于比较两组或多组数据的均值时,它返回原假设——均值相等的概率的情况.

调用格式:p = anova1(X)　%X 的各列为彼此独立的样本观察值,其元素个数相同,p 为各列均值相等的概率值,若 p 值接近于 0,则原假设受到怀疑,说明至少有一列均值与其余列均值有明显不同.

p = anova1(X,group)　% X 和 group 为向量且 group 要与 X 对应

p = anova1(X,group,'displayopt')　% displayopt=on/off 表示显示与隐藏方差分析表图和盒图

[p,table] = anova1(…)　% table 为方差分析表

[p,table,stats] = anova1(…)　% stats 为分析结果的构造

说明:anova1 函数产生两个图:标准的方差分析表图和盒图.

方差分析表中有 6 列:第 1 列(source)显示:X 中数据可变性的来源;第 2 列(SS)显示:用于每一列的平方和;第 3 列(df)显示:与每一种可变性来源有关的自由度;第 4 列(MS)显示:SS/df 的比值;第 5 列(F)显示:F 统计量数值,它是 MS 的比率;第 6 列显示:从 F 累积分布中得到的概率,当 F 增加时,p 值减少.

例 14 设有 3 台机器，用来生产规格相同的铝合金薄板. 取样测量薄板的厚度，精确至‰厘米. 得结果如下：

机器 1：0.236　0.238　0.248　0.245　0.243

机器 2：0.257　0.253　0.255　0.254　0.261

机器 3：0.258　0.264　0.259　0.267　0.262

检验各台机器所生产的薄板的厚度有无显著的差异？

解　程序如下：

在编辑器窗口中输入下面程序代码.

```
clear
X=[0.236 0.238 0.248 0.245 0.243;0.257 0.253 0.255 0.254 0.261;0.258 0.264 0.259 0.267 0.262];
P=anova1(X')
```

显示方差分析表图与盒图分别如图 10-7 与图 10-8 所示.

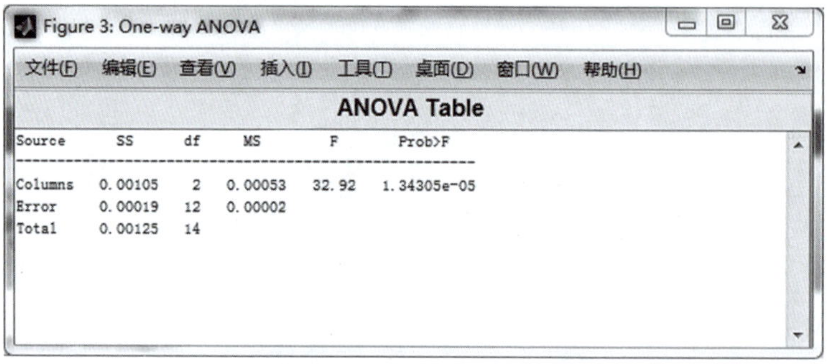

Source	SS	df	MS	F	Prob>F
Columns	0.00105	2	0.00053	32.92	1.34305e-05
Error	0.00019	12	0.00002		
Total	0.00125	14			

图 10-7　方差分析表图

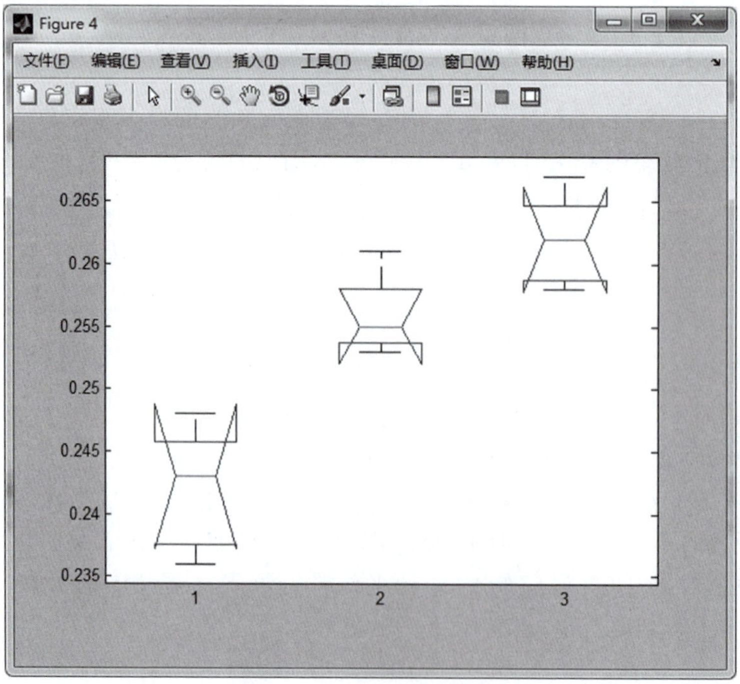

图 10-8　方差分析盒图

任务二 简单随机性模型的求解

一、古典概型

问题：设有一批产品共 100 件，其中有 3 件次品，现从中任取 5 件，求 5 件中无次品的概率和有 2 件次品的概率.

分析：从该批产品中任取 5 件作为一次试验，则试验的基本事件总数是有限的，即从 100 件产品中取出 5 件共有 $n=C_{100}^{5}$ 种取法. 而每一种取法(即每一个可能的结果)发生的结果的可能性都是均等的，因此该问题属于古典概型.

下面求出所求问题的概率.

设 A="5 件中无次品"，B="5 件中有 2 件次品".

对于事件 A，5 件产品全由正品中取出，即从 97 件正品中任取 5 件，共有 $m=C_{97}^{5}$ 种不同的取法，于是依古典概型公式有：

$$P(A)=\frac{m}{n}=\frac{C_{97}^{5}}{C_{100}^{5}}=\frac{\frac{97\times 96\times 95\times 94\times 93}{5\times 4\times 3\times 2\times 1}}{\frac{100\times 99\times 98\times 97\times 96}{5\times 4\times 3\times 2\times 1}}=\frac{27683}{32340}=0.8560$$

运用 MATLAB 中求组合数的函数 nchoosek(n,k).

程序如下：

```
>> a= nchoosek(97,5);
>> b= nchoosek(100,5);
>> p1=a/b
p1 =
    0.8560
```

对于事件 B，5 件产品中有 2 件次品和 3 件正品，这 2 件次品从原有的 3 件次品中取出，共有 C_3^2 种不同的取法，而 3 件正品要从原有的 97 件正品中取出，共有 C_{97}^{3} 种不同的取法，于是 $m=C_3^2C_{97}^{3}$，则

$$P(B)=\frac{m}{n}=\frac{C_3^2C_{97}^{3}}{C_{100}^{5}}=\frac{\frac{3\times 2}{2\times 1}\cdot\frac{97\times 96\times 95}{3\times 2\times 1}}{\frac{100\times 99\times 98\times 97\times 96}{5\times 4\times 3\times 2\times 1}}=\frac{19}{3234}=0.0059$$

程序如下：

```
>> c=nchoosek(3,2) * nchoosek(97,3);
>> d=nchoosek(100,5);
>> p2=c/d
p2 =
    0.0059
```

二、客车停站问题

问题：一辆客车载有 46 位乘客从起点站开出，沿途有 20 个车站可以下车，若到达一个车站没有乘客下车就不停车，设每位乘客在每一个车站下车是等可能的，试求汽车平均停车次数.

分析：因为每位乘客在每一车站下车是等可能的，所以每一位乘客在第 i 站不下车的概率为 $(20-1)/20=0.95$，于是 20 位乘客在第 i 站都不下车的概率为 0.95^{46}，在第 i 站有人下车的概率为 $1-0.95^{46}$.

设随机变量 X 表示停车次数，且 $X_i=\begin{cases}1, \text{第 } i \text{ 站有人下车} \\ 0, \text{第 } i \text{ 站无人下车}\end{cases}\quad (i=1,2,\cdots,20)$，则由题意可知：

$$X=\sum_{i=1}^{20} X_i$$

所以有

$$P\{X_i=1\}=1-0.95^{46}, P\{X_i=0\}=0.95^{46}$$

于是

$$E(X_i)=1-0.95^{46}=0.9055$$

运用 MATLAB 中的数学函数.

```
>> k=1-0.95^46
k=
   0.9055
```

从而得到客车平均停车次数为

$$E(X)=E\left(\sum_{i=1}^{20} X_i\right)=\sum_{i=1}^{20} E(X_i)=\sum_{i=1}^{20}(1-0.95^{46})=20\times(1-0.95^{46})=18.1106$$

运用 MATLAB 中的数学函数.

```
>> E=20*k
E=
   18.1106
```

任务三 随机性模型的应用

一、进货问题

市场每年对某种商品的需求量 X（单位：吨）是服从[20,40]上的均匀分布的随机变量的，已知该商品每售出 1 吨，可获利 3 万美元，若销售不出去，则每吨要损失 1 万美元，如何组织货源，才能使收益最大？

解 设 y 为组织的货源数量，R 为收益，销售量为 ξ. 依题意有

$$R=g(\xi)=\begin{cases}3y, & \xi \geqslant y \\ 3\xi-(y-\xi), & \xi < y\end{cases}$$

化简得

$$g(\xi)=\begin{cases}3y, & \xi \geqslant y \\ 4\xi - y, & \xi < y\end{cases}$$

又已知销售量 ξ 服从[20,40]上的均匀分布,即

$$\xi \sim \varphi(x)=\begin{cases}\dfrac{1}{20}, & 20 \leqslant x \leqslant 40 \\ 0, & \text{其他}\end{cases}$$

于是

$$\begin{aligned}E(R)=E[g(\xi)] &= \int_{-\infty}^{+\infty} g(x)\varphi(x)\mathrm{d}x \\ &= \frac{1}{20}\int_{20}^{40} g(x)\mathrm{d}x \\ &= \frac{1}{20}\int_{20}^{y}(4x-y)\mathrm{d}x+\frac{1}{20}\int_{y}^{40}3y\mathrm{d}x \\ &= \frac{1}{10}(-y^2+70y-400) \quad (20 \leqslant y \leqslant 40)\end{aligned}$$

所以当 $y=35$ 时 $E(R)$ 最大,即应组织 35 吨.

运用 MATLAB 程序如下:

在 MATLAB 命令窗口输入

```
>>clear;syms x y;
>>EY=1/20*(int((4*x-y),x,20,y)+int(3*y,x,y,40))
```

结果显示

```
EY=
    1/10*y^2-40-1/20*y*(y-20)+3/20*y*(40-y)
```

将其化简,输入命令

```
>>simplify(EY)
```

结果显示

```
    -1/10*y^2-40+7*y
```

再对 y 在区间[20,40]上求最大值,在命令窗口输入

```
>>fminbnd('1/10*x^2-7*x+40',20,40)
```

结果显示

```
ans=
    35.000
```

即当组织 35 吨货源时,收益最大.

(注:simplify(f)是对函数 f 化简;fminbnd('f',a,b)是对函数 f 在区间[a,b]上求极小值.要求函数的极大值时,只需要将'f '换为'-f')

二、美国总统大选

问题:在 1992 年的美国总统大选中,通过美国的民意测验 ABC NEWS 预测,大选中将有 42%的人投克林顿的票,37%的人投布什的票,17%的人投佩罗的票.并断言上述预

测的误差仅在±3%.该年 11 月 4 日总统大选揭晓,CNN 电台公布的大选真正投票结果为克林顿:43%;布什:38%;佩罗:19%.全国选民的 99%参加了投票.

在美国,每年都有成千上万种这样的民意测验或民意调查,但很少有人知道这种调查是如何进行的,预测误差又是如何计算的,这就是问题及其背景:如何预测选民的意向?

模型分析 选民的意向受多种因素影响,总体上呈现出一定的随机性,考虑用概率统计法建立其数学模型.

模型构成 为了估算全体选民的意向,利用随机抽样的方法来调查部分选民的意向,如调查了 n 个人,其中有 k 个人支持克林顿,即支持率.显然这是数理统计中参数点估计问题.估计值 $\hat{p}$ 与真值 p 相差多少?这种预测的可靠性或置信度有多大?

对给定的要达到的精度 ε,使 p 的估计值 $\hat{p}$ 与真值(未知)的误差满足:

$$|\hat{p}-p|<\varepsilon$$

又设置信度为 $1-\alpha$,这里 α 是一个很小的数,通常称为误判率.设计 n 次抽样(即样本容量为 n),使得抽样结果 $\hat{p}=\dfrac{k}{n}$满足不等式

$$P(|\hat{p}-p|>\varepsilon)=\alpha \tag{10-3-1}$$

或等价为

$$P(|\hat{p}-p|\leqslant\varepsilon)=1-\alpha \tag{10-3-2}$$

其中 ε 是数理统计中的置信限,式(10-3-1)与式(10-3-2)为描述抽样调查问题的统计模型.

模型求解 当抽样个数 n 充分大时,由前述变量 p 和 $\hat{p}$ 建立的新变量

$$U=\frac{\hat{p}-p}{\sqrt{\dfrac{p(1-p)}{n}}} \tag{10-3-3}$$

渐近服从标准正态分布(其理论基础为中心极限定理).将不等式(10-3-2)变形得

$$\begin{aligned}P(-\varepsilon\leqslant\hat{p}-p\leqslant\varepsilon)&=P\left(\frac{-\varepsilon}{\sqrt{\dfrac{p(1-p)}{n}}}\leqslant\frac{\hat{p}-p}{\sqrt{\dfrac{p(1-p)}{n}}}\leqslant\frac{\varepsilon}{\sqrt{\dfrac{p(1-p)}{n}}}\right)\\&=P\left(\frac{-\varepsilon\sqrt{n}}{\sqrt{p(1-p)}}\leqslant U\leqslant\frac{\varepsilon\sqrt{n}}{\sqrt{p(1-p)}}\right)=1-\alpha\end{aligned} \tag{10-3-4}$$

对给定的 α,可利用 $U\sim N(0,1)$查表求置信限,但其中含未知概率 p,需要想办法确定 p.考虑用求极值的办法:

当 $0<p<1$ 时,$p(1-p)$的最大值为$\dfrac{1}{4}$,即 $p(1-p)\leqslant\dfrac{1}{4}$.从而有$\sqrt{p(1-p)}\leqslant\dfrac{1}{2}$,取倒数得$\dfrac{1}{\sqrt{p(1-p)}}\geqslant 2$,于是得$\dfrac{\varepsilon\sqrt{n}}{\sqrt{p(1-p)}}\geqslant 2\varepsilon\sqrt{n}$

所以

$$P(|U|\leqslant 2\varepsilon\sqrt{n})\leqslant P\left(|U|\leqslant\frac{\varepsilon\sqrt{n}}{\sqrt{p(1-p)}}\right) \tag{10-3-5}$$

由此得到 $P(|U|\leqslant 2\varepsilon\sqrt{n})$ 是未知概率 $P\left(|U|\leqslant\frac{\varepsilon\sqrt{n}}{\sqrt{p(1-p)}}\right)$ 的下限，若令它等于 $1-\alpha$，则有

$$P(|U|\leqslant 2\varepsilon\sqrt{n})=1-\alpha \tag{10-3-6}$$

由式(10-3-5)、(10-3-6)得 $P\left(|U|\leqslant\frac{\varepsilon\sqrt{n}}{\sqrt{p(1-p)}}\right)\geqslant P(|U|\leqslant 2\varepsilon\sqrt{n})=1-\alpha$.

即在式(10-3-6)条件下一定能满足式(10-3-4)的概率估计. 于是根据式(10-3-6)可方便地由 ε 和 α 求出所要抽测的人数 n 来. 其过程为：

对给定的 α，查正态分布表，由 $P(-U_0\leqslant U\leqslant U_0)=1-\alpha$ 定出 U_0，然后由式(10-3-5)知 $U_0=2\varepsilon\sqrt{n}$，所以

$$n=\left(\frac{U_0}{2\varepsilon}\right)^2 \tag{10-3-7}$$

由式(10-3-7)求出的 n 就是既达到了精度 ε，又保证了置信度 $1-\alpha$ 的最小抽样个数. 换言之，这是既科学又经济的预测方案.

模型模拟 对模型做模拟运用，若取 $\alpha=0.05$，$\varepsilon=0.03$，则 $U_0=1.96$，从而

$$n=\left(\frac{1.96}{2\times 0.03}\right)^2\approx 1067(\text{人})$$

若取 $\alpha=0.05$，$\varepsilon=0.04$，则 $n\approx 600$(人).

因此，当对 600 人做调查时，得出的与真值 p 的误差应为 ± 0.04，只有至多 5%的调查中可能发生误报.

上述研究结果是民意测验的定量方面，此外还存在许多其他因素，如被调查者的代表性问题、调查的方式及具体内容等，都会影响调查结果.

评注 (1) 用数学建模解决实际问题，要注意“数学内容的实际意义”. 例如本例中，p，$\hat{p}$，ε，α，n 及 $P(|\hat{p}-p|\leqslant\varepsilon)=1-\alpha$ 的实际意义是什么呢？

(2) 本例中的推导及其结果(例如式(10-3-7))有一般性，因此可以有多种运用.

任务四 回归模型的应用——火柴销量与各因素间的回归分析

一、问题

为了研究火柴销量与各因素之间的回归关系，特收集了以下数据，见表 10-7.

表 10-7 火柴销量与各因素数据

年份	火柴销量(万件)	煤气、液化气户数(万户)	卷烟销量(万箱)	蚊香销量(十万盒)	打火石销量(百万粒)
1971	17.84	27.43	21.43	11.09	25.78
1972	18.27	29.95	24.96	14.48	28.16
1973	20.29	33.53	28.37	16.97	24.26
1974	22.61	37.31	42.57	20.16	30.18

（续表）

年份	火柴销量（万件）	煤气、液化气户数（万户）	卷烟销量（万箱）	蚊香销量（十万盒）	打火石销量（百万粒）
1975	26.71	41.16	45.16	26.39	17.08
1976	31.19	45.73	52.46	27.04	7.39
1977	30.5	50.59	45.3	23.08	3.88
1978	29.63	58.82	46.8	24.46	10.53
1979	29.69	65.28	51.11	33.82	20.09
1980	29.25	71.25	53.29	33.57	21.22
1981	31.05	73.37	55.36	39.59	12.63
1982	32.28	76.68	54.0	48.49	11.17

二、假设与建模

假设：

(1)火柴销量为研究指标 Y；煤气、液化气户数，卷烟销量，蚊香销量，打火石销量分别为自变量 x_1, x_2, x_3, x_4；

(2)Y 与各自变量 x_1, x_2, x_3, x_4 成线性函数关系；

(3)Y 是随机变量，服从均值为零的正态分布.

由此可建立多元线性回归模型

$$\begin{cases} y=b_0+b_1x_1+b_2x_2+b_3x_3+b_4x_4+\varepsilon \\ \varepsilon \sim N(0,\sigma^2) \end{cases}$$

三、MATLAB 实现

程序如下：

```
>> close all
>> x1=[27.43 29.95 33.53 37.31 41.16 45.73 50.59 58.82 65.28 71.25 73.37 76.68];
>> x2=[21.43 24.96 28.37 42.57 45.16 52.46 45.3 46.8 51.11 53.29 55.36 54];
>> x3=[11.09 14.48 16.97 20.16 26.39 27.04 23.08 24.46 33.82 33.57 39.59 48.49];
>> x4=[25.78 28.16 24.26 30.18 17.08 7.39 3.88 10.53 20.09 21.22 12.63 11.17];
>> X=[ones(10,1),x1',x2',x3',x4'];
>> Y=[17.84 18.27 20.29 22.61 26.71 31.19 30.5 29.63 29.69 29.25 31.05 32.28];
>> [b,bint,r,rint,stats]=regress(Y',X,0.05)
```

```
b =                                    %回归系数估计值
    17.0557
     0.0507
     0.2606
    -0.0057
    -0.2367
bint =                                 %回归系数估计值的置信区间
     14.4594    19.6521
     -0.0089     0.1104
      0.1905     0.3307
     -0.1037     0.0924
     -0.2922    -0.1812
r =                                    %各残差分量构成的12×1阶向量
     -0.0267
     -0.0619
     -0.0211
     -0.1740
     -0.0096
      0.0463
      0.1224
      0.0259
      0.9510
     -0.0939
     -0.9399
      0.1815
rint =                                 % 各残差分量的区间估计
     -1.0329     0.9794
     -1.1500     1.0262
     -1.1740     1.1317
     -1.0155     0.6675
     -1.0903     1.0711
     -0.8734     0.9661
     -0.8180     1.0629
     -0.9952     1.0470
      0.2232     1.6788
```

```
   -1.0560    0.8682
   -1.6627   -0.2172
   -0.4310    0.7940
stats =
    0.9940  291.9381    0.0000    0.2690
```

由运行结果知：

回归方程 $Y=17.0557+0.0507x_1+0.2606x_2-0.0057x_3-0.2367x_4$

相关系数的平方 $r^2=0.9940$，回归方程的显著性检验 F 统计量=291.9381

并且 $P\{F>F_0(m,n-m+1)\}=0$，拒绝 H_0，认为回归效果显著.

附 表

1. 标准正态分布表

$$\Phi(x)=\int_{-\infty}^{x}\frac{1}{\sqrt{2\pi}}e^{-\frac{t^2}{2}}dt=P\{X\leqslant x\}$$

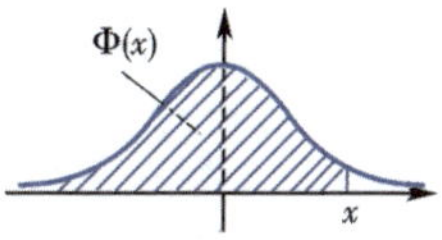

x	0	1	2	3	4	5	6	7	8	9
0.0	0.500 0	0.504 0	0.508 0	0.512 0	0.516 0	0.519 9	0.523 9	0.527 9	0.531 9	0.535 9
0.1	0.539 8	0.543 8	0.547 8	0.551 7	0.555 7	0.559 6	0.563 6	0.567 5	0.571 4	0.575 3
0.2	0.579 3	0.583 2	0.587 1	0.591 0	0.594 8	0.598 7	0.602 6	0.606 4	0.610 3	0.614 1
0.3	0.617 9	0.621 7	0.625 5	0.629 3	0.633 1	0.636 8	0.640 6	0.644 3	0.648 0	0.651 7
0.4	0.655 4	0.659 1	0.662 8	0.666 4	0.670 0	0.673 6	0.677 2	0.680 8	0.684 4	0.687 9
0.5	0.691 5	0.695 0	0.698 5	0.701 9	0.705 4	0.708 8	0.712 3	0.715 7	0.719 0	0.722 4
0.6	0.725 7	0.729 1	0.732 4	0.735 7	0.738 9	0.742 2	0.745 4	0.748 6	0.751 7	0.754 9
0.7	0.758 0	0.761 1	0.764 2	0.767 3	0.770 3	0.773 4	0.776 4	0.779 4	0.782 3	0.785 2
0.8	0.788 1	0.791 0	0.796 9	0.796 7	0.799 5	0.802 3	0.805 1	0.807 8	0.810 6	0.813 3
0.9	0.815 9	0.818 6	0.821 2	0.823 8	0.826 4	0.828 9	0.831 5	0.834 0	0.836 5	0.838 9
1.0	0.841 3	0.843 8	0.846 1	0.848 5	0.850 8	0.853 1	0.855 4	0.857 7	0.859 9	0.862 1
1.1	0.864 3	0.866 5	0.868 6	0.870 8	0.872 9	0.874 9	0.877 0	0.879 0	0.881 0	0.883 0
1.2	0.884 9	0.886 9	0.888 8	0.890 7	0.892 5	0.894 4	0.896 2	0.898 0	0.899 7	0.901 5
1.3	0.903 2	0.904 9	0.906 6	0.908 2	0.909 9	0.911 5	0.913 1	0.914 7	0.916 2	0.917 7
1.4	0.919 2	0.920 7	0.922 2	0.923 6	0.925 1	0.926 5	0.927 8	0.929 2	0.930 6	0.931 9
1.5	0.993 2	0.934 5	0.935 7	0.937 0	0.938 2	0.939 4	0.940 6	0.941 8	0.943 0	0.944 1
1.6	0.945 2	0.946 3	0.947 4	0.948 4	0.949 5	0.950 5	0.951 5	0.952 5	0.953 5	0.954 5
1.7	0.955 4	0.956 4	0.957 3	0.958 2	0.959 1	0.959 9	0.960 8	0.961 6	0.962 5	0.963 3
1.8	0.964 1	0.964 8	0.965 6	0.966 4	0.967 1	0.967 8	0.968 6	0.969 3	0.970 0	0.970 6
1.9	0.971 3	0.971 9	0.972 6	0.973 2	0.973 8	0.974 4	0.975 0	0.975 6	0.976 2	0.976 7
2.0	0.977 2	0.977 8	0.978 3	0.978 8	0.979 3	0.979 8	0.980 3	0.980 8	0.981 2	0.981 7
2.1	0.982 1	0.982 6	0.983 0	0.983 4	0.983 8	0.984 2	0.984 6	0.985 0	0.985 4	0.985 7
2.2	0.986 1	0.986 4	0.986 8	0.987 1	0.987 4	0.987 8	0.988 1	0.988 4	0.988 7	0.989 0
2.3	0.989 3	0.989 6	0.989 8	0.990 1	0.990 4	0.990 6	0.990 9	0.991 1	0.991 3	0.991 6
2.4	0.991 8	0.992 0	0.992 2	0.992 5	0.992 7	0.992 9	0.993 1	0.993 2	0.993 4	0.993 6
2.5	0.993 8	0.994 0	0.994 1	0.994 3	0.994 5	0.994 6	0.994 8	0.994 9	0.995 1	0.995 2
2.6	0.995 3	0.995 5	0.995 6	0.995 7	0.995 9	0.996 0	0.996 1	0.996 2	0.996 3	0.996 4
2.7	0.996 5	0.996 6	0.996 7	0.996 8	0.996 9	0.997 0	0.997 1	0.997 2	0.997 3	0.997 4
2.8	0.997 4	0.997 5	0.997 6	0.997 7	0.997 7	0.997 8	0.997 9	0.997 9	0.998 0	0.998 1
2.9	0.998 1	0.998 2	0.998 2	0.998 3	0.998 4	0.998 4	0.998 5	0.998 5	0.998 6	0.998 6
3.0	0.998 7	0.998 7	0.998 7	0.998 8	0.998 8	0.998 9	0.998 9	0.998 9	0.999 0	0.999 0

2.泊松分布表

$$1-F(x-1)=\sum_{k=x}^{\infty}\frac{e^{-\lambda}\lambda^k}{k!}$$

x	$\lambda=0.2$	$\lambda=0.3$	$\lambda=0.4$	$\lambda=0.5$	$\lambda=0.6$	$\lambda=0.7$	$\lambda=0.8$	$\lambda=0.9$	$\lambda=1.0$	$\lambda=1.2$
0	1.000 000 0	1.000 000 0	1.000 000 0	1.000 000	1.000 000	1.000 000	1.000 000	1.000 000	1.000 000	1.000 000
1	0.181 269 2	0.259 181 8	0.329 680 0	0.393 469	0.451 188	0.503 415	0.550 671	0.593 430	0.632 121	0.698 806
2	0.017 523 1	0.036 936 3	0.061 551 9	0.090 204	0.121 901	0.155 805	0.191 208	0.227 518	0.264 241	0.337 373
3	0.001 148 5	0.003 599 5	0.007 926 3	0.014 388	0.023 115	0.034 142	0.047 423	0.062 857	0.080 301	0.120 513
4	0.000 056 8	0.000 265 8	0.000 776 3	0.001 752	0.003 358	0.005 753	0.009 080	0.013 459	0.018 988	0.033 769
5	0.000 002 3	0.000 015 8	0.000 061 2	0.000 172	0.000 394	0.000 786	0.001 411	0.002 344	0.003 660	0.007 746
6	0.000 000 1	0.000 000 8	0.000 004 0	0.000 014	0.000 069	0.000 090	0.000 184	0.000 343	0.000 594	0.001 500
7			0.000 000 2	0.000 001	0.000 003	0.000 009	0.000 021	0.000 043	0.000 083	0.000 251
8						0.000 001	0.000 002	0.000 005	0.000 010	0.000 037
9									0.000 001	0.000 005
10										0.000 001

x	$\lambda=1.4$	$\lambda=1.6$	$\lambda=1.8$	$\lambda=2.5$	$\lambda=3$	$\lambda=3.5$	$\lambda=4$	$\lambda=4.5$	$\lambda=5$
0	1.000 000	1.000 000	1.000 000	1.000 000	1.000 000	1.000 000	1.000 000	1.000 000	1.000 000
1	0.753 403	0.798 103	0.834 701	0.917 915	0.950 213	0.969 803	0.981 684	0.988 891	0.993 262
2	0.408 167	0.475 069	0.537 163	0.712 703	0.800 852	0.864 112	0.908 422	0.938 901	0.959 572
3	0.166 502	0.216 642	0.269 379	0.456 187	0.576 810	0.679 153	0.761 897	0.826 422	0.875 348
4	0.053 725	0.078 313	0.108 708	0.242 424	0.352 768	0.463 367	0.566 530	0.657 704	0.734 974
5	0.014 253	0.023 682	0.036 407	0.108 822	0.184 737	0.274 555	0.371 163	0.467 896	0.559 507
6	0.003 201	0.006 040	0.010 378	0.042 021	0.083 918	0.142 386	0.214 870	0.297 070	0.384 039
7	0.000 622	0.001 336	0.002 569	0.014 187	0.033 509	0.065 288	0.110 674	0.168 949	0.237 817
8	0.000 107	0.000 260	0.000 562	0.004 247	0.011 905	0.026 739	0.051 134	0.086 586	0.133 372
9	0.000 016	0.000 045	0.000 110	0.001 140	0.003 803	0.009 874	0.021 363	0.040 257	0.068 094
10	0.000 002	0.000 007	0.000 019	0.000 277	0.001 102	0.003 315	0.008 132	0.017 093	0.031 828
11		0.000 001	0.000 003	0.000 062	0.000 292	0.001 019	0.002 840	0.006 669	0.013 695
12				0.000 013	0.000 071	0.000 289	0.000 915	0.002 404	0.005 453
13				0.000 002	0.000 016	0.000 076	0.000 274	0.000 805	0.002 019
14					0.000 003	0.000 019	0.000 076	0.000 252	0.000 698
15					0.000 001	0.000 004	0.000 020	0.000 074	0.000 226
16						0.000 001	0.000 005	0.000 020	0.000 069
17							0.000 001	0.000 005	0.000 020
18								0.000 001	0.000 005
19									0.000 001

3.χ^2 分布表

$P\{\chi^2 > \chi^2_\alpha(n)\} = \alpha$

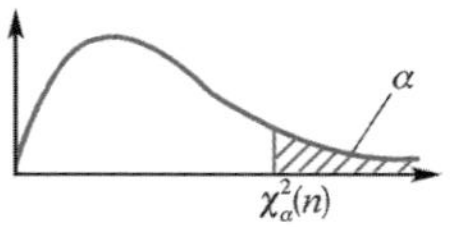

n	α = 0.995	0.99	0.975	0.95	0.90	0.75	n	α = 0.995	0.99	0.975	0.95	0.90	0.75
1	—	—	0.001	0.004	0.016	0.102	26	11.160	12.198	13.844	15.379	17.292	20.843
2	0.101	0.202	0.051	0.103	0.211	0.575	27	11.808	12.879	14.573	16.151	18.114	21.749
3	0.072	0.115	0.216	0.352	0.584	1.213	28	12.461	13.565	15.308	16.928	18.939	22.657
4	0.207	0.297	0.484	0.711	1.064	1.923	29	13.121	14.257	16.047	17.708	19.768	23.567
5	0.412	0.554	0.831	1.145	1.610	2.675	30	13.787	14.954	16.791	18.493	20.599	24.478
6	0.676	0.872	1.237	1.635	2.204	3.455	31	14.458	15.655	17.539	19.281	21.431	25.390
7	0.989	1.239	1.690	2.17	2.833	4.255	32	15.131	16.362	18.291	20.072	22.271	26.304
8	1.344	1.646	2.180	2.733	3.490	5.071	33	15.815	17.074	19.047	20.867	23.110	27.219
9	1.735	2.088	2.700	3.325	4.168	5.899	34	16.501	17.789	19.806	21.664	23.952	27.136
10	2.156	2.558	3.247	3.940	4.865	6.737	35	17.192	18.509	20.569	22.465	24.797	29.054
11	2.603	3.053	3.816	4.575	5.578	7.584	36	17.887	19.233	21.336	23.269	25.643	29.973
12	3.074	3.571	4.404	5.226	6.304	8.438	37	18.586	19.960	22.106	24.075	26.492	30.893
13	3.565	4.107	5.009	5.892	7.042	9.299	38	19.289	20.691	22.878	24.884	27.343	31.815
14	4.705	4.660	5.629	6.571	7.790	10.165	39	19.996	21.426	23.654	25.695	28.196	32.737
15	4.601	5.229	6.262	7.261	8.547	11.037	40	20.707	22.164	24.433	26.509	29.051	33.660
16	5.142	5.812	6.908	7.962	9.312	11.912	41	21.421	22.906	25.215	27.326	29.907	34.585
17	5.697	6.408	7.564	8.672	10.085	12.792	42	22.138	23.650	25.999	28.144	30.765	35.510
18	6.265	7.015	8.231	9.390	10.865	13.675	43	22.859	24.398	26.785	28.965	31.625	35.510
19	6.884	7.633	8.907	10.117	11.651	14.562	44	23.584	25.148	27.575	29.787	32.487	37.363
20	7.434	8.260	9.591	10.851	12.443	15.452	45	24.311	25.901	28.366	30.612	33.350	38.291
21	8.034	8.897	10.283	11.591	13.240	16.344							
22	8.643	9.542	10.982	12.388	14.042	17.240							
23	9.260	10.196	11.689	13.091	14.848	18.137							
24	9.886	10.856	12.401	13.848	15.659	19.037							
25	10.520	11.524	13.120	14.611	16.473	19.939							

（续表）

n	$\alpha=0.25$	0.10	0.05	0.025	0.01	0.005	n	$\alpha=0.25$	0.10	0.05	0.025	0.01	0.005
1	1.323	2.706	3.841	5.024	6.635	7.879	26	30.435	35.563	38.885	41.923	45.642	48.290
2	2.773	4.605	5.991	7.378	9.210	10.597	27	31.528	36.741	40.113	43.194	46.963	49.645
3	4.108	6.251	7.815	9.348	11.345	12.838	28	32.620	37.916	41.337	44.461	48.273	50.993
4	5.385	7.779	9.488	11.143	13.277	14.860	29	33.711	39.087	42.557	45.722	49.588	52.336
5	6.626	9.236	11.071	12.833	15.086	16.750	30	34.800	40.256	43.773	46.979	50.892	53.672
6	7.841	10.645	12.592	14.449	16.812	18.548	31	35.887	41.422	44.985	48.232	52.191	55.003
7	9.037	12.017	14.067	16.013	18.475	20.278	32	36.973	42.585	46.194	49.480	53.486	56.328
8	10.219	13.362	15.507	17.535	20.090	21.995	33	38.058	43.745	47.400	50.725	54.776	57.648
9	11.389	14.684	16.919	19.023	21.666	23.589	34	39.141	44.903	48.602	51.966	56.061	58.964
10	12.549	15.987	18.307	20.483	23.209	25.188	35	40.223	46.059	49.802	53.203	57.342	60.275
11	13.701	17.275	19.675	21.920	24.725	26.757	36	41.304	47.212	50.998	54.437	58.619	61.581
12	14.845	18.549	21.026	23.337	26.217	28.299	37	42.383	48.363	52.192	55.668	59.892	62.883
13	15.984	19.812	22.362	24.736	27.688	29.819	38	43.462	49.513	53.384	56.896	61.162	64.181
14	17.117	21.064	23.685	26.119	29.141	31.319	39	44.539	50.660	54.572	58.120	62.428	65.476
15	18.245	22.307	24.996	27.488	30.578	32.801	40	45.616	51.505	55.758	59.342	63.691	66.766
16	19.369	23.542	26.296	28.45	32.00	34.267	41	46.692	52.949	56.942	60.561	64.950	68.053
17	20.489	24.769	27.587	30.191	33.409	35.718	42	47.766	54.090	58.124	61.77	66.206	69.336
18	21.605	25.989	28.869	31.526	34.805	37.156	43	48.840	55.230	59.304	62.990	67.459	70.616
19	22.718	27.204	30.144	32.852	36.191	38.582	44	49.913	56.369	60.481	64.201	68.710	71.393
20	23.828	28.412	31.410	34.170	37.566	39.997	45	50.985	57.505	61.656	65.410	69.957	73.166
21	24.935	29.615	32.671	35.479	38.932	41.401							
22	26.039	30.813	33.924	36.781	40.289	42.796							
23	27.141	32.007	35.172	38.076	42.980	44.181							
24	28.241	33.196	36.415	39.364	42.980	45.559							
25	29.339	34.382	37.652	40.646	44.314	46.928							

4. t 分布表

$$P\{t(n) > t_\alpha(n)\} = \alpha$$

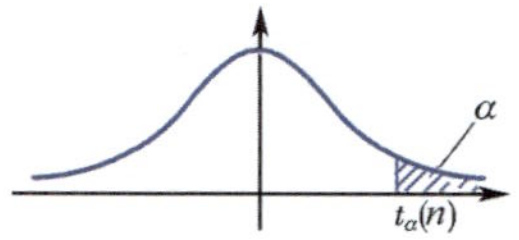

n	$\alpha = 0.25$	0.10	0.05	0.025	0.01	0.005	n	$\alpha = 0.25$	0.10	0.05	0.025	0.01	0.005
1	1.000 0	3.077 7	6.313 8	12.706 2	31.820 7	63.657 4	26	0.684 0	1.315 0	1.705 8	2.055 5	2.478 6	2.778 7
2	0.816 5	1.885 6	2.920 0	4.303 7	6.964 6	9.924 8	27	0.683 7	1.313 7	1.703 3	2.051 8	2.472 7	2.770 7
3	0.764 9	1.637 7	2.3583 4	3.182 4	4.540 7	5.840 9	28	0.683 4	1.312 5	1.701 1	2.048 4	2.467 1	2.763 3
4	0.740 7	1.533 2	2.131 8	2.776 4	3.746 9	4.604 1	29	0.683 0	1.311 4	1.699 1	2.045 2	2.462 0	2.756 4
5	0.726 7	1.475 9	2.015 0	2.570 6	3.364 9	4.032 2	30	0.682 8	1.310 4	1.697 3	2.042 3	2.457 3	2.750 0
6	0.717 6	1.439 8	1.943 2	2.446 9	3.142 7	3.707 4	31	0.682 5	1.309 5	1.695 5	2.039 5	2.452 8	2.744 0
7	0.711 1	1.414 9	1.894 6	2.364 6	2.998 0	3.499 5	32	0.682 2	1.308 6	1.693 9	2.036 9	2.448 7	2.738 5
8	0.706 4	1.396 8	1.859 5	2.306 0	2.896 5	3.555 4	33	0.682 0	1.307 7	1.692 4	2.034 5	2.444 8	2.733 3
9	0.702 7	1.383 0	1.833 1	2.262 2	2.821 4	3.249 8	34	0.681 8	1.307 0	1.690 9	2.032 2	2.441 1	2.728 4
10	0.699 8	1.372 2	1.812 5	2.228 1	2.763 8	3.169 3	35	0.681 6	1.306 2	1.689 6	2.030 1	2.437 7	2.723 8
11	0.697 4	1.363 4	1.795 9	2.201 0	2.718 1	3.105 8	36	0.681 4	1.305 5	1.688 3	2.028 1	2.434 5	2.719 5
12	0.695 5	1.356 2	1.782 3	2.178 8	2.681 0	3.054 5	37	0.681 2	1.304 9	1.687 1	2.026 2	2.431 4	2.715 4
13	0.693 8	1.350 2	1.770 9	2.160 4	2.650 3	3.012 3	38	0.681 0	1.304 2	1.686 0	2.024 4	2.428 6	2.711 6
14	0.692 4	1.345 0	1.761 3	2.144 8	2.624 5	2.976 8	39	0.380 8	1.303 6	1.684 9	2.022 7	2.425 8	2.707 9
15	0.691 2	1.340 6	1.753 1	2.131 5	2.602 5	2.946 7	40	0.680 7	1.303 1	1.683 9	2.021 1	2.423 3	2.704 5
16	0.390 1	1.336 8	1.745 9	2.119 9	2.583 5	2.920 8	41	0.680 5	1.302 5	1.682 9	2.0195	2.420 8	2.701 2
17	0.689 2	1.333 4	1.739 6	2.109 8	2.566 9	2.898 2	42	1.680 4	1.302 0	1.682 0	2.018 1	2.418 5	2.698 1
18	0.688 4	1.330 4	1.734 1	2.100 9	2.552 4	2.878 4	43	1.680 2	1.301 6	1.681 1	2.016 7	2.416 3	2.695 1
19	0.687 6	1.327 7	1.729 1	2.093 0	2.539 5	2.860 9	44	1.680 1	1.301 1	1.680 2	2.015 1	2.414 1	2.692 3
20	0.687 0	1.325 3	1.724 7	2.086 0	2.528 0	2.845 3	45	0.680 0	1.300 6	1.679 4	2.014 1	2.412 1	2.989 6
21	0.686 4	1.323 2	1.720 7	2.079 6	2.517 7	2.831 4							
22	0.685 8	1.321 2	1.717 1	2.073 9	2.508 3	2.818 8							
23	0.685 3	1.319 5	1.713 9	2.068 7	2.499 9	2.807 3							
24	0.684 8	1.317 8	1.710 9	2.063 9	2.492 2	2.796 9							
25	0.684 4	1.316 3	1.708 1	2.059 5	2.485 1	2.787 4							

5. *F* 分布表

$$P\{F(n_1,n_2)>F_\alpha(n_1,n_2)\}=\alpha$$

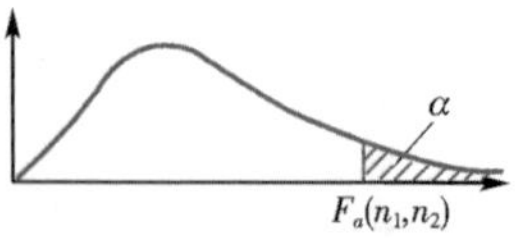

$\alpha=0.10$

n_2 \ n_1	1	2	3	4	5	6	7	8	9	10	12	15	20	24	30	40	60	120	∞
1	39.86	49.50	53.59	55.83	57.24	58.20	58.91	59.44	59.86	60.19	60.71	61.22	61.74	62.00	62.26	62.53	62.79	63.06	63.33
2	8.53	9.00	9.16	9.24	9.29	9.33	9.35	9.37	9.38	9.39	9.41	9.42	9.44	9.45	9.46	9.47	9.47	9.48	9.49
3	5.54	5.46	5.39	5.34	5.31	5.28	5.27	5.25	5.24	5.23	5.22	5.20	5.18	5.18	5.17	5.16	5.15	5.14	5.13
4	4.54	4.32	4.19	4.11	4.05	.01	3.98	3.95	3.94	3.92	3.90	3.87	3.84	3.83	3.82	3.80	3.79	3.78	4.76
5	4.06	3.78	3.62	3.52	3.45	3.40	3.37	3.34	3.32	3.30	3.27	3.24	3.21	3.19	3.17	3.16	3.14	3.12	3.10
6	3.78	3.46	3.29	3.18	3.11	3.05	3.01	2.98	2.96	2.94	2.90	2.87	2.84	2.82	2.80	2.78	2.76	2.74	2.72
7	3.59	3.26	3.07	2.96	2.88	2.83	2.78	2.75	2.72	2.70	2.67	2.63	2.59	2.58	2.56	2.54	2.51	2.49	2.47
8	3.46	3.11	2.92	2.81	2.73	2.67	2.62	2.59	2.56	2.54	2.50	2.46	2.42	2.40	2.38	2.36	2.34	2.32	2.29
9	3.36	3.01	2.51	2.69	2.61	2.55	2.51	2.47	2.44	2.42	2.38	2.34	2.30	2.28	2.25	2.23	2.21	2.18	2.16
10	3.29	2.92	2.73	2.61	2.52	2.46	2.41	2.38	2.35	2.32	2.28	2.24	2.20	2.18	2.16	2.13	2.11	2.08	2.06
11	3.23	2.86	2.66	2.54	2.45	2.39	2.34	2.30	2.27	2.25	2.21	2.17	2.12	2.10	2.08	2.05	2.03	2.00	1.97
12	3.18	2.81	2.61	2.48	2.39	2.33	2.28	2.24	2.21	2.19	2.15	2.10	2.06	2.04	2.01	1.99	1.96	1.93	1.90
13	3.14	2.76	2.56	2.43	2.358	2.28	2.23	2.20	2.16	2.14	2.10	2.05	20.1	1.98	1.96	1.96	1.90	1.88	1.85
14	3.10	2.73	2.52	2.39	2.31	2.24	2.19	2.15	2.12	2.10	2.05	2.01	1.96	1.94	1.91	1.89	1.86	1.83	1.80
15	3.07	2.70	2.49	2.36	2.27	2.21	2.16	2.12	2.09	2.06	2.02	1.97	1.92	1.90	1.87	1.85	1.82	1.79	1.76
16	3.05	2.67	2.46	2.33	2.24	2.18	2.13	2.09	2.06	20.3	1.99	1.94	1.89	1.87	1.84	1.81	1.78	1.75	1.72
17	3.03	2.64	2.44	2.31	2.22	2.15	2.10	2.06	2.03	2.00	1.96	1.91	1.86	1.84	1.81	1.78	1.75	1.72	1.69
18	3.01	2.62	2.42	2.29	2.20	2.13	2.08	2.04	2.00	1.98	1.93	1.89	1.84	1.81	1.78	1.75	1.72	1.69	1.66
19	2.99	2.61	2.40	2.27	2.18	2.11	2.06	2.02	1.98	1.96	1.91	1.86	1.81	1.79	1.76	1.73	1.70	1.67	1.63
20	2.97	2.59	2.38	2.25	2.16	2.09	2.04	2.0	1.96	1.94	1.89	1.84	1.79	1.77	1.74	1.71	1.68	1.64	1.61
21	2.96	2.57	2.39	2.23	2.14	2.08	2.02	1.98	1.95	1.92	1.87	1.83	1.78	1.75	1.72	1.69	1.66	1.62	1.59
22	2.95	2.956	2.35	2.22	2.13	2.06	2.01	1.97	1.93	1.90	1.86	1.81	1.76	1.73	1.70	1.67	1.64	1.60	1.57
23	2.94	2.55	2.34	2.21	2.11	2.05	1.99	1.95	1.92	1.89	1.84	1.80	1.74	1.72	1.69	1.66	1.62	1.59	1.55
24	2.93	2.54	2.33	2.19	2.10	2.04	1.98	1.94	1.91	1.88	1.83	1.78	1.73	1.70	1.67	1.64	1.61	1.57	1.53
25	2.92	2.53	2.32	2.18	2.09	2.02	1.97	1.93	1.86	1.87	1.82	1.77	1.72	1.69	1.66	1.63	1.59	1.56	1.52
26	2.91	2.52	2.31	2.17	2.08	2.01	1.96	1.92	1.88	1.86	1.81	1.76	1.71	1.68	1.65	1.61	1.58	1.54	1.50
27	2.90	2.51	2.30	2.17	2.07	2.00	1.95	1.91	1.87	1.85	1.80	1.75	1.70	1.67	1.64	1.60	1.57	1.53	1.49
28	2.89	2.50	2.29	2.16	2.06	2.00	1.94	1.90	1.87	1.84	1.79	1.74	1.69	1.66	1.63	1.59	1.56	1.52	1.48
29	2.89	2.50	2.28	2.15	2.06	1.99	1.93	1.89	1.86	1.83	1.78	1.73	1.68	1.65	1.62	1.58	1.55	1.51	1.47
30	2.88	2.49	2.28	2.147	2.05	1.98	1.93	1.88	1.85	1.82	1.77	1.72	1.67	1.64	1.61	1.57	1.54	1.50	1.46
40	2.84	2.44	2.23	2.09	2.00	1.93	1.87	1.83	1.79	1.76	1.71	1.66	1.61	1.57	1.54	1.51	1.47	1.42	1.38
60	2.79	2.39	2.18	2.04	1.95	1.87	1.82	1.77	1.74	1.71	1.66	1.60	1.54	1.51	1.48	1.44	1.40	1.35	1.29
120	2.75	2.35	2.13	1.99	1.90	1.82	1.77	1.72	1.68	1.65	1.60	1.55	1.48	1.45	1.41	1.37	1.32	1.26	1.19
∞	2.71	2.30	2.08	1.94	1.85	1.77	1.72	1.67	1.63	1.60	1.55	1.49	1.42	1.38	1.34	1.30	1.24	1.17	1.00

$\alpha=0.05$ （续表）

n_2 \ n_1	1	2	3	4	5	6	7	8	9	10	12	15	20	24	30	40	60	120	∞
1	161.4	1.995	215.7	224.6	230.2	234.0	236.8	238.9	240.5	241.9	243.9	245.9	248.0	249.1	230.1	251.1	252.2	253.3	254.3
2	18.51	19.00	19.16	19.25	19.30	19.33	19.35	19.37	19.38	19.40	19.41	19.43	19.45	19.45	19.46	19.47	19.48	19.49	19.50
3	10.13	9.55	9.28	9.12	9.01	8.94	8.89	8.85	8.81	8.79	8.74	8.70	8.66	8.64	8.62	8.59	8.57	8.55	8.53
4	7.71	6.94	6.59	6.39	6.26	6.16	6.09	6.04	6.00	5.96	5.91	5.86	5.80	5.77	5.75	5.72	5.69	5.66	5.63
5	6.61	5.79	5.41	5.19	5.05	4.95	4.88	4.82	4.77	4.74	4.98	4.92	4.56	4.53	4.50	4.46	4.43	4.40	4.36
6	5.99	5.14	4.76	4.53	4.39	4.28	4.21	4.15	4.10	4.06	4.00	3.94	3.87	3.84	3.81	3.77	3.74	3.7	3.67
7	5.59	4.74	4.35	4.12	3.97	3.87	3.79	3.73	3.68	3.64	3.57	3.51	3.44	3.41	3.38	3.34	3.30	2.27	3.23
8	5.32	4.46	4.07	3.84	3.69	3.58	3.50	3.44	3.39	3.35	3.28	3.22	3.15	3.12	3.08	3.04	3.01	2.97	2.93
9	5.12	4.26	3.86	3.63	3.48	3.37	3.29	3.23	3.18	3.14	3.07	3.01	2.97	2.90	2.86	2.83	2.79	2.75	2.71
10	4.96	4.10	3.71	3.48	3.33	3.22	3.14	3.07	3.02	2.98	2.91	2.85	2.77	2.74	2.70	2.66	2.62	2.58	2.54
11	4.84	3.98	3.59	3.36	3.20	3.09	3.01	2.95	2.90	2.85	2.79	2.72	2.65	2.61	2.57	2.53	2.49	2.45	2.40
12	4.75	3.89	3.49	3.26	3.11	3.00	2.91	2.85	2.80	2.75	2.69	2.62	2.54	2.51	2.47	2.43	2.38	2.34	2.30
13	4.67	3.81	3.41	3.18	3.03	2.92	2.83	2.77	2.71	2.67	2.60	2.53	2.46	2.42	2.38	2.34	2.30	2.25	2.21
14	4.60	3.74	3.34	3.11	2.96	2.85	2.76	2.70	2.65	2.60	2.53	2.46	2.39	2.35	2.341	2.27	2.22	2.18	2.13
15	4.54	3.68	3.29	3.06	2.90	2.79	2.71	2.64	2.59	2.54	2.48	2.40	2.33	2.29	2.25	2.20	2.16	2.11	2.07
16	4.49	3.60	3.24	3.01	2.85	2.74	2.66	2.59	2.54	2.49	2.42	2.35	2.28	2.24	2.19	2.15	2.11	2.06	2.01
17	4.45	3.59	3.20	2.96	2.81	2.7	2.61	2.55	2.49	2.45	2.38	2.31	2.23	2.19	2.15	2.10	2.06	2.01	1.96
18	4.41	3.55	3.16	2.93	2.77	2.66	2.58	2.51	2.46	2.41	2.34	2.27	2.19	2.15	2.11	2.06	2.02	1.97	1.92
19	4.38	3.52	3.13	2.90	2.74	2.63	2.54	2.48	2.42	2.38	2.31	2.23	2.16	2.11	2.07	2.03	1.98	1.93	1.88
20	4.35	3.49	3.10	2.87	2.71	2.60	2.51	2.45	2.39	2.35	2.28	2.20	2.12	2.08	2.04	1.99	1.95	1.90	1.84
21	4.32	3.47	3.07	2.84	2.68	2.57	2.49	2.42	2.37	2.32	2.25	2.18	2.10	2.05	2.01	1.96	1.92	1.87	1.81
22	4.30	3.44	3.05	2.82	2.66	2.55	2.46	2.40	2.34	2.30	2.23	2.15	2.07	2.03	1.98	1.94	1.89	1.84	1.78
23	4.28	3.42	3.03	2.80	2.64	2.53	2.44	2.37	2.32	2.27	2.20	2.13	2.05	2.01	1.96	1.91	1.86	1.81	1.76
24	4.26	3.40	3.01	2.78	2.62	2.51	2.42	2.36	2.30	2.25	2.18	2.11	2.03	1.98	1.94	1.89	1.84	1.79	1.73
25	4.24	3.39	2.99	2.76	2.60	2.49	2.40	2.34	2.28	2.24	2.16	2.09	2.01	1.96	1.92	1.87	1.82	1.77	1.71
26	4.23	3.37	2.98	2.74	2.59	2.47	2.39	2.32	2.27	2.22	2.15	2.07	1.99	1.95	1.90	1.85	1.80	1.75	1.69
27	4.21	3.35	2.96	2.73	2.57	2.46	2.37	2.31	2.225	2.20	2.13	2.06	14.97	1.93	1.88	1.84	1.79	1.73	1.67
28	4.20	3.34	2.95	2.71	2.56	2.45	2.36	2.29	2.24	2.19	2.12	2.04	1.96	1.91	1.87	1.82	1.77	1.74	1.65
29	4.18	3.33	2.93	2.70	2.55	2.43	2.35	2.28	2.22	2.18	2.10	2.03	1.94	1.90	1.85	1.81	1.75	1.70	1.64
30	4.17	3.32	2.92	2.69	2.53	2.42	2.38	2.27	2.21	2.16	2.09	2.01	1.93	1.89	1.84	1.79	1.74	1.68	1.62
40	4.08	3.23	2.84	2.61	2.45	2.34	2.25	2.18	2.12	2.08	2.00	1.92	1.84	1.79	1.74	1.69	1.64	1.58	1.51
60	4.00	3.15	2.76	2.53	2.37	2.25	2.17	2.10	2.04	1.99	1.92	1.84	1.75	1.70	1.65	1.59	1.53	1.47	1.39
120	3.92	3.07	2.68	2.45	2.29	2.17	2.09	2.02	1.96	1.91	1.83	1.75	1.66	1.61	1.55	1.50	1.43	1.35	1.25
∞	3.84	3.00	2.60	2.37	2.21	2.10	2.01	1.94	1.88	1.83	1.75	1.67	1.57	1.52	1.46	1.69	1.32	1.22	1.00

$\alpha=0.025$ （续表）

$n_2 \backslash n_1$	1	2	3	4	5	6	7	8	9	10	12	15	20	24	30	40	60	120	∞
1	647.8	799.5	864.2	899.6	921.8	937.1	948.2	956.7	963.3	368.6	976.7	984.9	993.1	997.2	1001	1006	1010	1014	1018
2	38.51	39.00	39.17	39.28	39.30	39.33	39.36	39.37	39.39	39.40	39.41	39.43	39.45	39.46	39.46	39.47	39.48	39.49	39.50
3	17.44	16.04	15.44	15.10	14.88	14.73	14.62	14.54	14.47	14.42	14.34	14.25	14.17	14.12	14.08	14.04	13.99	13.95	13.90
4	12.22	10.65	9.68	9.60	9.36	9.20	9.07	8.98	8.90	8.84	8.75	8.66	8.56	8.51	8.46	8.41	8.36	8.31	8.26
5	10.01	8.43	7.76	7.39	7.15	6.98	6.85	6.76	6.68	6.62	6.52	6.43	6.33	6.28	6.23	6.18	6.12	6.07	6.02
6	8.81	7.26	6.60	6.23	5.99	5.82	5.70	5.60	5.52	5.46	5.37	5.27	5.17	5.12	5.07	5.01	4.96	4.90	4.85
7	8.07	6.54	5.89	5.52	5.29	5.12	4.99	4.90	4.82	4.76	4.67	4.57	4.47	4.42	4.36	4.31	4.25	4.20	4.14
8	7.57	6.06	5.42	5.05	4.82	4.65	4.53	4.43	4.36	4.30	4.20	4.10	4.06	3.95	3.89	3.84	3.78	3.73	3.67
9	7.21	5.71	5.08	4.72	4.48	4.23	4.20	4.10	4.03	3.96	3.87	3.77	3.67	3.61	3.56	3.51	3.45	3.39	3.33
10	6.94	5.46	4.83	4.47	4.24	4.07	3.95	3.85	3.78	3.72	3.62	3.52	3.42	3.37	3.31	3.26	3.20	3.14	3.08
11	6.72	5.26	4.63	4.28	4.04	3.88	3.76	3.66	3.59	3.53	3.43	3.33	3.23	3.17	3.12	3.06	3.00	2.94	2.88
12	6.55	5.10	4.47	4.12	3.89	3.73	3.61	3.51	3.44	3.37	3.28	3.18	3.07	3.02	2.96	2.91	2.85	2.79	2.72
13	6.41	4.97	4.35	4.00	3.77	3.60	3.48	3.39	3.31	3.25	3.15	3.05	2.95	2.89	2.84	2.78	2.72	2.66	2.60
14	6.30	4.86	4.24	3.89	3.66	3.50	3.38	3.29	3.21	3.15	3.05	2.95	2.84	2.79	2.73	2.67	2.61	2.55	2.49
15	6.20	.77	4.15	3.80	3.58	3.41	3.29	3.20	3.12	3.06	2.96	2.96	2.76	2.70	2.64	2.59	2.85	2.46	2.40
16	6.12	4.69	4.08	3.73	3.50	3.34	3.22	3.12	3.05	2.99	2.89	2.79	2.68	2.63	2.57	2.51	2.45	2.38	2.32
17	6.04	4.62	4.01	3.66	3.44	3.28	3.16	3.06	2.98	2.92	2.82	2.72	2.62	2.56	2.50	2.44	2.38	2.32	2.25
18	5.98	4.56	3.95	3.61	3.38	3.22	3.10	3.01	2.93	2.87	2.77	2.67	2.56	2.50	2.44	2.38	2.32	2.26	2.19
19	5.92	4.51	3.90	3.56	3.33	3.17	3.05	2.96	2.88	2.82	2.72	2.62	2.51	2.45	2.39	2.33	2.27	2.20	2.13
20	5.87	4.46	3.86	3.51	3.29	3.13	3.01	2.91	2.84	2.77	2.68	2.57	2.46	2.41	2.35	2.29	2.22	2.16	2.09
21	5.83	4.42	3.82	3.48	3.25	3.09	2.97	2.87	2.80	2.73	2.64	2.53	2.42	2.37	2.31	2.25	2.18	2.11	2.04
22	5.79	4.38	3.78	3.44	3.22	3.05	2.93	2.84	2.76	2.70	2.60	2.50	2.39	2.33	2.27	2.21	2.14	2.08	2.00
23	5.75	4.35	3.75	3.41	3.18	3.05	2.90	2.81	2.73	2.67	2.57	2.47	2.36	2.30	2.24	2.18	2.11	2.04	1.97
24	5.72	4.32	3.72	3.38	3.15	2.99	2.87	2.78	2.70	2.64	2.54	2.44	2.33	2.27	2.21	2.15	2.08	2.01	1.94
25	5.69	4.29	3.69	3.35	3.13	2.97	2.85	2.75	2.68	2.61	2.51	2.41	2.30	2.24	2.18	2.12	2.05	1.98	1.91
26	5.66	4.27	3.67	3.33	3.10	2.94	2.82	2.73	2.65	2.59	2.49	2.39	2.28	2.22	2.16	2.09	2.03	1.95	1.88
27	5.63	4.24	3.64	3.31	3.08	2.92	2.80	2.71	2.63	2.57	2.47	2.36	2.25	2.19	2.13	2.07	2.00	1.93	1.85
28	5.61	4.22	3.63	3.29	3.06	2.90	2.78	2.69	2.61	2.55	2.45	2.34	2.23	2.17	2.11	2.05	1.98	1.91	1.83
29	5.59	4.20	3.61	3.27	3.04	2.88	2.76	2.67	2.59	2.53	2.43	2.32	2.21	2.15	2.09	2.03	1.96	1.89	1.81
30	5.57	4.18	3.59	3.25	3.03	2.87	2.75	2.65	2.57	2.51	2.41	2.31	2.20	2.14	2.07	2.01	1.94	1.84	1.79
40	5.42	4.05	3.46	3.13	2.90	2.74	2.62	2.53	2.45	2.39	2.29	2.18	2.07	2.01	1.94	1.88	1.80	1.72	1.64
60	5.29	3.93	3.34	3.01	2.79	2.63	2.51	2.41	2.33	2.27	2.17	2.06	1.94	1.88	1.82	1.74	1.67	1.58	1.48
120	5.15	3.80	3.23	2.89	2.67	2.52	2.39	2.30	2.22	2.16	2.05	1.94	1.82	1.76	1.69	1.61	1.53	1.43	1.31
∞	5.02	3.69	3.12	2.79	2.57	2.41	2.29	2.19	2.11	2.05	1.94	1.83	1.71	1.64	1.57	1.48	1.39	1.27	1.00

α=0.01　　（续表）

n_2 \ n_1	1	2	3	4	5	6	7	8	9	10	12	15	20	24	30	40	60	120	∞
1	4052	4999.5	5403	5625	2764	5859	5928	5982	6022	6056	6106	6157	6209	6235	6261	6287	6313	6339	6366
2	98.50	99.00	99.17	99.25	99.30	99.33	99.36	99.37	99.39	99.40	99.42	99.43	99.45	99.46	99.47	99.47	99.48	99.49	99.50
3	34.12	30.82	29.46	28.71	28.24	27.91	27.67	27.49	27.35	27.23	27.05	26.87	26.69	26.60	26.50	26.41	26.32	26.22	26.13
4	21.20	18.00	16.69	15.98	15.52	15.21	14.98	14.80	14.66	14.55	14.37	14.20	14.02	13.93	13.84	13.75	13.65	13.56	13.46
5	16.26	13.27	12.06	11.39	10.97	10.67	10.46	10.29	10.16	10.05	9.89	9.72	9.55	9.47	9.38	9.29	9.20	9.11	9.02
6	13.75	10.92	9.78	9.15	8.75	8.47	8.26	8.10	7.98	7.87	7.72	7.56	7.40	7.31	7.23	7.14	7.06	6.97	6.88
7	12.25	9.55	8.45	7.85	7.46	7.19	6.99	6.84	6.72	6.62	6.47	6.31	6.16	6.07	5.99	5.91	5.82	5.74	5.65
8	11.26	8.65	7.59	7.01	6.63	6.37	6.18	6.03	5.91	5.81	5.67	5.52	5.36	5.28	5.20	5.12	5.03	4.95	4.86
9	10.56	8.02	6.99	6.42	6.06	5.80	5.61	5.47	5.35	5.26	5.11	4.96	4.81	4.73	4.65	4.57	4.48	4.40	4.31
10	10.04	7.56	6.55	5.99	5.64	5.39	5.20	5.06	4.94	4.85	4.71	4.56	4.41	4.33	4.25	4.17	4.08	4.00	3.91
11	9.65	7.21	6.22	5.67	5.32	5.07	4.89	4.74	4.63	4.54	4.40	4.25	4.10	4.02	3.94	3.86	3.78	3.69	3.60
12	9.33	6.93	5.95	5.41	5.06	4.82	4.64	4.50	4.39	4.3	4.16	4.01	3.86	3.78	3.70	3.62	3.54	3.45	3.36
13	9.07	6.70	5.74	5.21	4.86	4.62	4.44	4.30	4.19	4.10	3.96	3.82	3.66	3.59	3.51	3.43	3.34	3.25	3.17
14	8.86	6.51	5.56	5.04	4.69	4.46	4.28	4.14	4.03	3.94	3.80	3.66	3.51	3.43	3.35	3.27	3.18	3.09	3.30
15	8.68	6.36	54.2	4.89	4.56	4.32	4.14	4.00	3.89	3.80	3.67	3.52	3.37	3.29	3.21	3.13	3.05	2.96	2.87
16	8.53	6.23	5.79	4.77	4.44	4.20	4.03	3.89	3.78	3.69	3.55	3.41	3.26	3.18	3.10	3.02	2.93	2.84	2.75
17	8.40	6.11	5.18	4.67	4.34	4.10	3.93	3.79	3.68	3.59	3.46	3.31	3.16	3.08	3.00	2.92	2.83	2.75	2.65
18	8.29	6.01	5.09	4.58	4.25	4.01	3.84	3.71	3.60	3.51	3.37	3.23	3.08	3.00	2.92	2.84	2.75	2.66	2.57
19	8.18	5.93	5.01	4.50	4.17	3.94	3.77	3.63	3.52	3.43	3.30	3.15	3.30	2.92	2.84	2.76	2.67	2.58	2.49
20	8.10	5.85	4.94	4.43	4.10	3.87	3.70	3.56	3.46	3.37	3.23	3.09	2.94	2.86	2.78	2.69	2.61	2.52	2.42
21	8.02	5.78	4.87	4.37	4.04	3.81	3.64	3.51	3.40	3.31	3.17	3.03	2.88	2.80	2.72	2.64	2.55	2.46	2.36
22	7.95	5.72	4.82	4.31	3.99	3.76	3.59	3.45	3.35	3.26	3.12	2.98	2.83	2.75	2.67	2.58	2.50	2.40	2.31
23	7.88	5.66	4.76	4.26	3.94	3.71	3.54	3.41	3.30	3.21	3.07	2.93	2.78	2.70	2.62	2.54	2.45	2.35	2.26
24	7.82	5.61	4.72	4.22	3.90	3.67	3.50	3.36	3.26	3.17	3.03	2.89	2.74	2.66	2.58	2.49	2.40	2.31	2.21
25	7.77	5.57	4.68	4.18	3.85	3.63	3.46	3.32	3.22	3.13	2.99	2.85	2.70	2.62	2.54	2.45	2.36	2.27	2.17
26	7.72	5.53	4.64	4.14	3.82	3.59	3.42	3.29	3.18	3.09	2.96	2.81	2.66	2.58	2.50	2.42	2.33	2.23	2.13
27	7.68	5.49	4.60	4.11	3.78	3.56	3.39	3.26	3.15	3.06	2.93	2.78	2.63	2.55	2.47	2.38	2.29	2.20	2.10
28	7.64	5.45	4.57	4.07	3.75	3.53	3.36	3.23	3.12	3.03	2.90	2.76	2.60	2.52	2.44	2.35	2.26	2.17	2.06
29	7.60	5.42	4.54	4.04	3.73	3.50	3.33	3.20	3.09	3.00	2.87	2.73	2.57	2.49	2.41	2.33	2.23	2.14	2.03
30	7.56	5.39	4.51	4.02	3.70	3.47	3.30	3.17	3.07	2.98	2.84	2.70	2.55	2.47	2.39	2.30	3.21	2.11	2.01
40	7.31	5.18	4.31	3.83	3.51	3.29	3.12	2.99	2.89	2.80	2.66	2.52	2.37	2.29	2.20	2.11	2.02	1.92	1.80
60	7.08	4.98	4.13	3.65	3.34	3.12	2.95	2.82	2.72	2.63	2.50	2.35	2.20	2.12	2.03	1.94	1.84	1.73	1.60
120	6.85	4.79	3.95	3.48	3.17	2.96	2.79	2.66	2.56	2.47	2.34	2.19	2.03	1.95	1.86	1.76	1.66	1.53	1.38
∞	6.63	4.61	3.78	3.32	3.02	2.80	2.64	2.51	2.41	2.32	2.18	2.04	1.88	1.79	1.70	1.59	1.17	1.32	1.00

$\alpha=0.005$　　　　　　　　　　　　　　　　　（续表）

n_2 \ n_1	1	2	3	4	5	6	7	8	9	10	12	15	20	24	30	40	60	120	∞
1	16211	20000	21615	22500	23056	23437	23715	23925	24091	24224	24426	24630	24836	24940	25044	25148	25253	25359	25465
2	198.5	199.0	199.2	199.2	199.3	199.3	199.4	199.4	199.4	199.4	199.4	199.4	199.4	199.5	199.5	199.5	199.5	199.5	199.5
3	55.55	49.80	47.47	46.19	45.39	44.84	44.43	44.13	43.88	43.69	43.39	43.08	42.78	42.62	42.47	42.32	42.15	41.99	41.83
4	31.33	26.28	24.26	23.15	22.46	21.97	21.62	21.35	21.14	20.97	20.70	20.44	20.17	20.03	19.89	19.75	19.61	19.47	19.32
5	22.78	18.31	16.53	15.56	14.94	14.51	14.20	13.96	13.77	13.62	13.38	13.15	12.90	12.78	12.66	12.53	12.40	12.27	12.14
6	18.63	14.54	12.92	12.03	11.46	11.07	10.79	10.57	10.39	10.25	10.03	9.81	9.59	9.47	9.36	9.24	9.12	9.00	8.88
7	16.24	12.40	10.88	10.05	9.52	9.16	8.89	8.68	8.51	8.38	8.18	7.79	7.75	7.65	7.53	7.42	7.31	7.19	7.08
8	14.69	11.04	9.60	8.81	8.30	7.95	7.69	7.50	7.34	7.21	7.01	6.81	6.61	6.50	6.40	6.29	6.18	6.06	5.95
9	13.61	10.11	8.72	7.96	7.47	7.13	6.88	6.69	6.54	6.42	6.23	6.03	5.83	5.73	5.62	5.52	5.41	5.30	5.19
10	12.83	9.43	8.08	7.34	6.87	6.54	6.30	6.12	5.97	5.85	5.66	5.47	5.27	5.17	5.07	4.97	4.86	4.75	4.64
11	12.23	8.91	7.60	6.88	6.42	6.10	5.86	5.68	5.54	5.42	5.24	5.05	4.86	4.76	4.65	4.55	4.44	4.34	4.23
12	11.75	8.51	7.23	6.52	6.07	5.76	5.52	5.35	5.20	5.09	4.91	4.72	4.53	4.43	4.33	4.23	4.23	4.12	4.01
13	11.37	8.19	6.93	6.23	5.79	5.48	5.25	5.08	4.94	4.82	4.64	4.46	4.27	4.17	4.07	3.97	3.87	3.76	3.65
14	11.06	7.92	6.68	6.00	5.56	5.26	5.03	4.86	4.72	4.60	4.43	4.25	4.06	3.96	3.86	3.76	3.66	3.55	3.44
15	10.80	7.70	6.48	5.80	5.37	5.07	4.85	4.67	4.54	4.42	4.25	4.07	3.88	3.79	3.69	3.58	3.48	3.37	3.26
16	10.58	7.51	6.30	5.64	5.21	4.91	4.69	4.52	4.38	4.27	4.10	3.92	3.73	3.64	3.54	3.44	3.33	3.22	3.11
17	10.38	7.35	6.16	5.50	5.07	4.78	4.56	4.39	4.25	4.14	3.97	3.79	3.61	3.51	3.41	3.31	3.21	3.10	2.98
18	10.22	7.21	6.03	5.37	4.96	4.66	4.44	4.28	4.14	4.03	3.86	3.68	3.50	3.40	3.30	3.20	3.10	2.99	2.87
19	10.07	7.09	5.92	5.27	4.85	4.56	4.34	4.18	4.04	3.93	3.76	3.59	3.40	3.31	3.21	3.11	3.00	2.89	2.78
20	9.94	6.99	5.82	5.18	4.76	4.47	4.26	4.09	3.96	3.85	3.68	3.50	3.32	3.22	3.12	3.02	2.92	2.81	2.69
21	9.83	6.89	5.73	5.09	4.68	4.39	4.18	4.01	3.88	3.77	3.60	3.43	3.24	3.15	3.05	2.95	2.84	2.73	2.61
22	9.73	6.81	5.65	5.02	4.61	4.32	4.11	3.94	3.81	3.70	3.54	3.36	3.18	3.08	2.98	2.88	2.77	2.66	2.55
23	9.63	6.73	5.58	4.95	4.54	4.26	4.05	3.88	3.75	3.64	3.47	3.30	3.12	3.02	2.92	2.82	2.71	2.60	2.48
24	9.55	6.66	5.52	4.89	4.49	4.20	3.99	3.83	3.69	3.59	3.42	3.25	3.06	2.97	2.87	2.77	2.66	3.55	2.43
25	9.48	6.60	5.46	4.84	4.43	4.15	3.94	3.78	3.64	3.54	3.37	3.20	3.01	2.92	2.82	2.72	2.61	2.50	2.38
26	9.41	6.54	5.41	4.79	4.38	4.10	3.89	3.73	3.60	3.49	3.33	3.15	2.97	2.87	2.77	2.67	2.56	2.45	2.33
27	9.34	6.49	5.36	4.74	4.34	4.06	3.85	3.69	3.56	3.45	3.28	3.11	2.93	2.83	2.73	2.63	2.52	2.41	2.29
28	9.28	6.44	5.32	4.70	4.30	4.02	3.81	3.65	3.52	3.41	3.25	3.07	2.89	2.79	2.69	2.59	2.48	2.37	2.25
29	9.23	6.40	5.28	4.66	4.26	3.98	3.77	3.61	3.48	3.38	3.21	3.04	2.86	2.76	2.66	2.56	2.45	2.33	2.21
30	9.18	6.35	5.24	4.62	4.23	3.95	3.74	3.58	3.45	3.34	3.18	3.01	2.18	2.73	2.63	2.52	2.42	2.30	2.18
40	8.83	6.07	4.98	4.37	3.99	3.71	3.51	3.35	3.22	3.12	2.95	2.78	2.60	2.50	2.40	2.30	2.18	2.06	1.93
60	8.49	5.79	4.73	4.14	3.76	3.49	3.29	3.13	3.01	2.90	2.74	2.57	2.39	2.29	2.19	2.08	1.96	1.83	1.69
120	8.18	5.54	4.50	3.92	3.55	3.28	3.09	2.93	2.81	2.71	2.54	2.37	2.19	2.09	1.98	1.87	1.75	1.61	1.43
∞	7.88	5.30	4.28	3.72	3.35	3.09	2.90	2.74	2.62	2.54	2.36	2.19	2.00	1.90	1.79	1.67	1.53	1.36	1.00

6. 相关系数检验表

表中给出了满足 $P\{|r|>r_{\alpha}\}=\alpha$ 的 r_{α} 的数值，其中 n 是自由度

n \ α	0.10	0.05	0.02	0.01	0.001	α / n
1	0.987 69	0.099 692	0.999 507	0.999 877	0.999 998 8	1
2	0.900 00	0.50 00	0.980 00	0.990 00	0.999 00	2
3	0.805 4	0.878 3	0.934 33	0.958 73	0.991 16	3
4	0.729 3	0.8114	0.882 2	0.917 20	0.974 06	4
5	0.669 4	0.754 5	0.832 9	0.874 5	0.950 74	5
6	0.621 5	0.706 7	0.788 7	0.834 3	0.924 93	6
7	0.585 2	0.666 4	0.749 8	0.797	0.898 2	7
8	0.549 4	0.631 9	0.715 5	0.764 6	0.872 1	8
9	0.521 4	0.602 1	0.685 1	0.734 8	0.847 1	9
10	0.497 3	0.576 0	0.658 1	0.707 9	0.823 3	10
11	0.476 2	0.552 9	0.633 9	0.683 5	0.801 0	11
12	0.457 5	0.532 4	0.612 0	0.661 4	0.780 0	12
13	0.440 9	0.513 9	0.592 3	0.641 1	0.760 3	13
14	0.425 9	0.497 3	0.574 2	0.622 6	0.742 0	14
15	0.412 4	0.482 1	0.557 7	0.605 5	0.724 6	15
16	0.400 0	0.468 3	0.542 5	0.589 7	0.708 4	16
17	0.388 7	0.455 5	0.528 5	0.575 1	0.693 2	17
18	0.378 3	0.443 8	0.515 5	0.561 4	0.678 7	18
19	0.368 7	0.432 9	0.503 4	0.548 7	0.665 2	19
20	0.359 8	0.422 7	0.492 1	0.536 8	0.652 4	20
25	0.323 3	0.380 9	0.445 1	0.486 9	0.597 4	25
30	0.296 0	0.349 4	0.409 3	0.448 7	0.554 1	30
35	0.274 6	0.324 6	0.381 0	0.418 2	0.518 9	35
40	0.257 3	0.304 4	0.357 8	0.393 2	0.489 6	40
45	0.242 8	0.287 5	0.338 4	0.372 1	0.464 8	45
50	0.230 6	0.273 2	0.321 8	0.354 1	0.443 3	50
60	0.210 8	0.250 0	0.294 8	0.324 8	0.407 8	60
70	0.195 4	0.231 9	0.273 7	0.301 7	0.379 9	70
80	0.182 9	0.217 2	0.256 5	0.283 0	0.356 8	80
90	0.172 6	0.205 0	0.242 2	0.267 3	0.337 5	90
100	0.163 8	0.194 6	0.2301	0.254 0	0.321 1	100